ARBEITSMETHODEN DER MODERNEN NATURWISSENSCHAFTEN

HERAUSGEGEBEN VON PROFESSOR DR. KURT FISCHBECK

DÜNNSCHICHTCHROMATOGRAPHIE

IN DER AMINOSÄURE- UND PEPTID-CHEMIE

VON DR. PHIL., ING. CHEM.
GYÖRGY PATAKI
BASEL

Mit 128 Abbildungen,
52 Tabellen,
einer Ausschlagtafel,
463 Literaturangaben

BERLIN 1966

WALTER DE GRUYTER & CO.

VORMALS G. J. GÖSCHEN'SCHE VERLAGSHANDLUNG
J. GUTTENTAG, VERLAGSBUCHHANDLUNG
GEORG REIMER, KARL J. TRÜBNER · VEIT & COMP.

Printed in Germany.
Satz und Druck: R. Oldenbourg, München. Einband: U. Hanisch, Berlin.

Geleitwort

Naturwissenschaftlicher Fortschritt ist ohne Erweiterung und Verfeinerung der Analysenmethoden unmöglich. Die Erweiterung wurde nach dem anfänglichen Monopol der Waage und des Meßglases durch Zuziehung neuer physikalischer Instrumente — bis zum heutigen Massenspektrometer erzielt, die Verfeinerung, nach PREGLS Einführung der Mikroanalyse, durch Vorschreiten in den Bereich des Nanogramms, den die modernen chromatographischen Techniken eröffnen.

Von diesem immer rascher werdenden Wachstum hat die Chemie und Biochemie der *Aminosäuren*, *Peptide* und *Proteine* vielleicht am meisten profitiert. Auf diesem Boden haben sich Papierchromatographie und Papierelektrophorese entwickelt. Nun hat sich dieses bedeutende Gebiet in raschem Zug auch die *Dünnschichtchromatographie* zu Diensten gemacht, und zwar in solchem Maße, daß schon nach den fünf Jahren seit diesem Übergriff die Abfassung einer speziellen Anleitung berechtigt und nötig geworden ist.

Jeder, der etwa bekannte oder unbekannte Aminosäuren in lebenden Zellen auffinden, die Aminosäurezusammensetzung eines Peptids ermitteln, Proteine verschiedenen Ursprungs anhand der enzymatischen Spaltpeptide im „Fingerprint" vergleichen oder den Erfolg seiner Peptidsynthesen kontrollieren will, muß heute die Dünnschichttechnik in Chromatographie und Elektrophorese anzuwenden wissen.

Das vorliegende Laboratoriumsbuch soll hierbei Wegweiser und Ratgeber sein.

FRANKFURT/MAIN, NOVEMBER 1965 THEODOR WIELAND

Vorwort

Die Dünnschichtchromatographie (DC) wurde von E. STAHL zu einer unentbehrlichen Laboratoriumsmethode entwickelt. Zahlreiche Veröffentlichungen auf nahezu allen Arbeitsgebieten haben ergeben, daß diese Technik der Papierchromatographie in vielen Fällen überlegen ist. Obschon man angenommen hatte, daß die DC zur Trennung hydrophiler Stoffe (z. B. Aminosäuren, Peptide und Zucker) wenig geeignet sei, setzte in den letzten Jahren auch bei der Analyse solcher Verbindungen eine stürmische Entwicklung ein, deren Ende noch nicht abzusehen ist. Wie die nachstehende graphische Darstellung zeigt, nahmen in den Jahren 1958 bis 1964 die dünnschichtchromatographischen Publikationen auf dem Gebiet der Aminosäure- und Peptid-Chemie exponentionell zu. Dieser außerordentlich schnelle Fortschritt läßt vermuten, daß es in Zukunft selbst im Rahmen eines von Spezialisten verfaßten

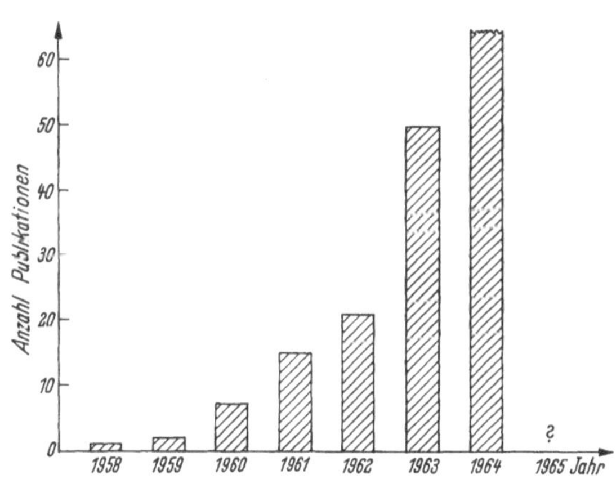

Handbuches kaum möglich sein wird, mit der Entwicklung Schritt zu halten.

In der vorliegenden Monographie wird der Versuch unternommen, über die Anwendung der DC zur Analyse von Aminosäuren, Peptiden und verwandten Verbindungen eine umfassende Übersicht zu geben. Rund ein Drittel des Buches ist den allgemeinen Problemen der DC gewidmet, wobei auf Vollständigkeit bewußt verzichtet wurde. Der 1. Teil behandelt so weit die Technik der DC, daß der Leser die Chromatogramme ohne Zuhilfenahme der Originalliteratur ausführen und auswerten kann. Das für die Abschnitte des speziellen Teils vorhandene Material ist sehr groß und liegt zum Teil in schwerzugänglichen Zeitschriften vor. Im 2., 3. und 4. Teil werden, abgesehen von einigen Ausnahmen, nur solche Arbeiten besprochen, die vor November 1964 erschienen sind. Es werden ferner viele unveröffentlichte Ergebnisse, die dem Autor freundlicherwiese überlassen oder im eigenen Laboratorium gewonnen wurden, dargestellt.

Zahlreiche Kollegen haben durch die Übersendung ihrer Arbeiten vor der Veröffentlichung und durch Mitteilung unveröffentlichter Ergebnisse zum Gelingen des Buches beigetragen: Es ist mir eine angenehme Pflicht, Frau EL. BUJARD, Frau F. MARCUCCI, Frau Prof. Dr. J. OPIENSKA-BLAUTH und den Herren Dr. J. BARROLLIER, Prof. Dr. M. BEHRENS, Prof. Dr. C. H. BRIESKORN, Prof. Dr. J. M. BUCHANAN, DR. W. BÜRGI, Dr. H. C. CURTIUS, Dr. J. DITTMANN, Doz. DR. H. W. GOEDDE, Prof. Dr. L. HÖRHAMMER, Dr. B. LERCH, E. MUSSINI, Dr. A. NIEDERWIESER, Dr. R. S. RATNEY, DR. T. ROKKONES, Dr. E. SCHRÖDER, Dr. N. SEILER, Dr. H. STEGEMANN, Dr. F. TANCREDI, Prof. Dr. TH. WIELAND, DR. B. WITKOP und G. WOHLLEBEN auch an dieser Stelle herzlich zu danken.
Herrn Prof. Dr. med. TH. KOLLER und Herrn Dr. M. KELLER danke ich für die großzügige Förderung der biochemischen Forschung, wodurch die Entstehung der vorliegenden Monographie ermöglicht wurde.

Mein besonderer Dank gilt Frau ANNELIESE GEIGER-CLOOS, Frau Apotheker E. PATAKI-LEHNEN und Herrn Dipl.-Chem. U. P. GEIGER für die Hilfe bei der Beschaffung und Auswertung der Literatur, bei der Abfassung des Manuskriptes und bei den Korrekturen. Viele Abbildungen verdanke ich Fräulein H. HERTIG und den Herren Dr. H. R. BOLLIGER, W. BÜRKI und F. WALDMEYER. Möge dieses Buch dem Chemiker, Biochemiker, Biologen, Pharmazeuten und Mediziner Anregungen vermitteln und bei der Durchführung der praktischen Arbeit behilflich sein.

BASEL, FEBRUAR 1965 GYÖRGY PATAKI

Laboratorium der Universitäts-Frauenklinik

Inhaltsübersicht

Einleitung

1. Teil: Technik der Dünnschichtchromatographie

I. Herstellung der Schicht

II. Entwicklung der Chromatogramme

III. Auswertung der Chromatogramme

2. Teil: Dünnschichtchromatographie von Aminosäuren, Peptiden und von verwandten Verbindungen

I. Dünnschichtchromatographie von Aminosäuren

II. Peptide und Zwischenprodukte von Peptid-Synthesen

3. Teil: Anwendung der Dünnschichtchromatographie zur Sequenzanalyse von Proteinen und Peptiden

I. Dünnschichtchromatographische Analyse von Protein- und Peptidhydrolysaten

II. N-(2,4-Dinitrophenyl)-Aminosäuren

Einleitung

Die Entdeckung der Papierchromatographie (CONSDEN, GORDON und MARTIN) stellt zweifelsohne einen großen Fortschritt in der Proteinchemie dar. Ein Höhepunkt der Entwicklung wurde mit der Konstitutionsermittlung von Insulin (SANGER) erreicht.

Die Dünnschichtchromatographie (DC) wurde bereits im Jahre 1938 von den Russen ISMAILOV und SHRAIBER [180] beschrieben, sie geriet jedoch — ähnlich wie die Tswettsche Adsorptionschromatographie — in Vergessenheit. Später tauchte die Methode unter der Bezeichnung "surface-chromatography" [250]; "chromatostrips" [199] bzw. "chromatoplates" [337] wieder auf. Das Sorptionsmittel wurde meistens in wäßriger Suspension auf die Glasunterlage aufgebracht; MEINHARD und HALL [250] führten erstmals als Bindemittel Stärke ein.

Einen grundsätzlich verschiedenen Weg beschritten CROVE [75] und andere [443,262]. Sie streuten das trockene Sorptionsmittel auf Glasscheiben („Streuschichtchromatographie") und führten die Trennung auf dieser losen Schicht aus.

Die Chromatographie auf dünnen festhaftenden Schichten besitzt gegenüber der Streuschicht-Methode viele Vorteile und wurde in der Folge, vor allem bei der Analyse von Terpenen [Zusammenfassung 238], von vielen Autoren angewandt. Erstaunlicherweise nahm weder der Organiker noch der Biochemiker von der DC Kenntnis. Erst durch die Entwicklung eines Streichgerätes und durch die Einführung eines brauchbaren Sorptionsmittels (Kieselgel-G) gelang es STAHL [409, 405, 407, 408], diese elegante Mikromethode allgemein zugänglich zu machen.

Zunächst nahm man an, daß die DC ausschließlich zur Analyse lipophiler Stoffe geeignet sei. In den Jahren 1958—62 konnten jedoch u.a. Aminosäuren auf dünnen Schichten chromatographiert werden. Die erste systematische Untersuchung zur Trennung von Aminosäuren haben BRENNER und NIEDERWIESER [42] unternommen. Als Trägermaterial benutzten sie Kieselgel-G. Ein solcher Versuch war naheliegend, da in der älteren Literatur eine größere Anzahl von Angaben über die säulenchromatographische Trennung von Aminosäuren auf anorganischen Adsorbentien zu finden sind.

Die Dünnschichtchromatographie besitzt gegenüber der Papierchromatographie folgende Vorteile:

a) Die Nachweisgrenzen werden heruntergesetzt,
b) die Laufzeit ist wesentlich kürzer und
c) die Trennung ist schärfer.

Alle diese Vorteile beruhen auf einer geringeren Ausbreitung der Substanzflecken. So kann man z. B. auf einer Kieselgel-G-Schicht 14 Aminosäuren leicht trennen; auf Whatman-No. 1-Papier werden, unter identischen Versuchsbedingungen, 10 Aminosäuren nur unvollständig getrennt.

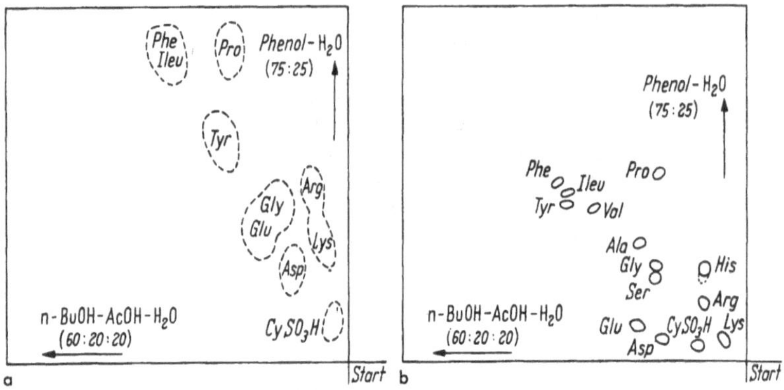

Abbildung 1. Vergleich zwischen Papier- und Dünnschichtchromatographie
a) 10 Aminosäuren auf Whatman-Nr.-1-Papier (Laufzeit 2 bzw. 2½ Std.)
b) 14 Aminosäuren auf Kieselgel-G-Schicht (Laufzeit 1½ bzw. 2 Std.)
Auftragmenge: je 1 μg Aminosäure in 1 μl Wasser
Aus: Brenner und Niederwieser [42]

Man kann heute behaupten, daß die DC auch bei der Trennung von Aminosäuren und verwandten Verbindungen die Methode der Wahl ist.

1. Teil:
Technik der Dünnschichtchromatographie

I. Herstellung der Schicht

Die Einheitlichkeit einer Sorptionsschicht ist für die Trennung und auch für die Reproduzierbarkeit des Ergebnisses eine wesentliche Voraussetzung. Sowohl die Auflösung eines Substanzgemisches als auch die Reproduzierbarkeit hängen von der Schichtbereitung ab. Zur Herstellung der Schicht können einerseits Streichgeräte verwendet werden, anderseits kann die Schicht auch manuell bereitet werden[1]).

A. Streichgeräte

Die heute gebräuchlichen Streichgeräte lassen sich in zwei Gruppen teilen: Streichgeräte des „Stahl-Typs“ [405,410] und Streichgeräte des „Kirchner-Typs“ [252]. Nach STAHL wird die Schicht mittels einer beweglichen, nach KIRCHNER mittels einer feststehenden Auftragevorrichtung hergestellt.

1. Streichgeräte des Stahl-Typs

Das Stahlsche Streichgerät [405, 410] besteht aus zwei Teilen: Arbeitsschablone und Streicher. Auf die Arbeitsschablone werden *gleich starke* Glasplatten zu einer Bahn ausgelegt. Der Streicher faßt etwa 150 ml Flüssigkeit. Die Schichtdicke kann zwischen 0—2 mm eingestellt werden. *Abbildung 2* zeigt das Gerät und die Arbeitsweise[2]).

Zum Füllen des Streichers muß der Hebelarm in Richtung des auf der Oberseite desselben eingravierten roten Pfeils zeigen. Nach Eingießen der Streichmasse legt man den Hebel um 180° nach links um und beginnt erst mit der Beschichtung, wenn die Suspension sichtbar ausgetreten ist.

[1]) Neuerdings sind im Handel gebrauchsfertige Dünnschichtplatten erhältlich (CUSTOM SERVICE CHEM. INC., Wilmington/Del., USA, DISTILLATION PRODUCTS IND., DIVISION OF EASTMAN KODAK CO., Rochester, N. Y., USA).

[2]) C. DESAGA GMBH, Heidelberg.

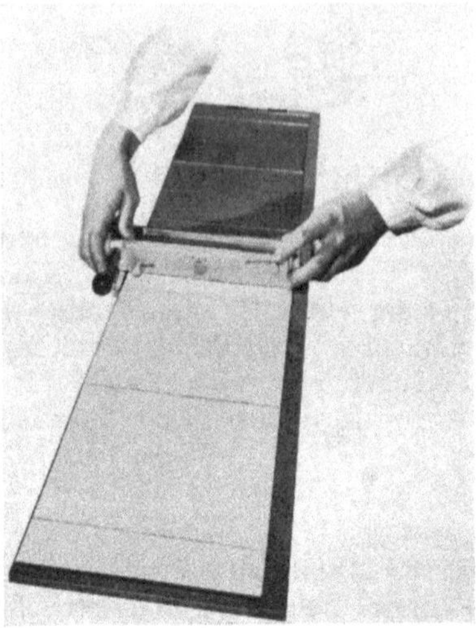

Abbildung 2
Beschichtung der Platten mit dem Streichgerät von Stahl (DESAGA GMBH, Heidelberg)

Eine vereinfachte Ausführung[3]) wird in *Abbildung 3* dargestellt.

Abbildung 3
Vereinfachtes Streichgerät ohne Kippmechanismus (RESEARCH SPEC. Co., Richmond, Calif., USA)

Bei der Anwendung des UNOPLAN-Beschichtungsgerätes[4]) können auch Glasplatten *unterschiedlicher Dicke* bestrichen werden *(Abb. 4)*.

[3]) RESEARCH SPECIALITES Co., Richmond/Calif., USA.
[4]) SHANDON SCIENTIFIC Co., London.

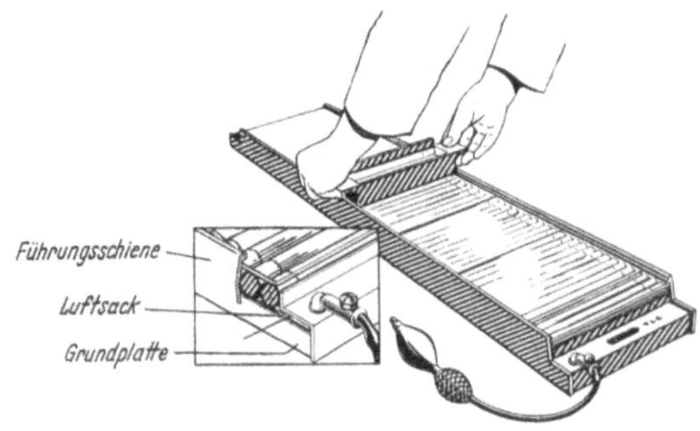

Abbildung 4
Beschichtungsgerät (UNOPLAN, SHANDON LTD., London)

Durch mehrmaliges Drücken des Gummiballs *(Abb. 4)* wird ein Luftkissen unter den Rollen aufgepumpt, das die Glasplatten gegen die Unterseite der seitlichen Führungsschiene drückt. Auf diese Weise werden die Oberflächen aller Platten in eine Ebene gebracht.

Eine halbautomatische Einrichtung beschrieben MARCUCCI und MUSSINI [243], (vgl. auch [405, 409, 410]).

2. Streichgeräte des Kirchner-Typs

Das von KIRCHNER [252] beschriebene Streichprinzip wurde neuerdings von WOLLISCH [448] aufgegriffen. *Abbildung 5* zeigt ein Streichgerät der Firma CAMAG[5]).

Abbildung 5
Streichgerät (CAMAG, Muttenz/Bl., Schweiz)

[5]) CAMAG, Muttenz/Bl., Schweiz.

Auf der Grundplatte ist eine Leitscheine aufgeschraubt. An der Kammer für die Sorptionsmittel-Suspension sind die Querwände beweglich. Die Schichtdicke kann zwischen 0—5 mm eingestellt werden. Zur Beschichtung füllt man die Streichmasse (120—160 ml) in die Kammer und die erste, bereits eingeführte Platte, wird mit Hilfe der nächsten gleichmäßig vorwärtsgeschoben. *Werden Platten unterschiedlicher Dicke bestrichen, so müssen sie in der Reihenfolge abnehmender Dicke durchgeschoben werden.*

Abbildung 6. Streichautomat (CAMAG, Muttenz/Bl., Schweiz)

Die gleiche Firma[5]) entwickelte eine halbautomatische Einrichtung *(Abb. 6)*. Der Plattenvorschub erfolgt hierbei automatisch[6]).

3. *Einfache Einrichtungen*

Die in den vorangehenden Abschnitten beschriebenen Streichgeräte können durch einfachere, selbsthergestellte Einrichtungen ersetzt werden. BARBIER und Mitarb. [9] bereiten 0,3 mm starke Schichten mit Hilfe eines einfachen Plexiglas-Applikators *(Abb. 7)*.

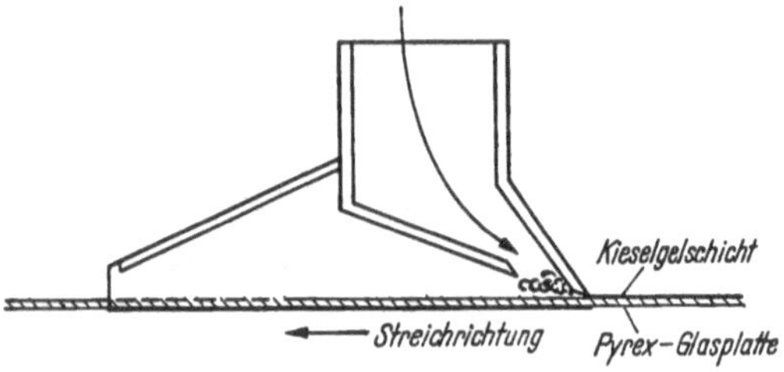

Abbildung 7
Einfaches Streichgerät aus Plexiglas nach BARBIER und Mitarb. [9].
Aus: M. BARBIER und Mitarb. [9]

[6]) Weitere Geräte des Kirchner-Typs sind erhältlich: SAS & SAS LTD., London; TOWNSON & MERCER, Beddington Lane, Croyden-Surrey.

Ebenso einfach zu konstruieren ist das Streichgerät von LÜDY-TENGER [233]; der Autor empfiehlt die Anwendung von 9 × 12-cm-Photoplatten zur Beschichtung.

Abbildung 8
Einfaches Streichgerät nach LÜDY-TENGER [233].
Aus: LÜDY-TENGER [233]

Die beiden erwähnten Einrichtungen arbeiten nach dem Stahlschen Prinzip.
Das „Streichgerät" nach KRATZL [211] besteht aus einer Glasschablone und aus einem abgeschrägten Glaslineal *(Abb. 9)*.

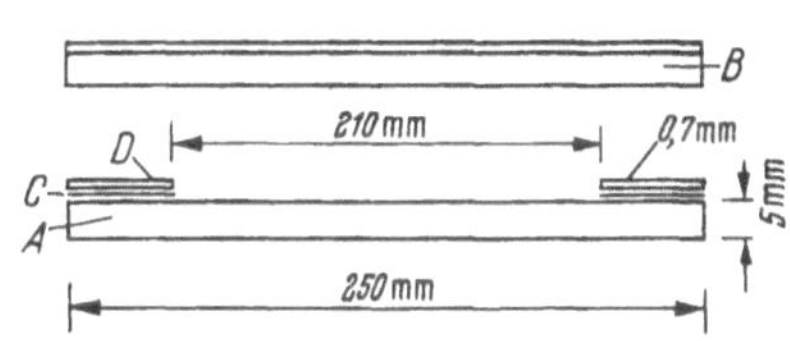

Abbildung 9
Arbeitsschablone und Streicher nach KRATZL [211] (vgl. Text).
Aus: KRATZL [211]

Zur Herstellung der Schablone werden auf beide Längsseiten einer Glasplatte (A; 25×30 cm aus 5 mm dickem Glas) Deckgläser (C) für Mikroskopie im Abstand von etwa 5 mm geklebt und darauf je ein Glasstreifen (D; 2×30 cm und 0,7 mm dick) aufgebracht. Zur Herstellung einer 0,3 mm starken Schicht legt man die Platte auf die etwas schräggestellte Schablone. Die Suspension wird auf den oberen Rand gegossen und mit dem Lineal (B) abgezogen. Ähnliche Arbeitsweise benutzen DUNCAN [101] sowie LEES und DE MURIA [220].
Die Bereitung nichthaftender Sorptionsschichten beschreiben CERNY und Mitarb. [61], MOTTIER [261] und DAVIDEK [83). *Abbildung 10* zeigt die Arbeitsweise von DAVIDEK [83][7]).

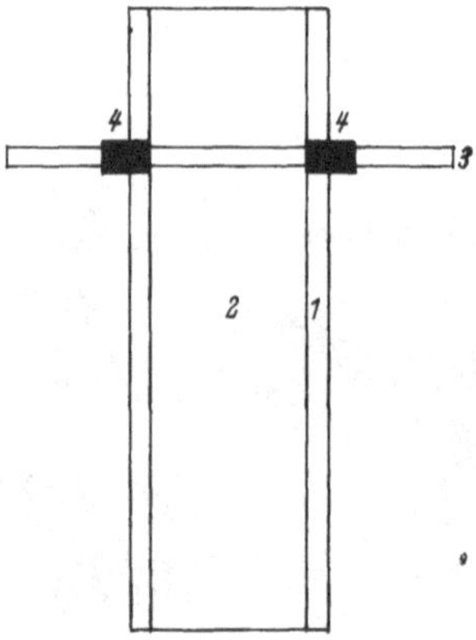

Abbildung 10
Bereitung loser nichthaftender Schichten nach DAVIDEK [83]

1 Tafelglas
2 Polyamidpulver, mit Walze geglättet
3 Walze zur Glättung der Schicht
4 Gummischlauch.

Aus: DAVIDEK [83]

Einige Autoren bereiten die Schichten durch Aufsprühen der Sorptionsmittel-Suspension [21a, 323, 428].

4. *Die Kleinplattenmethode*

Es ist aus der Papierchromatographie bekannt, daß zwischen der Wanderungsgeschwindigkeit der Front (Z_f) und der Laufzeit (t) eine einfache Beziehung: $(Z_f)^2 = a + b \cdot t$, besteht [350, 263, 209,

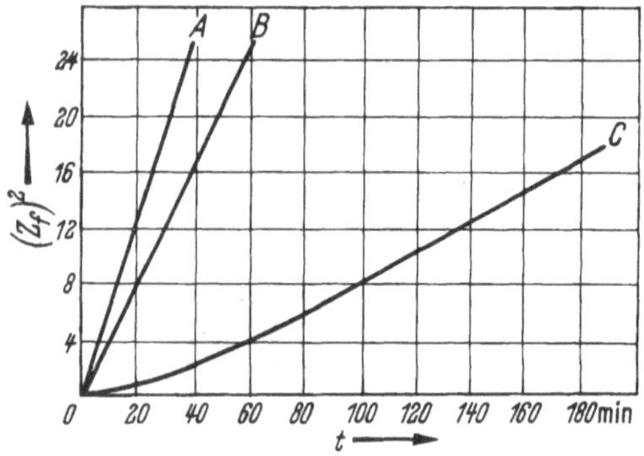

Abbildung 11
Beziehung zwischen Wanderungsgeschwindigkeit der Front und der Laufzeit (horizontale Technik; S. 19)

A.: Äther/Eisessig (95 : 5);
B.: Chloroform;
C.: Phenol/Wasser (75 : 25 g/g).

Aus: NIEDERWIESER [272]

[7]) Neuerdings ist eine komplette Ausrüstung zur Streuschichtchromatographie erhältlich (AIMER PROD. LTD., London).

137, 449]. Diese Beziehung konnte auch in der DC bestätigt werden [272, 8]. Wie aus *Abbildung 11* ersichtlich ist, kann die Laufzeit bei Verringerung der Laufstrecke erheblich heruntergesetzt werden.

Zur Herstellung von kleinen Chromatoplatten verwenden PREY und Mitarb. [8] das Stahlsche Streichgerät (S. 3). Es werden in einem Arbeitsgang 24 kleine (75 × 75 × 4 mm) Glasplatten mit dem Sorptionsmittel beschichtet. Die Firma DESAGA[2]) entwickelte eine kleine Grundausrüstung zur DC *(Abb. 12)*, die ein Streichgerät zur Bereitung kleiner Chromatoplatten enthält.

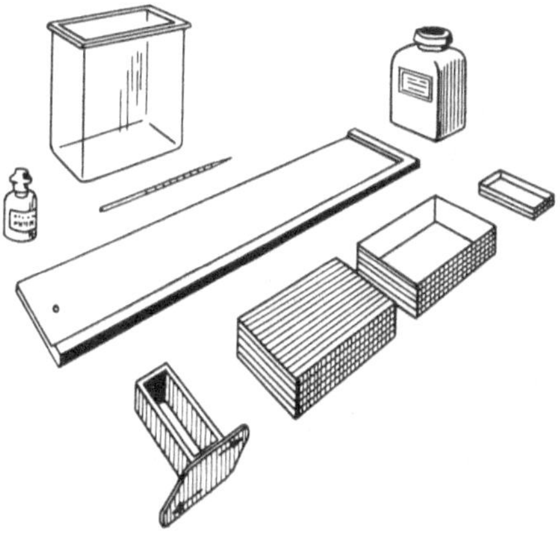

Abbildung 12
Kleinausrüstung zur Dünnschichtchromatographie mit Beschichtungsgerät für kleine Platten bzw. für Liniengläser (DESAGA GMBH, Heidelberg)

Mit diesem Gerät können auch die außerordentlich billigen Liniengläser beschichtet werden [130]. Neuerdings liefert die Firma CAMAG[5]) ebenfalls eine Ausrüstung zur Herstellung von kleinen Chromatoplatten.

B. Manuelle Schichtbereitung

Obschon die rationelle Herstellung dünner Schichten einheitlicher Stärke nur mit Hilfe einer geeigneten Streicheinrichtung möglich ist, wird gelegentlich vorgeschlagen, die Platten manuell zu bereiten. Diese Schichtbereitungsweise vermag zwar bei genügender

Übung mehr oder weniger einheitliche Schichten zu liefern, die Reproduzierbarkeit läßt jedoch oft einiges zu wünschen übrig (S. 49). Bei der Verwendung manueller Schichten ist es in jedem Falle zu empfehlen, den Verlauf der Chromatographie, durch das Auftragen von Farbstoffgemischen auf verschiedene Stellen der Platte zu überwachen. HÖRHAMMER und Mitarb. [169] haben vorgeschlagen, das Sorptionsmittel an Stelle von Wasser mit Essigester aufzuschlemmen, BHANDARI und Mitarb. [29] verwenden ein Gemisch von Äthylalkohol und Wasser (letztere Arbeitsweise soll die Trennung ungünstig beeinflussen; S. 39).
Die Suspension wird auf die Platte so aufgegossen, daß deren Oberfläche zur Hälfte bedeckt wird *(Abb. 13)*.

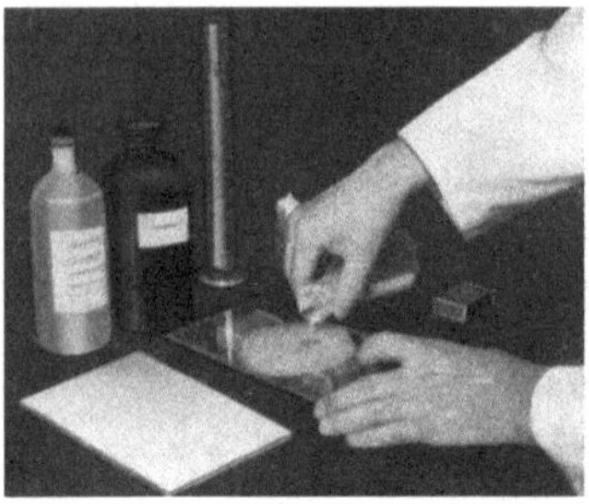

Abbildung 13
Manuelle Schichtbereitung: Aufgießen der Suspension [169]
Aus: HÖRHAMMER und Mitarb. [169]

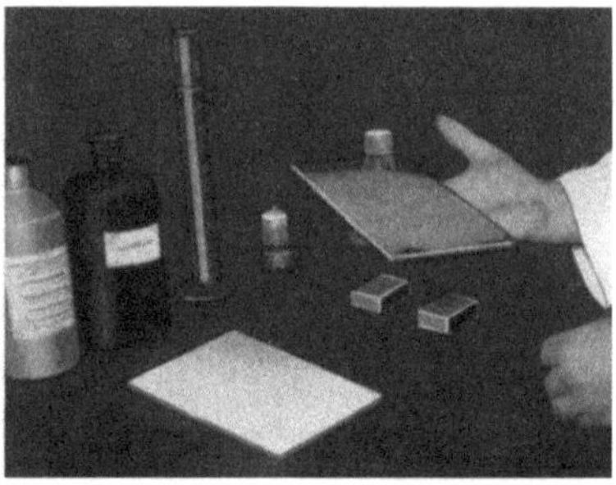

Abbildung 14
Manuelle Schichtbereitung: Verteilung des Sorptionsmittels [169]
Aus: HÖRHAMMER und Mitarb. [169]

Nun legt man die Platte auf eine Hand und läßt die Suspension durch mehrmaliges, vorsichtiges Hin- und Herneigen langsam an die Kanten und daran entlang in die Ecken fließen, bis sie sich gleichmäßig auf die gesamte Fläche verteilt hat *(Abb. 14)*.
Hierbei darf die Platte nicht an den Kanten festgehalten werden, weil die Suspension über den Rand der Platten hinauslaufen kann. Anschließend läßt man die Schicht in *waagrechter* Lage an der Luft trocknen.

Liniengläser [130] können ebenfalls manuell beschichtet werden. Die Schichtdicke ist durch die Tiefe der einzelnen Rillen definiert. Besonders für Vorversuche eignet sich das sehr originelle Verfahren von FELTKAMP [112][8]).

Als Träger für das Sorptionsmittel dienen Glasstäbe von 200 mm Länge und 7,5 mm Durchmesser. Eine Anzahl Korkstopfen, die auf Reagenzgläser 18×18 mm passen, werden so durchbohrt, daß die Glasstäbe in ihnen zwar festsitzen, aber noch bewegt werden können. Die Glasstäbe sollen 20 bis 30 mm über das obere Ende des Korkens hinausragen. Die Suspension wird in einen Standzylinder gefüllt, dessen Fuß so ausgebildet ist, daß eben ein Glasstab darin Platz hat. Die Stäbe werden eingetaucht, wobei etwa 10 mm unter dem Korken nicht benetzt werden soll. Zum Trocknen hängt man die Stäbe senkrecht auf. CSEH [76] beobachtete bei der Verwendung von Wasser als Aufschlemmungsflüssigkeit, daß die Schicht leicht von den Stäben abgelöst wird.

[8]) Lieferant: F. BÜHLER, Tübingen

II. Entwicklung der Chromatogramme

A. Auftragen der Substanzproben

Freie Aminosäuren und Peptide sind hydrophile Verbindungen und deshalb in nichtwäßrigen Lösungsmitteln schwerlöslich. Für die Bestimmung von *Rf*-Werten (Definition: (S. 47) oder zur Herstellung von zweidimensionalen Fleckenkarten (S. 26) verwendet man eine Kollektion von reinen Aminosäuren[9]) und bereitet davon Lösungen, welche 1 mg/ml der zu testenden Substanzen enthalten. Als Lösungsmittel eignet sich z. B. 10proz. Isopropylalkohol[10]).

Die freien Aminosäuren in salzsaueren Proteinhydrolysaten liegen als Hydrochloride vor. In solchen Fällen empfiehlt es sich auch, die Vergleichssubstanzen in salzsauerer Lösung (1 mg Aminosäure in 1 ml 0,1 N HCl) aufzutragen. Vor der Chromatographie muß das Lösungsmittel vollständig entfernt werden (Lüften 10—20 Min.). Es ist in der Papierchromatographie üblich, den HCl-Überschuß durch Ammoniakdämpfe zu neutralisieren. Dieses Vorgehen ist bei Kieselgel-G-Schichten nicht zu empfehlen, da Ammoniak an Kieselgel relativ stark haftet und bei der Entwicklung stören kann.

Aminosäuren in Organextrakten oder in Körperflüssigkeiten müssen von den Begleitstoffen befreit (S. 196) oder in Form geeigneter Derivate (S. 211) chromatographiert werden.

Substitution der Aminosäuren an der Aminogruppe, am Carboxyl oder an beiden verwandelt diese Verbindungen in Säuren, Basen oder in Neutralkörper. Der zwitterionische Charakter geht dabei

[9]) Kollektionen liefern die Firmen: Fluka, Buchs/SG., Schweiz; Merck AG, Darmstadt; Cyclo Chemical Co., Los Angeles/Calif., USA; California Corp. Biochem. Research, Los Angeles/Calif., USA; Mann Research Co., New York; Nutritional Biochem. Co., Cleveland/Ohio, USA.

[10]) Eine Sammlung von 10^{-2} M-Aminosäurelösungen ist bei der Firma Shandon[4]) erhältlich.

verloren. Je nach Art der Substituenten sind die Derivate immer noch mehr oder weniger polar. Die meisten Aminosäure-Derivate (Dinitrophenyl-, Dinitroaminophenyl-Aminosäuren, Phenylthiohydantoine) sind jedoch teilweise wasserunlöslich. Sie werden deshalb in geeigneten organischen Lösungsmitteln aufgetragen[11]). Für Vorversuche und für qualitative Untersuchungen können selbstgezogene Kapillaren verwendet werden. Mit einiger Übung läßt sich aus der Größe der benetzten Fläche die Auftragmenge abschätzen. LÜDY-TENGER [233] schlug die Verwendung von Platin-Ösen vor. Etwas genauer kann man mit Hilfe von graduierten Mikropipetten[2]) oder mit einem Auftragssatz[5]) arbeiten.

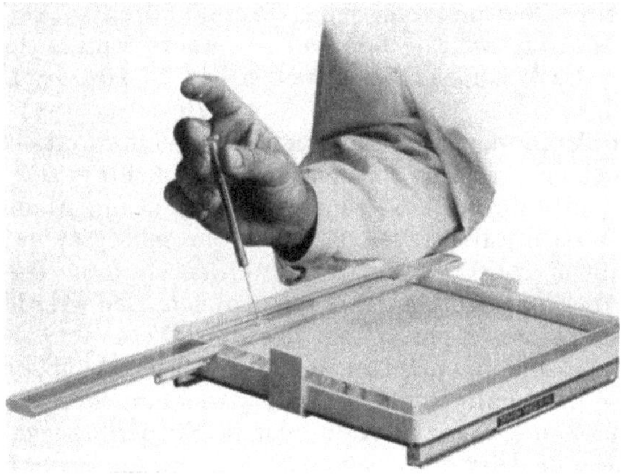

Abbildung 15. Präparierbox zum Auftragen empfindlicher Substanzen unter Begasung; Hamilton-Dosierspritze (DESAGA GMBH, Heidelberg)

Für quantitative Bestimmungen eignen sich vorzüglich die „Drummond-Microcaps"[12]). Sie sind besonders in Größen von 1 bis 10 μl zu empfehlen. Besonders große Genauigkeit zeichnet die verschiedenen Mikrospritzen aus (Hamilton- oder Agla-Spritze[2])). Sie sind

11) Über die Bereitung bzw. Bezugsquellen dieser Verbindungen, sowie über die Herstellung der Versuchslösungen, S. 147ff, 168, 185.
12) Firma P. SÜTTERLIN, Dietikon/ZH., Schweiz. SHANDON LTD., London.

jedoch relativ teuer und bei Reihenuntersuchungen umständlich in der Bedienung. *Abbildung 15* zeigt eine Präparierbox[2]), mit deren Hilfe empfindliche Substanzen unter N_2-Begasung aufgetragen werden können.
Die zu trennenden Gemische und die Vergleichsproben werden 1,5 cm von den Plattenrändern entfernt aufgetragen. Beträgt das Volumen der Probe nicht mehr als 1 µl, so sind gegenseitige Abstände von etwa 0,8 cm zulässig. Auf einer 20 × 20-cm-Platte finden dann etwa 20 Proben Platz. Mit Hilfe der sehr praktischen Auftragsschablone[2, 5]) können die Proben in einer Linie aufgebracht werden *(Abb. 16)*.

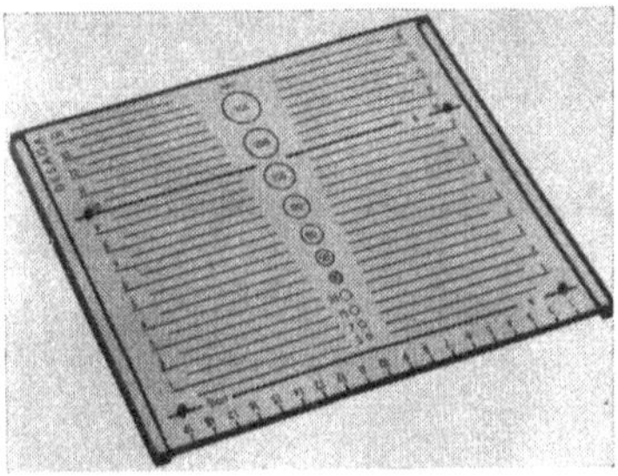

a

b

Abbildung 16. Auftragsschablone
a) DESAGA GMBH, Heidelberg *b)* CAMAG AG, Muttenz/Bl., Schweiz

Zum strichförmigen Auftragen der Substanz bei der Präparativen-Chromatographie vgl. S. 38.

B. Aufsteigende Entwicklung

1. Rechteckige Trennkammer

Zur Chromatographie dienen in der Regel 20 × 20 cm große Glasplatten. Die Entwicklung erfolgt am besten mit „Kammersättigung“ in den speziell für die DC hergestellten rechteckigen Trennkammern (über die Bedeutung der Kammersättigung S. 49).

Abbildung 17. Entwicklungskammer für 20×20-cm-Platten. Im Vordergrund: Zusatzdeckel mit Gaszuleitung (DESAGA GMBH, Heidelberg)

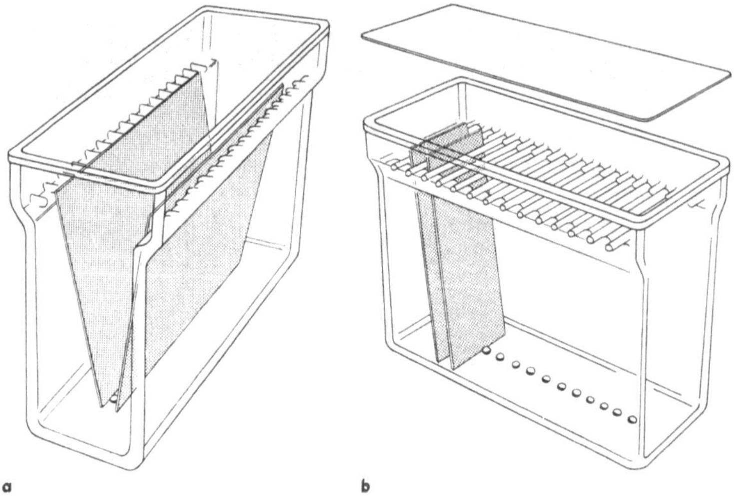

Abbildung 18. Entwicklungskammer
a) eingerichtet für 20×20 cm-Platten;
b) eingerichtet für 5×20 cm-Platten (SHANDON LTD., London)

Abbildung 17 zeigt die Trennkammer der Firma DESAGA[2]), die für die Chromatographie empfindlicher Substanzen mit einem speziellen Deckel versehen werden kann, durch welchen z. B. Stickstoff in die Kammer geleitet wird.

Die rechteckigen Trennkammern der Firma Shandon[4]) können auch für 5 × 20 cm große Platten eingerichtet werden. Dies hat den Vorteil, daß eine Reihe eindimensionaler Aminosäure-Chromatogramme unter identischen Bedingungen entwickelt und mit verschiedenen Farbreagenzien besprüht werden kann *(Abb. 18)*.

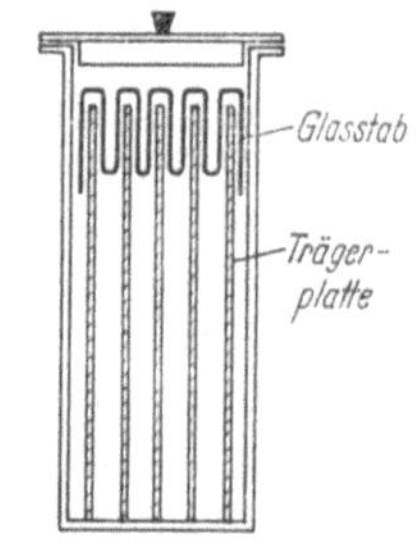

Abbildung 19
Entwicklungskammer mit einfachem Glashalter zur Einstellung mehrerer Platten [42]
Aus: BRENNER und NIEDERWIESER [42]

Sollen in die gleiche Trennkammer mehrere 20 × 20-cm-Platten eingestellt werden (dies ist insbesondere bei Aminosäure-Trennung nach VON ARX und NEHER empfehlenswert; S. 98), so kann zur Fixierung der Platten ein gebogener Glasstab verwendet werden [42] *(Abb. 19)*.

Eine andere Möglichkeit bietet die „Chromatostack"-Technik nach NYBOM [280]. Hierbei werden mehrere beschichtete Platten aufeinandergelegt (Schichtseite gegen blanke Seite), mit einer blanken Platte bedeckt und mit Gummibändern zusammengehalten. Zur

Abbildung 20
Trennkammer zur gleichzeitigen Entwicklung mehrerer Platten (SHANDON LTD., London)

Abgrenzung der einzelnen Platten voneinander dienen Plastikscheiben von 5 mm Durchmesser, welche auf jede Plattenecke aufgebracht werden. (Diese Arbeitsweise ist eigentlich dem S-System ähnlich; vgl. weiter unten). Zur gleichzeitigen Entwicklung mehrerer Chromatogramme wurde von der Firma SHANDON[4]) eine spezielle Trennkammer entwickelt *(Abb. 20)*.

2. Die bedeckte Platte

Das Kammervolumen läßt sich verringern, wenn man die Trägerplatte als Kammerrückwand verwendet. Eine zweite Glasscheibe, die auf die Trägerplatte gelegt wird, stellt die andere Kammerwand dar. Das Prinzip der „bedeckten Platte" wurde von BRENNER und NIEDERWIESER [43] und später auch von STAHL [410] beschrieben. *Abbildung 21* zeigt das sogenannte S-Kammersystem[2]).
Der „20 cm S-Kammertrog" eignet sich zum Einstellen von 10 und 20 cm breiten, der „40 cm S-Kammertrog" für 20 und 40 cm brei-

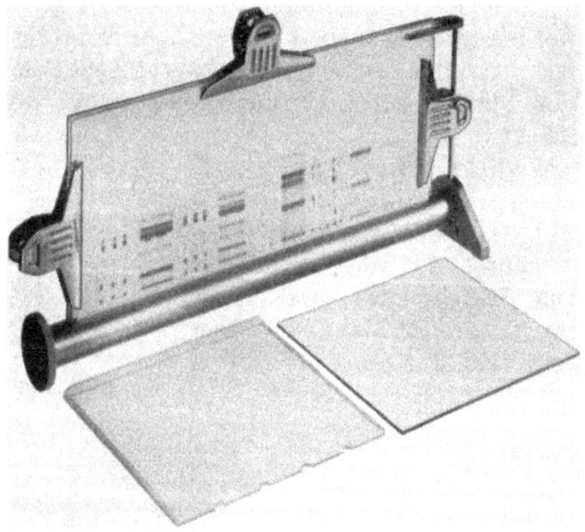

Abbildung 21. S-Kammer eingerichtet für 40×20-cm-Platten. Im Vordergrund: Deckplatte (20×20 cm) und Trägerplatte (DESAGA GMBH, Heidelberg)

ten Platten. Für jedes Plattenformat ist die entsprechende Deckplatte erhältlich[2]). Vereinfachungen des S-Systems wurden von HONEGGER [165], DAVIES [84], WASSICKY [435] und von JÄNCHEN [183] veröffentlicht. Eine preiswerte Ausführung liefert die Firma CAMAG[5]).

Wie auf S. 51 ausgeführt wird, ist in manchen Fällen zu empfehlen, das S-Kammersystem mit zusätzlicher „Sättigung" zu versehen. Nach HONEGGER [165] wird die Deckplatte an der der Schicht zugekehrten Seite mit einem Filterpapier versehen, das vor der Chromatographie mit dem Fließmittel befeuchtet wird. JÄNCHEN (183] verwendet eine zweite beschichtete Platte als Deckplatte.

C. Horizontale Entwicklung

Die horizontale Chromatographie bietet gegenüber der aufsteigenden Entwicklung, besonders bei der Anwendung loser nichthaftender Schichten, einige Vorteile. Man unterscheidet zwischen Zirkulartechnik und horizontaler Chromatographie.

ISMAILOV und SHRAIBER [180] sowie MEINHARD und HALL [250] benutzten eine Art Zirkularentwicklung und führten das Fließmittel der Schicht tropfenweise zu. Die von STAHL [405, 410] angegebene „Mikrozirkulartechnik" eignet sich vorzüglich zur Ermittlung des geeigneten Fließmittels. Auch bei der Entwicklung von „Streuschicht" Chromatogrammen wurde die Zirkulartechnik benutzt [214, 215, 443]. Zur horizontalen Zirkularchromatographie bewährte sich die Versuchsanordnung von STAHL [407].

Das Prinzip der *bedeckten Platte* wurde bereits auf S. 18 dargestellt. Eine einfache Anordnung zur horizontalen Chromatographie wurde von BRENNER und NIEDERWIESER [43] und von HESSE und Mitarb. [158] beschrieben.

Chromatographie in der Desaga-BN-Kammer [272]:

Das Fließmittel wird durch Kapillarwirkung der Papierzunge auf die Dünnschicht übertragen. Die Deckplatte verhindert das Verdampfen im Bereich der 18 cm langen Trennstrecke. Der Kühlblock verhindert die Kondensation von Fließmitteldämpfen an der Unterseite der Deckplatte. *Abbildung 22* zeigt die BN-Kammer vor der Montage der Platte.

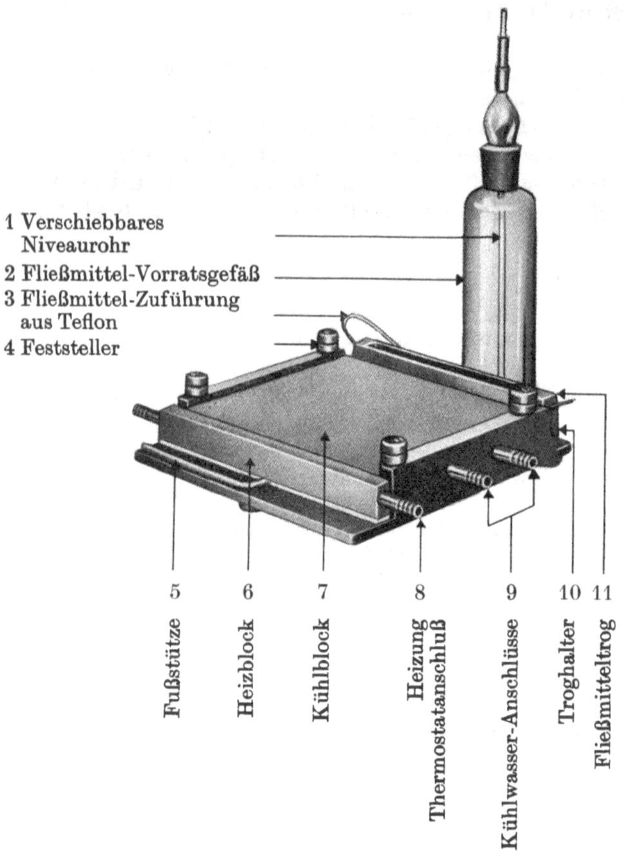

Abbildung 22. BN-Kammer: Gesamtansicht vor der Montage (Desaga GmbH, Heidelberg)

An zwei gegenüberliegenden Kanten einer beschichteten Glasplatte (20×20 cm) wird die Schicht so weit abgestreift, daß etwa 6 mm breite blanke Streifen entstehen. Am vorderen Rand *(Abb. 23)* trägt man die Substanzproben 15 mm von der Plattenkante entfernt auf und legt die Platte mit dem Vorderrand an den Fließmitteltrog stoßend, auf den Kühlblock *(Abb. 23)*.

Der Trog wird mit etwa 20 ml Fließmittel gefüllt. Man nimmt eine vorgefalzte Papierzunge, knickt sie längs der Nutlinie um etwa 90° und hängt sie über den Trogrand, wobei das gefalzte Ende horizontal auf die Schicht zu liegen kommt, ihr offenes Ende vertikal in das Fließmittel taucht *(Abb. 23)* Man beachte, daß der Fließmitteltrog etwas über die Schicht ragt; evtl. sind die Federn leicht aufzubiegen. Unmittelbar darauf verschließt man das

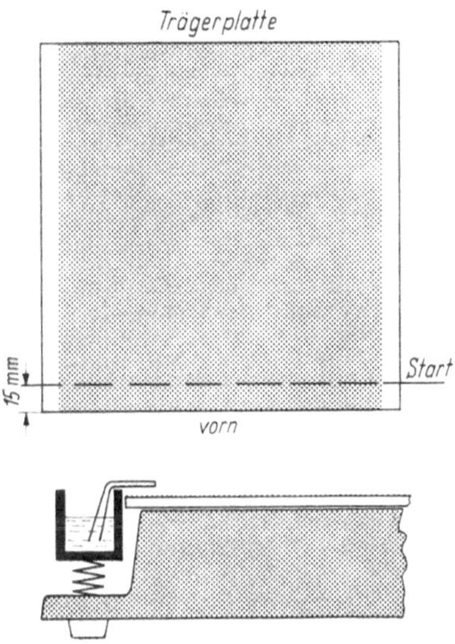

Abbildung 23. BN-Kammer: Trägerplatte auf beiden Seiten von der Schicht befreit; Montage der Trägerplatte und der Papierzunge
(Desaga GmbH, Heidelberg)

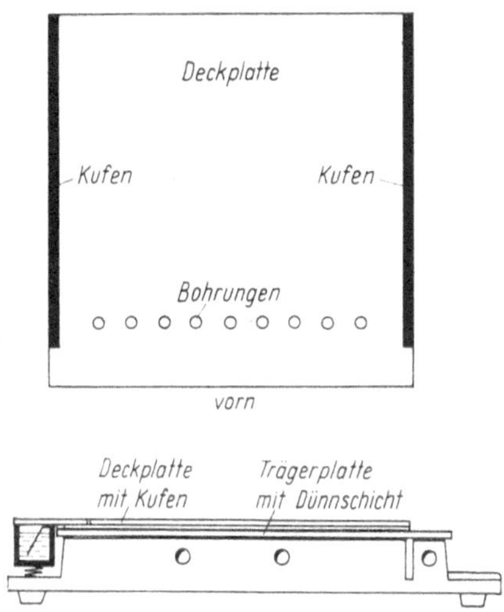

Abbildung 24. BN-Kammer: Deckplatte mit Kufen und Bohrungen; Montage der Deckplatte
(Desaga GmbH, Heidelberg)

System mit der Deckplatte *(Abb. 24)*. Die Kufen sollen hierbei auf die blanken Kanten der Trägerplatte *(Abb. 23)* zuliegen kommen und bis zum Fließmitteltrog reichen. Die 20 mm breite kufenfreie Zone soll den Trog gerade überdecken *(Abb. 24)*.

Die Deckplatte wird schließlich nach unten gedrückt und mit den Feststellern fixiert. Die Bohrungen werden mit einer schmalen Glasplatte bedeckt. Weitere Anwendungen der BN-Kammer S. 23, 24.

Ein großer Vorteil der horizontalen Dünnschichtchromatographie in der BN-Kammer besteht darin, daß das Trennresultat auch bei präparativen Trennungen reproduziert werden kann (S. 36).

D. Mehrfachentwicklung

Bei der Mehrfachchromatographie wird, nach jeweiliger Zwischentrocknung, mehrmals hintereinander mit dem gleichen Fließmittel in gleicher Richtung entwickelt. Dieses Vorgehen ist zwar oft zeitraubend, doch besitzt es gegenüber der Durchlaufchromatographie (S. 23) gewisse Vorteile: Die Fleckenausbreitung ist meistens geringer. Der *Rf*-Wert nach dem *n*ten Lauf (${}^{n}Rf$) wird als:

$$ {}^{n}Rf = 1 - (1 - Rf)^{n} $$

berechnet [184]. Diagramme zur Ermittlung von ${}^{n}Rf$-Werten findet man bei Lenk [222] und Halpaap [150]. Über die Theorie der eindimensionalen Mehrfachchromatographie orientiere man sich bei Thoma [423].
Wie bereits erwähnt, ist der erhebliche Zeitaufwand ein Nachteil der Mehrfachentwicklung. Die Anwendung der BN-Kammer (S. 19) erlaubt eine schrittweise Reduzierung der Laufstrecke („Iterierende" Dünnschichtchromatographie).

Die Trägerplatte wird, wie bereits auf S. 21 beschrieben, vorbereitet. Die Proben werden 30 mm vom Plattenrand entfernt aufgetragen. Der Trog wird aus dem Halter genommen, mit dem mitgelieferten Zellstoff vollgestopft und mit etwa 25 ml Fließmittel getränkt. Die Trägerplatte wird nun mit der Schicht nach oben auf den Kühlblock *(Abb. 22)* gelegt, wobei ihr vorderer Plattenrand *(Abb. 23)* über den Halter für den Fließmitteltrog hinausragen soll. Durch Auflegen der Deckplatte mit den Kufen nach unten wird die Schicht geschützt: die Deckplatte wird so aufgelegt, daß die kufenfreie Zone *(Abb. 24)* von 20 mm Breite frei über den Heizblock ragt *(Abb. 25)*. Bei dieser Anordnung bleibt an der Vorderkante der Trägerplatte ein 20 mm breiter Streifen der Schicht unbedeckt, auf welchen der umgestülpte Fließmitteltrog aufgelegt wird *(Abb. 25)*. Nach dem ersten Lauf wird die Trägerplatte aus der Kammer genommen und getrocknet. Man durchtrennt die Schicht durch einen Strich 3 cm hinter dem langsamsten Fleck und montiert die Platte von neuem: sie wird jetzt aber so weit zurückgesetzt, daß sich der langsamste Fleck an der in *Abbildung 26* bezeichneten Stelle befindet.

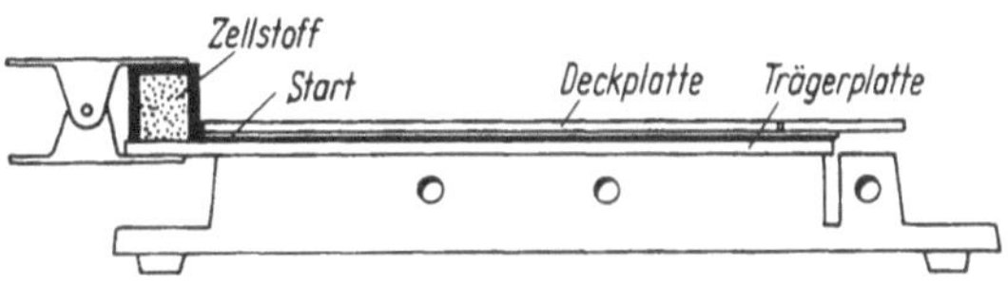

Abbildung 25. BN-Kammer: Montage für Iterierende Dünnschichtchromatographie (DESAGA GMBH, Heidelberg)

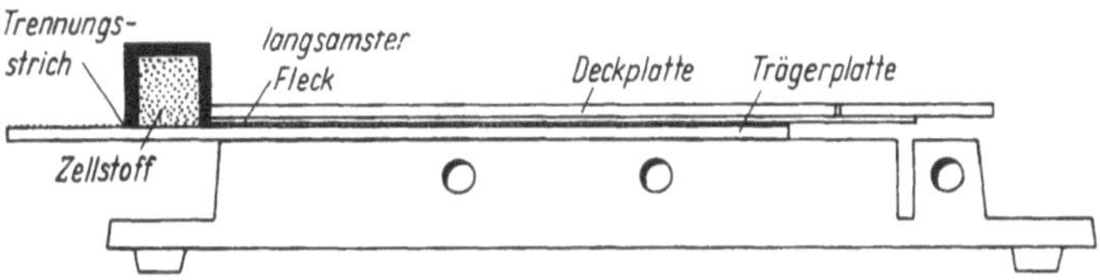

Abbildung 26. BN-Kammer: Montage zum zweiten Lauf bei iterierender Dünnschichtchromatographie (DESAGA GMBH, Heidelberg)

Der Trog wird schließlich unmittelbar vor den Trennungsstrich gelegt *(Abb. 26)*. Ist der zweite Lauf beendet, so kann der Vorgang wiederholt werden.

E. Durchlaufchromatographie und Keilstreifentechnik

Bei kleinen Unterschieden der *Rf*-Werte muß zur vollständigen chromatographischen Trennung die Laufstrecke vergrößert werden. Diese Forderung ist für langsam wandernde Substanzen leicht erfüllbar, indem man das Fließmittel über den Bereich der Schicht hinausströmen läßt. In der Papierchromatographie ist diese als Durchlaufverfahren bezeichnete Methode sehr einfach realisierbar; man chromatographiert dabei absteigend und läßt das Fließmittel am unteren Ende des Papiers abtropfen.

Als erster hat MOTTIER [261] die Dünnschichtchromatographie mit einer Art Durchlaufverfahren kombiniert. Diese Methode ist indessen auf die Verwendung relativ schwerflüchtiger Fließmittel beschränkt. Die Methode von Brenner und Niederwieser [43] und die daraus entwickelte BN-Kammer (S. 19) eignet sich vorzüglich zur Durchlaufentwicklung. Kürzlich beschrieb Ritschard [343] eine Modifizierung der BN-Kammer.

1. Durchlaufentwicklung in der BN-Kammer

a) Variante A

Die Montage erfolgt wie bei der horizontalen Dünnschichtchromatographie beschrieben (S. 21). Erreicht nun die Fließmittelfront das Plattenende, so kann das Fließmittel verdampfen (evtl. heizen). Bei längerer Durchlaufszeit wird der leere Fließmitteltrog über den Teflon-Schlauch mit dem Fließmittel-Vorratsgefäß verbunden *(Abb. 22)* und mit dem Glasrohr das Niveau im Fließmitteltrog festgelegt. Nach Öffnen des Verbindungshahns füllt sich der Trog bis zur Höhe, auf der sich die Unterkante des Glasrohrs im Vorratsgefäß befindet (Mariottsches Prinzip). Die Fließmittelmenge bleibt nun während der ganzen Chromatographie im Trog konstant (für Kühlung und Heizung: *Abb. 22*).

b) Variante B

Das Vorgehen ist analog wie bei Variante A, man wartet jedoch mit dem Auftragen der Substanzen mindestens so lange, bis die Fließmittelfront das Ende der Trennstrecke erreicht hat. Das Adsorbens befindet sich dann im Gleichgewicht mit dem Fließmittel. Durch die Löcher der Deckplatte werden die zu chromatographierenden Substanzen auf die feuchte Schicht appliziert. Dieses Vorgehen ist besonders bei empfindlichen Substanzen empfehlenswert. Variante B besitzt noch weitere Vorteile: Die Apparatur kann tagelang ohne Unterbruch in Betrieb sein: es ist möglich, Chromatogramme farbiger Verbindungen (evtl. UV-Licht) in der gleichen Apparatur zu jedem beliebigen Zeitpunkt anzusetzen. Auf diese Weise kann man z. B. chemische Reaktionen bequem verfolgen.

2. Andere Durchlaufverfahren

Bennet und Heftmann [22], Truter [426], Bancher und Mitarb. [7] bevorzugen aufsteigende Verfahren. *Abbildung 27* zeigt die Versuchsanordnung nach Bancher und Mitarb. [7].

Das Fließmittel wird am oberen Ende der Schicht mit Hilfe von reinem Verbandzellstoff abgesaugt. Dieser wird, zwischen zwei Filterpapieren liegend, mittels einer 5×20 cm-Platte und zwei Stahlkammern fest auf die Schicht gepreßt. Zur Entwicklung wird eine Modifizierung des S-Systems (S. 18) verwendet. Die Größe der

Z: Zellstoff
K: Metallklammer
P: Pappe oder Glasstreifen (5 mm breit)
T: Trägerplatte (20×20 cm)
D: Deckplatte (15×20 cm)
DS: Schmale Platte (5×20 cm)
LT: Trog
G: Haltesockel

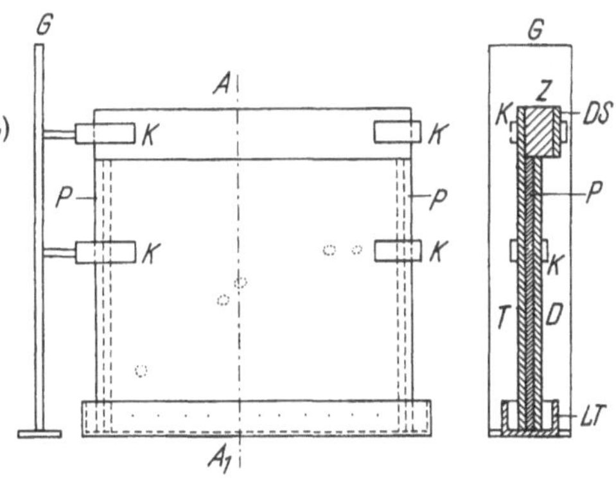

Abbildung 27. Apparatur zur Durchlaufchromatographie [7]
Aus: BANCHER und Mitarb. [7]

Deckplatte wird jedoch so gewählt, daß eine 50 mm breite Trägerschicht, auf die das Saugmaterial gepreßt wird, frei bleibt. Auf diese Weise kann der Zellstoff beliebig oft gewechselt werden.

3. *Keilstreifentechnik*

Neben Durchlaufchromatographie und Mehrfachentwicklung bietet sich die von MATTHIAS [248] beschriebene Keilstreifentechnik zur Trennung von Substanzen mit ähnlichen *Rf*-Werten an. Die Anwendung dieser Methode, bei welcher die Substanzen bandförmig wandern, wurde in der Dünnschichtchromatographie von STAHL (407) angeregt. In Anlehnung an STAHL verwendet SEILER [384] die Keilstreifentechnik zur Trennung von DNS-Aminosäuren (S. 170).

F. Mehrdimensionale Chromatographie

Die Trennung komplexer Stoffgemische, wie z. B. Aminosäuren in Proteinhydrolysaten oder Aminosäuren in biologischem Material, gelingt in der Regel nicht durch eindimensionale Chromatographie. Man wird in solchen Fällen senkrecht zur Laufrichtung des ersten Fließmittels mit einem zweiten Fließmittel entwickeln. Bei geeigneter Auswahl der Fließmittelkombination lassen sich z. B. die meisten Eiweiß-Aminosäuren trennen (S. 86). Bei der Untersuchung von komplexen Gemischen (Körperflüssigkeiten, Organ- und Pflanzenextrakten) ist auch die zweidimensionale Trennung oft unvollständig. Durch geschickte Kombination mehrerer Fließmittel („multidimensionale" Chromatographie; weiter unten) kann man jedoch eine gute Auftrennung erreichen.

1. Zweidimensionale Chromatographie und T*rennung -* R*eaktion -* T*rennung - Technik*

Bei der zweidimensionalen Chromatographie entwickelt man das Chromatogramm — nach Zwischentrocknung[13]) — senkrecht zur Laufrichtung des ersten Fließmittels mit einem zweiten Fließmittel. Das zweite Fließmittel muß selbstverständlich so gewählt werden, daß es diejenigen Flecken, welche mehrere Substanzen enthalten, auflöst. Die Identifizierung kann durch Leitchromatogramme vorgenommen werden: man trägt, in beiden Richtungen, auf die Plattenränder bekannte Substanzgemische auf. Eine andere Möglichkeit besteht darin, daß man die zu analysierende Lösung gemeinsam mit einer Standardmischung vom gleichen Startpunkt aus chromatographiert. Die Standardlösung soll hierbei von jeder Verbindung gerade soviel enthalten, daß die entsprechenden Komponenten nach der zweidimensionalen Trennung gerade noch sichtbar gemacht werden können. Eine bestimmte Substanz gibt sich durch die Intensitätsverstärkung des ihr zukommenden Fleckens zu erkennen. Wir möchten darauf hinweisen, daß das Fleckenmuster eines zweidimensionalen Chromatogramms gewissen Schwan-

[13]) Die Zwischentrocknungsbedingungen müssen standardisiert werden, weil sonst die Trennung in der zweiten Dimension größeren Schwankungen unterworfen ist.

kungen unterworfen ist[14]). Es ist in jedem Falle zu empfehlen für jedes Laboratorium eigene Fleckenmuster zu bereiten! Auch die Anwendung spezifischer oder polychromatischer Reagenzien (S. 107) ist bei der Identifizierung nützlich. In Zweifelsfällen muß der betreffende Fleck aus dem Chromatogramm eluiert werden: Zur Identifizierung rechromatographiert man die Probe, gemeinsam mit der Vergleichsubstanz, in einem weiteren Fließmittel. Ein solches Vorgehen ist jedoch nur dann möglich, wenn die Substanzen nach der Anfärbung unzersetzt vorliegen oder ohne Anfärbung (z. B. UV-Licht) erkannt werden können. Für die zerstörungsfreie Revelation von Aminosäuren eignet sich 2,4-Dinitrofluorbenzol (S. 107).

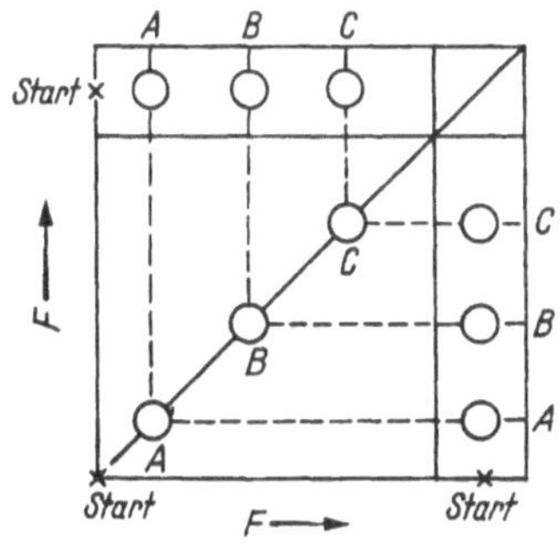

Abbildung 28
Zweidimensionale Entwicklung mit dem gleichen Fließmittel (F) in beide Richtungen: Nachweis von Zersetzungsprodukten

Chromatographiert man die freien Aminosäuren eindimensional mit Fließmittel *A* und führt die Anfärbung mit dem auf S. 107 beschriebenen Reagens durch, so werden die Aminosäuren in ihre Dinitrophenyl(DNP)-Derivate (s. Ausschlagtafel) umgewandelt. Man kann nun die DNP-Aminosäuren in der zweiten Dimension mit Fließmittel *B* entwickeln. Diese modifizierte TRT-Technik kann bei der Identifizierung wertvolle Dienste leisten.

Auf einem zweidimensionalen Chromatogramm, das in beide Richtungen mit dem gleichen Fließmittel entwickelt wurde, findet man sämtliche Substanzen längs der Platten-Diagonale angeordnet [85]. Flecken, welche von der Diagonale abweichen, sind Zersetzungsprodukte. Auf diese Weise kann man leicht feststellen, ob sich die Substanzen während der Chromatographie zersetzen. Bei der TRT-(=Trennung-Reaktion-Trennung)-Technik wird durch Einwirkung chemischer Reagenzien eine bewußte Veränderung hervorgerufen [41, 85, 403].

[14]) Zur Reproduzierbarkeit des Fleckenmusters vgl. S. 83.

2. *Multidimensionale Chromatographie*

Bei sehr komplizierten Substanzgemischen läßt sich eine Trennung und Identifizierung mit der Kombination von zwei Fließmitteln oft nicht bewältigen. Eine weitgehende Differenzierung ist z. B. durch Einsatz eines dritten Fließmittels möglich. Die „multidimensionale" Entwicklung wurde in der Papierchromatographie von DECKER [87, 88] vorgeschlagen und in der Folge von VON ARX und NEHER [5] auch in der Dünnschichtchromatographie eingeführt. Das Prinzip der Methode wird in der *Abbildung 29* erläutert [5].

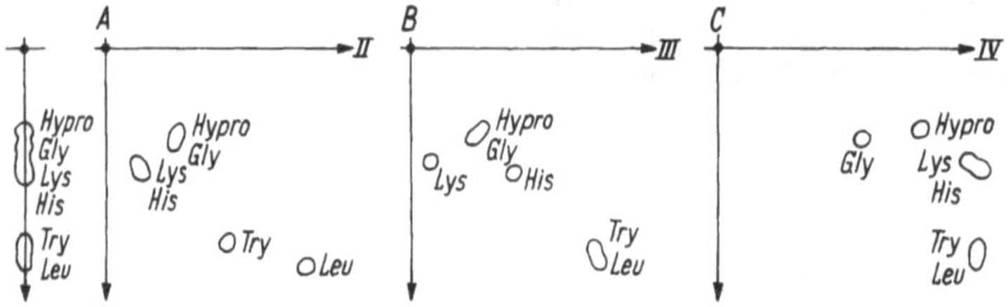

Abbildung 29. Prinzip der multidimensionalen Dünnschichtchromatographie [5]. Man beachte, daß jede Substanz in einem der drei zweidimensionalen Chromatogramme getrennt vorkommt.
Aus: VON ARX und NEHER [5].

Man trägt die Probelösung auf drei Dünnschichtplatten (A, B und C) auf und entwickelt in der ersten Dimension jede Platte mit Fließmittel I. In der zweiten Dimension wird nun jede Platte mit jeweils verschiedenen Fließmitteln (II für A, III für B und IV für C) chromatographiert. In den resultierenden drei 2-dimensionalen Chromatogrammen ist die Reihenfolge der Aminosäuren in der ersten Dimension die gleiche; ihre Sequenz ist jedoch in der zweiten Dimension verschieden. Durch geschickte Auswahl der Fließmittel kann man z. B. 52 Aminosäuren trennen (S. 98).
Die Interpretation eines durch die Anzahl vieler Flecken auf den ersten Blick komplizierten Chromatogramms wird dadurch erleichtert, daß man nach dem ersten Lauf jeweils ein Testgemisch in der zweiten Richtung mitlaufen läßt *(Abb. 64)*. In Zweifelsfällen empfiehlt es sich bei der Identifizierung ähnlich wie bei der zweidimensionalen Chromatographie vorzugehen.

In der Papierchromatographie schlug DECKER [87] die Kombination von vier Fließmitteln in sechs zweidimensionalen Chromatogrammen vor. Hierbei erscheint jede Substanz auf insgesamt sechs unabhängigen Chromatogrammen mit jeweils verschiedenen Fließmittelkombinationen.

G. Polyzonale Dünnschichtchromatographie

Aus mehreren Komponenten bestehende Fließmittel erleiden beim Eindringen in ein trockenes Adsorbens eine teilweise Entmischung (S. 64). Bei der polyzonalen Dünnschichtchromatographie nach NIEDERWIESER und BRENNER [273] werden Substanzen unter be-

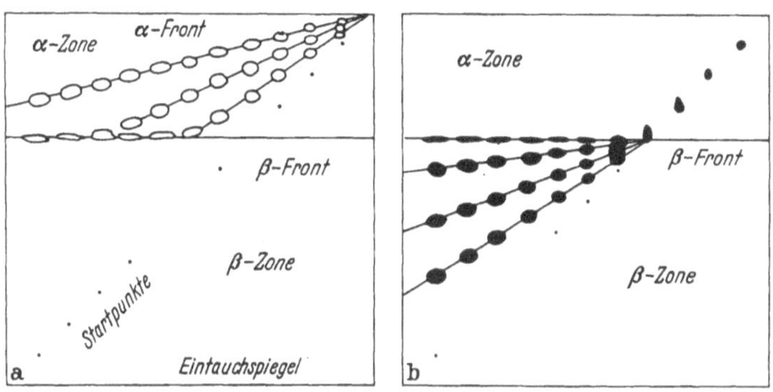

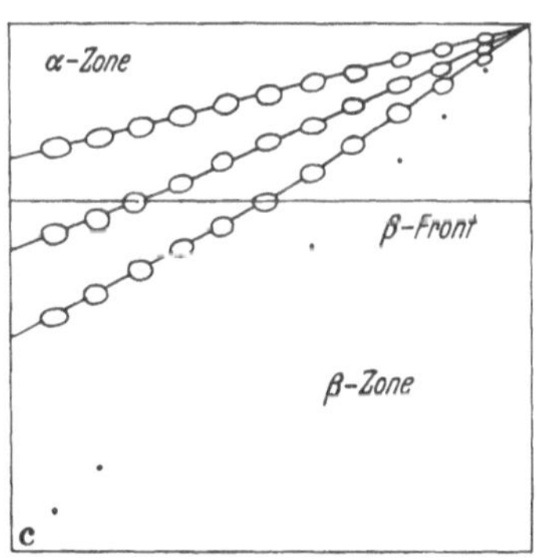

Abbildung 30
Polyzonale Dünnschichtchromatographie: Die Substanzen werden entlang der Plattendiagonale aufgetragen [273]

a) Die Substanzen wandern in der α-Zone
b) Die Substanzen wandern in der β-Zone
c) Die Substanzen wandern in beiden Zonen

Aus: NIEDERWIESER und BRENNER [273]

wußter Ausnützung dieser Erscheinung getrennt. Zur Chromatographie verwendet man die BN-Kammer (S. 19).

Die Probelösung wird mehrmals in zunehmendem Abstand von der Papierzunge aufgetragen *(Abb. 30a)*.

Die zu trennenden Substanzen erhalten so Gelegenheit, während wechselnden Zeiten in Fließmitteln zu wandern, die eine andere Zusammensetzung aufweisen als die mobile Phase im Fließmitteltrog. Man gewinnt damit in einem Arbeitsgang praktisch gleich viele Informationen, wie wenn man das Gemisch auf verschiedenen Platten in verschiedenen Fließmitteln chromatographieren würde.

Bei der Chromatographie mit einem zweikomponentigen Fließmittel beobachtet man drei Extremfälle: Alle Substanzen wandern in der α-Zone; sie wandern in der β-Zone, oder sie wandern in beiden Zonen *(Abb. 30a, b, c)*. Eine Überlagerung dieser Fälle wird in *Abbildung 31a* dargestellt.

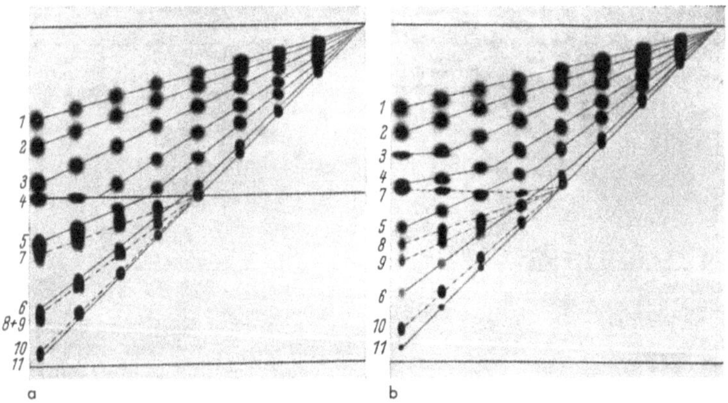

Abbildung 31. Chromatogramme von Mischungen enthaltend je 1 μg der 2,4-Dinitrophenylderivate von: n-Amylamin (1), n-Butylamin (2), n-Propylamin (3), Äthylamin (4), Methylamin (5), Tyramin (6), Leucin (7), Methionin (8), Prolin (9), Hydroxyprolin (10) und Glutamin (11)

a) Duozonale Entwicklung: Isopropyläther/Eisessig (100: 2v/v).

b) Polyzonale Entwicklung: Isopropyläther/Propionsäure/Eisessig/Ameisensäure (100 : 0,66 : 0,66 : 0,66 v/v)

Man beachte, daß die Auftrennung bei der polyzonalen Arbeitsweise vollständig ist!

Aus: NIEDERWIESER und BRENNER [273]

Wenn mehrere Substanzen mit der Entmischungslinie wandern, so wählt man mit Vorteil ein Fließmittel, dessen Komponenten sich nicht so stark in der Polarität unterscheiden. Oft erreicht man eine Trennung durch Übergang zu der polyzonalen Arbeitsweise (mehrkomponentige Fließmittel). Ersetzt man nämlich den polaren Anteil des Fließmittels durch eine Mischung ähnlicher Polarität, so wird die Entmischungslinie aufgesplittert. Substanzen, die sich mit der Entmischungslinie eines zweikomponentigen Fließmittels bewegt haben, können jetzt auseinanderwandern. Ein Beispiel dieser Art zeigt *Abbildung 31b.*

Die Trenngüte hängt ab vom Verhältnis:

$$F = \frac{\text{Distanz: Papierzunge—Startpunkt}}{\text{Distanz: Papierzunge—}\alpha\text{-Front}}$$

Um ein Fließmittel auf seine Brauchbarkeit zu prüfen, wird die Probelösung auf einer schrägen Startlinie *(Abb. 30a)* in Abstand von jeweils etwa 2 cm aufgetragen. Die Papierzunge soll nur etwa 5 mm über die Platte ragen, die Laufstrecke von der Papierzunge an etwa 15 cm betragen. Es ist zweckmäßig, alle Distanzen und die Lage der Startlinie zu standardisieren. Wesentlich ist das ermittelte *optimale Verhältnis F.* Mischungen aus äquimolaren Mengen der ersten Glieder homologer Reihen eignen sich allgemein besser als höhere Glieder zur Bereitung von Fließmitteln.

H. Gradient-Entwicklung

Es ist oft vorteilhaft, die Zusammensetzung des *Fließmittels* während der Chromatographie kontinuierlich zu verändern. Diese als Gradient-Elution bezeichnete Technik wird z. B. sehr häufig bei der Säulenchromatographie von Proteinhydrolysaten angewandt (z.B. [6]). Eine weitere Möglichkeit zur Gradient-Entwicklung besteht darin, daß die Zusammensetzung der *Schicht* kontinuierlich verändert wird (Chromatographie auf Gradient-Schicht).

1. Gradient-Elution

Die Gradientelution-Technik wurde für die Dünnschichtchromatographie von Wieland und Determann [442] und von Rybicka [354] beschrieben.

Arbeitsweise von Wieland *und* Determann [442]: Von einem Glaszylinder (6 cm Durchmesser, 30 cm Höhe) ist durch eine herausnehmbare Filterplatte (1) *(Abb. 32)* unten eine etwa 1 cm hohe Kammer abgeteilt, in der sich ein Rührmagnet (2) befindet und in deren Außenwand eine kapillare Zuleitung (3) eingeschmolzen ist. Ein Überlauf (4) ist 1 cm über der Siebplattenoberfläche angebracht. Die Dünnschichtplatte (5 × 20 cm) wird auf die Siebplatte gestellt und taucht etwa 1 cm in das Fließmittel ein. Damit die Schicht beim Rühren nicht beschädigt wird, befestigt man mit Hilfe eines Gummiringes (6) einen 1,5 × 5 cm Filterpapierstreifen (7) am eintauchenden Ende. Die Substanzen werden 2,5 cm vom unteren Rand entfernt aufgetragen. Für 20 × 20-cm-Platten sind die Dimensionen entsprechend zu ändern. Für Ionenaustauscher-Chromatographie wird der Gradient erzeugt, indem aus einer Bürette oder aus einer Dosierpumpe durch die Zuleitung (3) eine zweite Salzlösung in die Mischkammer fließt und mit Hilfe des Magnetrührers gemischt wird. Durch den Überlauf (4) wird das Volumen konstant gehalten.

Rybicka [354] verwendet eine etwas einfachere Einrichtung (ohne Konstanthaltung des Volumens), wobei man jedoch darauf achten muß, daß am Schluß die Startlinie nicht unter das Fließmittel taucht.

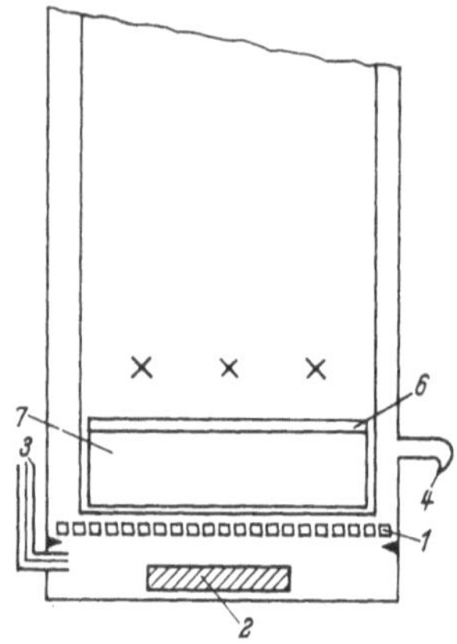

Abbildung 32
Trennkammer für Gradientelution nach Wieland [442] (s. o.)
Aus: Th. Wieland und Mitarb. [442]

2. *Chromatographie auf Gradient-Schichten*

Geräte zur Herstellung von Gradient-Schichten waren bis vor kurzer Zeit unbekannt. Berger und Mitarb. [26] modifizierten das Stahlsche Streichgerät (S. 3) zur Herstellung von „multiplen" Schichten (S. 112). Später konstruierte Stahl [404] den GM-Streicher[2]) (G = Gradient; M = Mischer), dessen Arbeitsweise in der *Abbildung 33* erläutert wird.

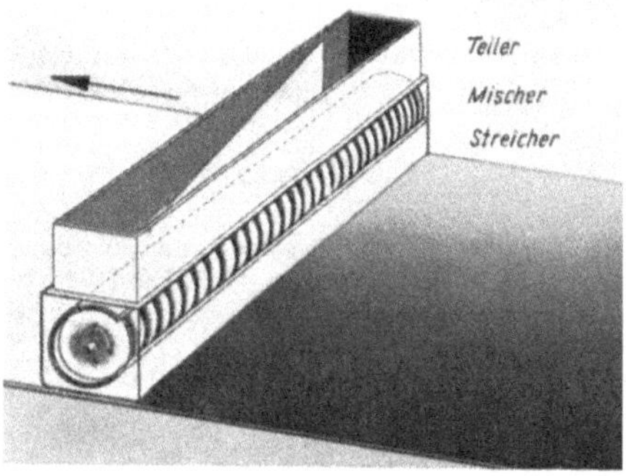

Abbildung 33
Halbschematische Darstellung des GM-Streichers [404] während der Herstellung einer Gradient-Schicht. Aus: E. STAHL [404]

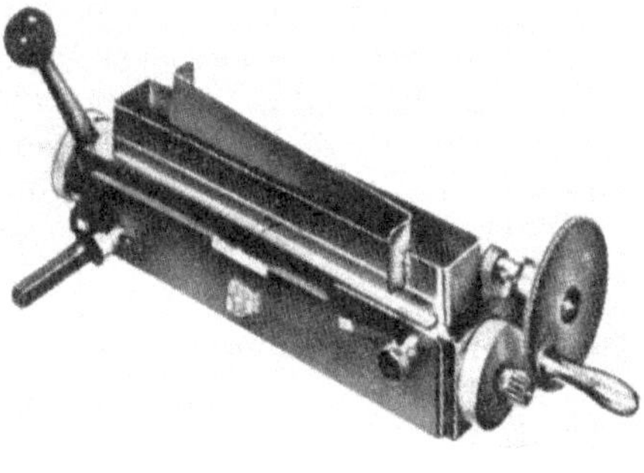

Abbildung 34
Frontalansicht des zusammengebauten GM-Streichers [404] (DESAGA GMBH, Heidelberg).
Aus: E. STAHL [404]

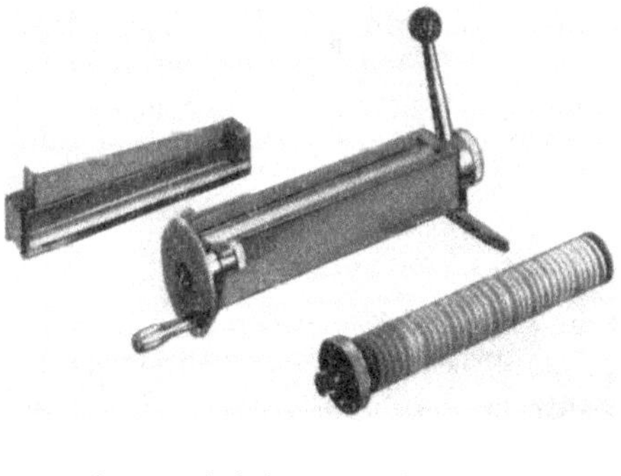

Abbildung 35
Einzelteile des GM-Streichers. Links: Ansteckbarer Diagonalteiler; Mitte: Streichgerät mit Zahnradantrieb; Rechts: Mischwelle mit 30 Kammerscheiben [404] (DESAGA GMBH, Heidelberg).
Aus: E. STAHL [404]

Mit dem GM-Streicher[2]) *(Abb. 34, 35)* ist es möglich, einen kontinuierlichen Übergang von zwei Sorptionsmittel-Eigenschaften zu schaffen. Die verschiedenen Einsatzmöglichkeiten einer Gradient-Schicht zeigt *Abbildung 36*.

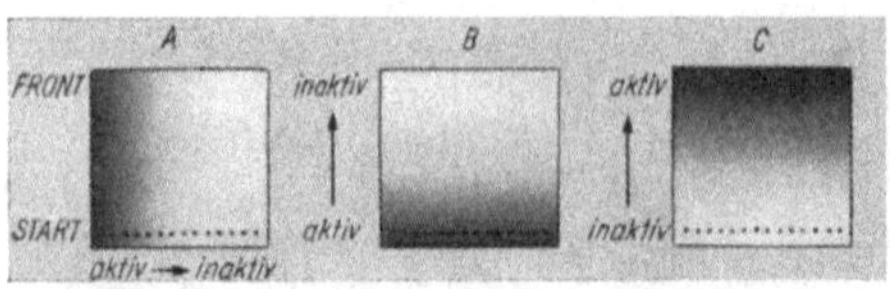

Abbildung 36
Verschiedene Einsatzmöglichkeiten einer Gradient-Schicht [404]. Die Pfeile bezeichnen den Verlauf des Gradienten.
Aus: E. Stahl [404]

Besonders interessant ist Variante A: Hier liegen nebeneinander zahlreiche Trennschichten mit verschiedenen Eigenschaften vor (links die aktivste, rechts die inaktivste). In einem Arbeitsgang läßt sich entscheiden, welches Mischungsverhältnis bei einem bestimmten Trennproblem die optimale Trennung ergibt. Bei der Variante B und C ändert sich die Aktivität der Schicht vom Start zur Front *(Abb. 36)*. Die Einsatzmöglichkeiten der Gradient-Schichten sind sehr vielseitig und heute noch nicht zu überblicken. Ihre Anwendung in Kombination mit der Gradient-Elution eröffnet neue Wege in der Dünnschichtchromatographie.

I. Präparative Dünnschichtchromatographie

Durch analytische Dünnschichtchromatographie erhält man wertvolle Informationen über die Zusammensetzung eines unbekannten Gemisches. Es ist oft vorteilhaft und erwünscht, die einzelnen Komponenten in größeren Mengen zu gewinnen, z. B. bei der Strukturaufklärung unbekannter Verbindungen. Man kann einerseits die „klassische" Säulenchromatographie mit der Dünnschichtchromatographie verbinden, anderseits gewinnen eine neue Variante der Säulenchromatographie bzw. dicke Schichten immer mehr an Bedeutung.

1. Beziehungen zur Säulenchromatographie

Zahlreiche Versuche von Stahl [402] haben ergeben, daß in vielen Fällen ein Übergang von der analytischen Dünnschichtchromatographie zur präparativen säulenchromatographischen Trennung möglich ist. Ein Einsatzschema zur Überwachung der Säulenchromatographie wurde von STAHL [402] angegeben. DUNCAN [101] und PALMER [291] beschäftigten sich eingehend mit der direkten Übertragung der Dünnschichtchromatographie auf die „klassische" Säule. Nach DUNCAN [101] kann auf einer Dünnschichtplatte geprüft werden, ob ein Sorptionsmilieu (Fließmittel und Sorptionsmittel) auch zur säulenchromatographischen Trennung eines Gemisches geeignet ist. Die Trennmöglichkeit wird durch r gegeben:

$$r = \frac{Rf_A}{Rf_B + 0{,}1 \cdot Rf_A} > 1$$

(Rf_A: Rf-Wert der schneller wandernden Substanz; Rf_B: Rf-Wert der langsamer wandernden Substanz.)

Wenn $r < 1$ ist, erhält man auf der Säule keine Trennung. Die Brauchbarkeit von r wurde an mehreren Beispielen demonstriert [101].

Demgegenüber fand PALMER [291], daß zur vollständigen säulenchromatographischen Trennung $r = 1{,}3$—$1{,}5$ sein muß. Die von DUNCAN [101] benutzte Schichtbereitung mit Methylalkohol/Wasser (1 : 1) wird von PALMER [291], wegen Verminderung der Trennleistung derartiger Schichten, abgelehnt. Der kanadische Autor [291] hat ferner darauf hingewiesen, daß die Reinheit zweier getrennter Substanzen, auch wenn $r = 1{,}3$—$1{,}5$ ist, oft einiges zu wünschen übrig läßt.

Ein nahezu vollständiges präparatives Analogon zur horizontalen Dünnschichtchromatographie in der BN-Kammer (S. 19) wurde von DAHN und FUCHS [78] beschrieben. Dieses Verfahren erlaubt die direkte Übertragung der dünnschichtchromatographischen Trennung auf die horizontale Säule.

Zur Chromatographie dienen nahtlose Cellophanschläuche, die mit dem trockenen Sorptionsmittel (z. B. Kieselgel: Korngröße $< 0{,}08$ mm) gefüllt werden. Das Gewichtsverhältnis zwischen Sorptionsmittel und Substanz beträgt 1000 : 1 (Kieselgel) bzw. 5000 : 1 (Cellulose). Die Entwicklung erfolgt horizontal. Da die Rf-Werte in der BN-Kammer einerseits und in der Fuchs-Säule anderseits eine gewisse Übereinstimmung zeigen *(Tab. 1)*, können auch farblose, in UV-Licht unsichtbare Verbindungen an Hand von Rf-Werten aufgefunden werden. Dies gilt allerdings nur bei der Verwendung von schwerflüchtigen Fließmitteln. Eine andere Möglichkeit zum Auffinden

Tabelle 1. Vergleich der *Rf*-Werte auf Dünnschichtplatten[1]) (Kieselgel G) mit den *Rf*-Werten an der horizontalen Säule nach DAHN und FUCHS [78] (Kieselgel: Korngröße > 0,08 mm). Aus: DAHN und FUCHS [78]

Fließmittel	Substanzen	*Rf*-Werte	
		Platte	Säule
Benzol	Indophenol	0,11	0,13
	Sudanrot G	0,22	0,24
	Buttergelb	0,58	0,59
Äthylalkohol/Wasser (7 : 3 v/v)	Arginin	0,01	0,05
	β-Alanin	0,39	0,45
	Alanin	0,56	0,57

[1]) Horizontale Technik, bedeckte Platte (s. Text S. 19).

farbloser Substanzen besteht darin, daß man den Cellophanmantel der Länge nach aufschlitzt, in den Schlitz einen Filterpapierstreifen einführt, der sich mit dem Fließmittel (und der Substanz) vollsaugt. Auf dem Papierstreifen wird dann eine geignete Farbreaktion ausgeführt. Auf diese Weise gelang z.B., die Trennung von Arginin, Alanin und β-Alanin *(Tab. 2)* zu verfolgen.

Tabelle 2. Kontrolle der Fraktionen in der DAHN-FUCHS-Säule durch Dünnschichtchromatographie (horizontale Technik, bedeckte Platte). Aus: DAHN und FUCHS [78]

Länge des Säulenabschnittes vom Start (cm)	Zonenschwerpunkt (cm vom Start)	Inhalt
0,0— 1,6	1,0	Arginin
1,6— 2,8		wenig Arginin
2,8— 8,6		leer
8,6—10,4	9,0	β-Alanin
10,4—11,2		fast leer
11,2—12,4	11,5	Alanin

Zur Isolierung der getrennten Substanzen wird die Säule — nach Lokalisierung der Zonen — in Abschnitte geteilt, aus denen die Substanzen, nach Zerschneiden der Säule, eluiert werden.

2. Chromatographie auf dicken Schichten

Die präparative Chromatographie auf dicken Schichten wurde von RITTER und MEYER [345] und von HONEGGER [164] beschrieben. In der Folge beschäftigten sich zahlreiche Autoren [166, 150, 291, 208, 79, 22, 406] mit der gleichen Technik.

Zur präparativen Chromatographie wurden lose nichthaftende Schichten von 2—3 mm Stärke schon im Jahre 1955 von MOTTIER

[262] und später von CERNY und Mitarb. [61] und von DAVIDEK [82] verwendet. RITTER und MEYER [345], PALMER [291] und DAUVILLIER [79] berichteten, daß dickere Schichten häufig zu Rißbildung neigen. Auch die Trennung soll sich mit zunehmender Schichtdicke verschlechtern [345, 406]. PALMER [291] benutzte an Stelle von Wasser Methanol/Wasser (1 : 1 bis 9 : 1) zur Bereitung von 3 mm dicken Schichten und stellte fest, daß zwar keine Risse mehr auftraten, jedoch das Auflösungsvermögen derartiger Schichten schlecht war. Der Autor [291] führt diese Tatsache auf eine *irreversible Methylierung der Silanol-Gruppen* zurück. Verwendet man hingegen zwei Teile Dimethoxyäthan/Wasser (1 : 1 bis 9 : 1) und einen Teil Silicagel, so resultieren 0,5 bis 3 mm Schichten, die allen Anforderungen gerecht werden.

Zur Bereitung von 1—5-mm-Schichten gibt HONEGGER *folgende Arbeitsvorschrift an* [164]: Sorptionsmittel und Wasser werden 30 Sek. kräftig geschüttelt (in einem Erlenmeyer-Kolben), und die Suspension wird in die Kammer des CAMAG-Gerätes (S. 5) gegeben. Die dickflüssige Masse wird durch seitliches Kippen in der Kammer gut verteilt. Bei gleichmäßigem Durchschieben der Platten (hierzu dürfte die halbautomatische CAMAG-Ausrüstung besonders gut geeignet sein; S. 6) resultieren homogene Schichten. Vorhandene Luftblasen werden, solange die Schicht noch flüssig ist, mit einer Nadel zum Platzen gebracht. Für Schichten bis 2 mm können selbstverständlich auch das STAHL-Gerät und andere Streicheinrichtungen (S. 4ff.) verwendet werden.
Die Trocknung der Schicht an der Luft wird durch Infrarot-Bestrahlung ergänzt (2—5-mm-Schichten werden 60 Min. an der Luft getrocknet und gleichzeitig mit IR bestrahlt; bei dünneren Schichten genügt eine fünfminutige Trocknung an der Luft). Das Verhältnis Sorptionsmittel/Wasser ist aus der *Tabelle 3* zu entnehmen.

Tabelle 3. Bereitung von Sorptionsschichten verschiedener Dicke [164]. Aus: HONEGGER [164]

Sorptionsmittel	Schichtdicke	Verhältnis Sorptionsmittel : Wasser
Kieselgel-G	1,0—1,5 mm	1 : 1,7
	2,0—3,0 mm	1 : 1,6
	3,0—4,0 mm¹)	1 : 1,6
	4,0—5,0 mm¹)	1 : 1,57
Aluminiumoxid G......	1,0—1,5 mm	1 : 1
	4,0—5,0 mm	1 : 0,9

¹) Evtl. unter Zusatz von 2% Gips.

Schichten bis 3 mm sind auf diese Weise ohne Schwierigkeit herzustellen. Ein Zusatz von 2% Gips trägt bei dickeren Schichten zur Vermeidung von Rissen bei.

Allgemein werden die besten Trennungen auf Schichten beobachtet, welche entweder 72 Stdn. an der Luft getrocknet wurden oder 24 Stdn. auf 110° erhitzt und anschließend 48 Stdn. an der Luft desaktiviert wurden [166]. Für die Chromatographie sind gesättigte Trennkammern (Trogkammer oder S-Kammer mit zusätzlicher „Sättigung", S. 19) vorzuziehen.
Zum bandförmigen Auftragen der Substanzen eignet sich das von Ritter und Meyer [345] und von Stahl [406] veröffentlichte Auftraggerät. Eine entsprechende Einrichtung ist bei der Firma Desaga[2]) erhältlich *(Abb. 37)*[15]). Neuerdings liefert die Firma Camag[5]) eine ähnliche Ausrüstung („Chromatocharger").

Abbildung 37. Automatische Einrichtung: bandförmiges Auftragen von Substanzen zur präparativen Dünnschichtchromatographie (Desaga GbmH, Heidelberg)

[15]) Gewöhnlich trägt man jedoch die Substanzen mit Hilfe einer Pipette auf. Bei einiger Übung ist diese Arbeitsweise ebenfalls befriedigend.

Die Auftragmenge kann beträchtlich erhöht werden, wenn man vom Standardformat zu größeren Platten übergeht. Als erster beschrieb HALPAAP[150] die Anwendung von 100×20-cm-Platten. Eine entsprechende Ausrüstung ist bei der Firma SHANDON[4]) erhältlich. STAHL bevorzugt 40×20-cm-Platten [406]. *Abbildung 38* zeigt eine Trennkammer zur Entwicklung von 40×20-cm-Platten. Das „Multisandwich"-System der Firma CAMAG[5]) eignet sich ebenfalls zur präparativen DC.

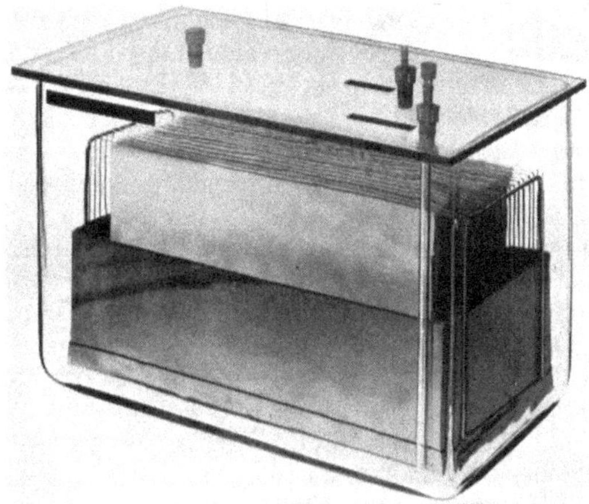

Abbildung 38. Trennkammer zur Entwicklung mehrerer 40×20-cm-Platten (DESAGA GMBH, Heidelberg)

Die Sichtbarmachung erfolgt am besten durch Besprühen schmaler Streifen an den Plattenrändern, sofern die Substanzen im UV-Licht unsichtbar sind. Die Zonen werden dann abgestreift, und man eluiert die Substanzen. Zur Gewinnung der Schicht eignen sich kleine „Staubsauger" [2]) [345, 261]; es ist indessen bei sauerstoffempfindlichen Substanzen Vorsicht geboten.

J. Dünnschichtelektrophorese

Die Dünnschichtelektrophorese wurde gleichzeitig von HONEGGER [163] und von PASTUSKA [313] beschrieben.

Schon im Jahre 1946 benutzten CONSDEN, GORDON und MARTIN [72] Silicagel zur elektrophoretischen Trennung von Aminosäuren und von Peptiden. Die Methode wurde jedoch bald durch die Papierelektrophorese verdrängt. Es fehlte auch nicht an Versuchen, Papier durch eine geeignetere stationäre Phase zu ersetzen. Es sei hier z.B. auf die Celluloseacetat-Folien oder auf dünne Schichten aus verschiedenen Gelen hingewiesen. Die in der klinischen Chemie und auch in der Biochemie verwendete Mikroelektrophorese auf dünnen Schichten kann zweifelsohne als direkte Vorläuferin der heutigen Dünnschichtelektrophorese angesehen werden.

HONEGGER [163] und PASTUSKA [313] benutzten Kieselgel, Kieselgur und Aluminiumoxid als Trägermaterial und fanden, daß die Dünnschichtelektrophorese u. a. bei der Trennung von Aminosäuren der Papierelektrophorese ebenbürtig oder sogar überlegen ist. Die Vorteile des Dünnschicht-Verfahrens werden besonders bei der Kombination Elektrophorese/Chromatographie deutlich [163, 440].
Die von INGRAM [177] eingeführte „Fingerprint"-Technik, bei der zum Vergleich von Proteinen und von Polypeptiden deren enzymatische Spaltprodukte elektrochromatographisch getrennt werden, konnte kürzlich von WIELAND [440, 441], von RITSCHARD [343], von FASELLA [110] und STEGEMANN [414] auf dünne Schichten übertragen werden.
Apparaturen zur Niederspannungs-Elektrophorese wurden z. B. von HONEGGER [163], PASTUSKA [313] und von NYBOM [281] veröffentlicht. Die von MOGHISSI [255] und von RITSCHARD [343] beschriebene Einrichtung kann auch bei höheren Spannungen verwendet werden. *Abbildung 39* zeigt eine einfache Einrichtung nach MOGHISSI [255].

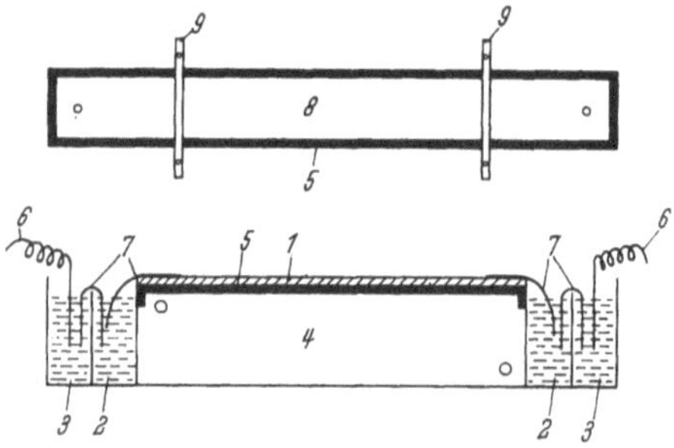

Abbildung 39
Einrichtung zur Dünnschichtelektrophorese: (1) Trägerplatte, (2) (3) Behälter für die Pufferlösung, (4) Kühlkammer, (5) Gummidichtung, (6) Elektroden, (7) Asbestpapier, (8) Deckplatte, (9) Klemmen. Aus: MOGHISSI [255]

Die Trägerplatte wird mit Kühlwasser unmittelbar gekühlt. Die Kühlkammer trägt oben keine Abdeckung; man legt die Platte auf die Kühlkammer, die oben an den Kanten mit 3 mm breitem Dichtungsgummi versehen ist. Die Abdeckplatte, welche ebenfalls eine Gummidichtung trägt, wird über die gleichgroße Trägerplatte gelegt und mit einigen Klemmen nach unten gedrückt. Auf diese Weise ist die Kühlkammer abgedichtet. Bei höheren Spannungen muß ein Kühlelement angeschlossen werden, wie es zum Beispiel in Pherograph „FRANKFURT“[16]) eingebaut ist.

Abbildung 40 zeigt eine Apparatur der Firma DESAGA[2, 16]).

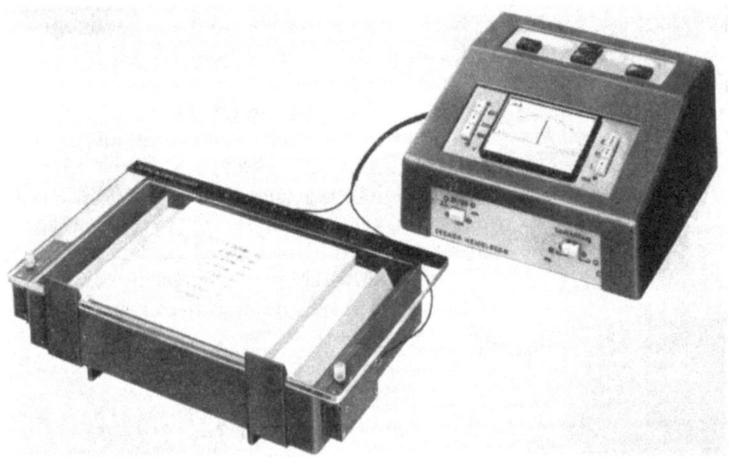

Abbildung 40. Dünnschicht-Elektrophorese: Elektrophoresekammer mit Kühlblock und Netzanschlußgerät (DESAGA GMBH, Heidelberg)

K. Radiochromatographie

Die Dünnschichtchromatographie eignet sich zur Trennung und zur präparativen Isolierung radioaktiver Substanzen. Letzere ist besonders wichtig bei der Strukturaufklärung unbekannter Metaboliten. Mit Hilfe der Doppelmarkierung läßt sich z. B. das Molekulargewicht in µg-Maßstab bestimmen. Auch zur quantitativen

[16]) Weitere Bezugsquelle: L. HORMUTH, Wiesloch.

Aminosäurenbestimmung eignet sich vorzüglich die Tracer-Technik (S. 73). Die qualitative Identifizierung einer markierten Verbindung kann einerseits mit den üblichen chemischen Reaktionen erfolgen, anderseits kann auch die Strahlung mit Hilfe geeigneter Einrichtungen — qualitativ und quantitativ — erfaßt werden [239].

1. *Autoradiographie*

Zur Autoradiographie wird das Chromatogramm mit einem hochempfindlichen Film in Berührung gebracht und im Dunkeln exponiert. Bei längeren Expositionszeiten empfiehlt es sich, das Chromatogramm bei tieferer Temperatur aufzubewahren.

Die Expositionszeit hängt vom verwendeten Strahler, von der Intensität der Strahlung und von der Empfindlichkeit des Films ab. Die Empfindlichkeitsgrenze liegt in der Größenordnung von etwa 0,05 µC für weiche Strahler. SHEPPARD und TSIEN [388] haben gefunden, daß nach einwöchiger Expositionszeit noch 0,01 bis 0,05 µC ^{3}H nachgewiesen werden können *(Abb. 41)*.

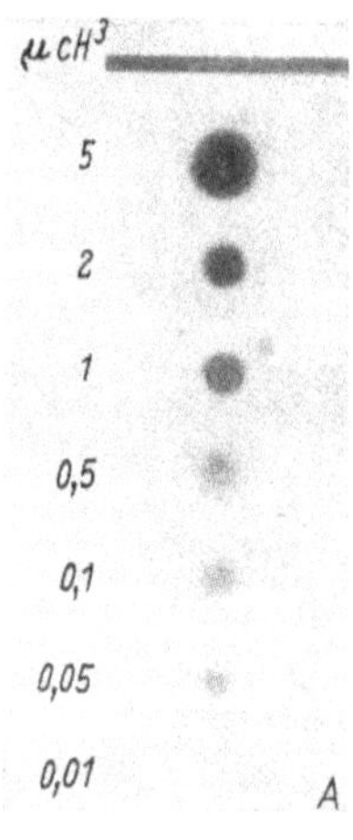

Abbildung 41
Nachweisbarkeit von ^{3}H auf Dünnschichtchromatogrammen mittels Autoradiographie [338].
Aus: SHEPPARD und TSIEN [338]

FRAY und FREY [126] haben gezeigt, daß die nachweisbare ^{14}C-Aktivität bei einer Expositionszeit von einer halben Std. etwa 0,05 µC, bei einer Expositionszeit von 268 Stdn. hingegen 0,00005 µC beträgt. Die genannten Autoren [126] verwenden hochempfindliche panchromatische Filme entsprechend 1250 ASA (32° DIN). Als Entwickler wird Phenidon® benutzt. *Abbildung 42* zeigt die Abhängigkeit der Nachweisempfindlichkeit von der Expositionszeit.

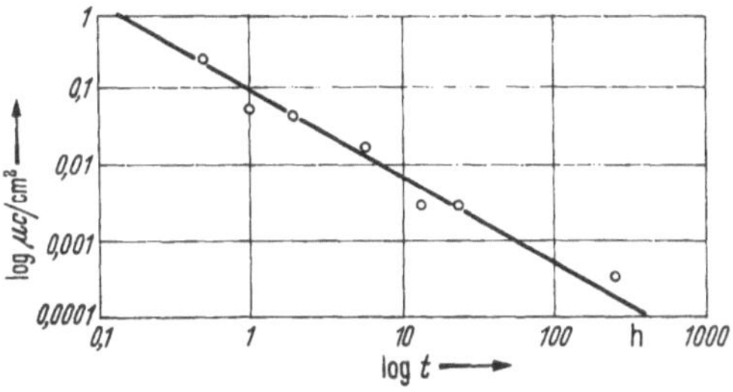

Abbildung 42
Abhängigkeit der Nachweisempfindlichkeit (^{14}C) von der Expositionszeit [126] bei der Autoradiographie.
Aus: FRAY und FREY [126]

Eine semiquantitative Auswertung kann durch simultane Chromatographie und Exposition von Vergleichslösungen bekannter Aktivität erfolgen. Photographie der Autoradiogramme und anschließende Densitometrie erlauben sogar eine genauere quantitative Auswertung [388].

2. *Auswertung mit Zählrohr*

SCHILDKNECHT und VOLKERT [363] unterteilen das 1 cm breite Chromatogramm in 0,5 bis 1 cm lange Strecken, schaben die

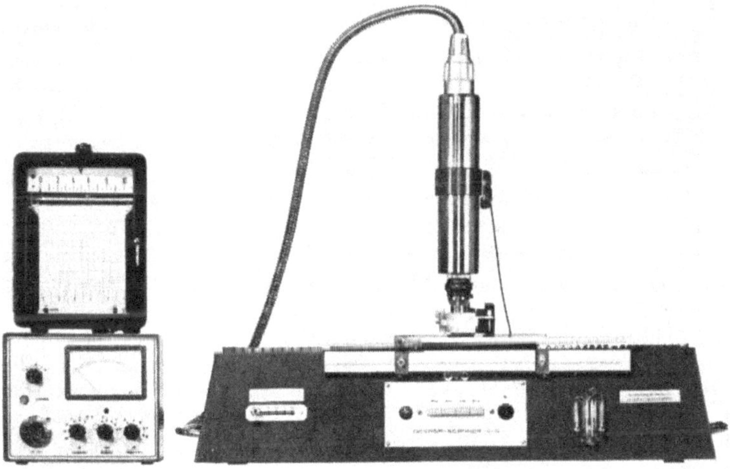

Abbildung 43. Automatisches Meßgerät zur quantitativen Auswertung Radio-Dünnschichtchromatogramme (DESAGA GMBH, Heidelberg und Labor Prof. BERTHOLD, Wildbad) mit Schreiber und Ratameter

Schicht ab und bestimmen die Aktivität mit Hilfe eines Methandurchflußzählers. Eine Vorrichtung zum automatischen Transport der Platte bei gleichzeitiger Messung der Aktivität wurde von SCHULZE und WENZEL [374] angegeben. In der *Abbildung 43* wird ein handelsüblicher Dünnschicht-Scanner dargestellt[2, 17]).
Die Aktivitätsverteilung wird vollautomatisch registriert, ohne die Schicht und die Substanzen irgendwie zu verändern. Die Zählausbeuten für ^{14}C und für ^{35}S liegen bei 20—30%, für ^{32}P bei 50% und für ^{3}H bei etwa 0,6%.

3. *Auswertung mit Scintillationszähler*

Obschon ^{3}H-markierte Verbindungen in der Regel billig sind, auch ihre Radiotoxizität ist gering, wird die niedrige Zählausbeute bei der direkten Auswertung oft unangenehm empfunden. Auch wenn das Verhältnis zwischen markierter und nichtmarkierter Substanz ungünstig ist, empfiehlt es sich, die quantitative Bestimmung mit Hilfe eines Scintillationszählers vorzunehmen. Man kann nun einerseits mit dem Dünnschicht-Scanner *(Abb. 43)* die Aktivitätsverteilung ermitteln, oder anderseits dürfen die zum chemischen Nachweis der Substanzen verwendeten Reagenzien die Impulszahl nicht verändern. Zur chemischen Lokalisierung von ^{14}C-Aminosäuren verwenden BAXTER und SENONEN [18] Trinitrobenzol-1-sulfonsäure als Sprühreagenz. Die Radioaktivität bleibt hierbei weitgehend erhalten (96—100%). Verwendet man hingegen Ninhydrin zum Nachweis von 1-^{14}C-Glutaminsäure, so gehen etwa 24—45% der Aktivität verloren. Auch die auf S. 107 beschriebene Arbeitsweise dürfte zum Nachweis markierter Aminosäuren geeignet sein.

Die ermittelten aktiven Zonen werden von der Platte abgeschabt und in ein Try-Carb-Zählgefäß[18]) gebracht. Die Zählung kann ohne Elution erfolgen: man gibt in das Zählgefäß 15 ml des mit 4% CabO-Sil[18]) homogenisierten „Coctails" (5 g PPO[18, 19]) + 0,3 g Dimethyl-POPOP[18, 19]) in 1 l Toluol) und

[17]) Firma Berthold, Wildbad.
[18]) PACKARD INSTR. CO., La Grange/Ill., USA.
[19]) PPO = 2,5-Diphenyloxazol; POPOP = p-Bis-2-(4-methyl-5-phenyloxazolyl)-benzol.

mißt die ^{14}C-Aktivität. Vor der Bestimmung der ^{3}H-Aktivität muß 30 Min. äquilibriert werden. Als interner Standard dient ^{14}C- bzw. ^{3}H-Toluol.
Die Umsetzung einer unbekannten markierten Verbindung mit einem Reagens, das mit einem anderen Isotop markiert wurde, ermöglicht eine Molekulargewichtsbestimmung in μg-Maßstab [437]. Man kann z.B. bei bekannter spezifischer Aktivität eines tritierten Stoffes, durch Messen der absoluten Aktivitätsmengen, die Gewichtsmenge des Stoffes errechnen. Setzt man nun diese tritierte unbekannte Verbindung mit einem ^{14}C-markierten Reagens bekannter molspezifischer Aktivität um, so kann man nach Messung der beiden in den Derivaten enthaltenen Aktivitäten (^{3}H und ^{14}C) das Molekulargewicht berechnen. Voraussetzung ist, daß die Zahl der pro Mol umgesetzten Gruppen bekannt ist. Da die Basis für die Berechnung keine Absolutmessung, sondern eine Bestimmung des Quotienten: $^{3}H/^{14}C$ ist, müssen die Verbindungen gar nicht isoliert werden. Die Aktivitätsmessung kann entweder mit einem Dünnschicht-Scanner oder mit Hilfe eines Scintillationszählers erfolgen [436 a]. Für die Bestimmung des Molekulargewichts von Leucin braucht man etwa 20 μg ^{3}H-Leucin: Die Probe wird mit Essigsäure anhydrid-1,1-^{14}C umgesetzt und nach mehrmaliger Chromatographie auf Papier und auf Kieselgel-G-Schichten mißt man die Aktivität [437]. Für Leucin wurde als Molekulargewicht 128,3$\pm$2,6% gefunden (berechnet 131) [437].

L. Arbeitsvorschrift zur Ausführung von Dünnschichtchromatogrammen

In den vorangehenden Abschnitten wurden die wichtigsten Arbeitstechniken der Dünnschichtchromatographie behandelt. Hier soll eine zusammenfassende Vorschrift zur Ausführung der Chromatographie gegeben werden. Die genaue Schichtbereitung für ein bestimmtes Trennproblem wird jeweils mit der Besprechung dieser Trennung gemeinsam angegeben! Auf S. 47 werden die wichtigsten Einflußfaktoren dargestellt, welche die Wanderungsgeschwindigkeit einer Substanz beeinflussen. Die folgende Arbeitsvorschrift trägt diesen Faktoren Rechnung und hat sich in den letzten Jahren bewährt [47].
Innerhalb einer Versuchsreihe wird Sorptionsmittel aus ein und derselben Lieferung verwendet. Die zur Verfügung stehenden Glasplatten werden mit einem geeigneten Streichgerät (S. 4) beschichtet und *über Nacht an der Luft getrocknet.* Zur analytischen Dünnschichtchromatographie werden in der Regel 0,25 mm dicke

Schichten benutzt. Die Proben werden 15 mm vom unteren Plattenrand entfernt aufgetragen. Bei der eindimensionalen Entwicklung können die Substanzen 8 mm voneinander entfernt aufgetropft werden. Beträgt das Auftragvolumen mehr als etwa 2 µl, so muß die Flüssigkeit portionsweise, unter jeweiliger Zwischentrocknung, auf die Schicht gebracht werden.

Sowohl bei der eindimensionalen als auch bei der mehrdimensionalen Entwicklung beträgt der Abstand zum seitlichen Plattenrand mindestens 1,5 cm.

Zur Chromatographie werden nur frisch bereitete Fließmittelgemische verwendet, die aus Lösungsmittel definierter Qualität und möglichst großer Reinheit bestehen.

Erfolgt die Entwicklung in einer Trogkammer (S. 16), so muß — abgesehen von einigen Ausnahmen (S. 98) — die Kammeratmosphäre mit den Fließmitteldämpfen gesättigt werden. Man füllt 100—120 ml Fließmittel in die *lückenlos* mit Filterpapier ausgekleidete Trennkammer und schüttelt kräftig, bevor die Platten eingestellt werden. Die Kammer darf während der Chromatographie nicht geöffnet werden. Während der Entwicklung muß die Temperatur konstant gehalten werden; bei viskösen Fließmitteln kann man auch bei höheren Temperaturen arbeiten (z. B. in Phenol/Wasser).

Laufstrecke und die Entfernung zwischen Startpunkt und Fließmitteloberfläche müssen unbedingt konstant gehalten werden: dies wird durch die weiter oben angegebenen Bedingungen gewährleistet. Wird die Laufstrecke durch eine Trennlinie in der Schicht begrenzt, so muß die Platte sofort aus der Kammer genommen werden, wenn das Fließmittel diese Linie erreicht hat!

Für Chromatogramme, welche in der S-Kammer bzw. in der BN-Kammer entwickelt werden vgl. S. 18ff.

Gegebenenfalls empfielt es sich die *Luftfeuchtigkeit* während Vorbereitung und Chromatographie konstant zu halten (S. 48).

III. Auswertung der Chromatogramme

Ein zentrales Problem der Dünnschichtchromatographie ist die Charakterisierung und die Identifizierung der chromatographierten Verbindungen. Man betrachet das entwickelte Chromatogramm im kurz- und im langwelligen UV-Licht und besprüht es anschließend mit einem geeigneten Farbreagens. Zur Dokumentation eignet sich Photokopie, Photographie oder Zeichnung auf Pergaminpapier. Die Schicht kann auch, nach Behandlung mit Neatan[20]), von der Platte abgezogen und aufbewahrt werden.

Zur Bezeichnung der Lage einer Substanz im Chromatogramm dient der *Rf*-Wert:

$$Rf = \frac{\text{Laufstrecke der Substanz}}{\text{Entfernung der Front vom Start}}$$

An Stelle des *Rf*-Wertes kann auch der relative *Rf*-Wert[21]) angegeben werden:

$$Rb = \frac{\text{Laufstrecke der Substanz i}}{\text{Laufstrecke der Bezugssubstanz b}}$$

Rf(Rb)-Werte sind unter definierten Arbeitsbedingungen wertvolle Konstanten.

Neben Identifizierung besitzt die quantitative Bestimmung erhebliche praktische Bedeutung.

A. *Rf*-Werte in der Dünnschichtchromatographie

1. Reproduzierbarkeit der Rf-Werte, Einflußfaktoren

Die *Rf*-Werte sind, wie bereits erwähnt wurde, nur unter streng standardisierten Bedingungen reproduzierbar. Sie sind, ähnlich wie in der Papierchromatographie, von einer Anzahl Faktoren abhängig [47, 296, 387].

[20]) Die Firma MERCK AG, Darmstadt, liefert eine Kunststoffdispersion (NEATAN), mit deren Hilfe die Schicht von der Platte abgezogen werden kann. Vgl. auch BARROLLIER [11].

[21]) Zur Definition der *Rf*-Werte bei Fließmittelentmischung vgl. S. 65.

a) Aktivität der Schicht

Die Aktivität der Schicht hängt von der Art und Qualität des Sorptionsmittels, von den Aktivierungsbedingungen und von der Luftfeuchtigkeit ab. Man muß zunächst die verschiedenen Sorptionsmitteltypen (Kieselgel, Aluminiumoxid, Cellulose usw.) auseinanderhalten. Beschränkt man sich auf einen Sorptionsmitteltyp, so ist auch oft die Qualität eines bestimmten Sorptionsmittels von Firma zu Firma verschieden. Gelegentlich beobachtet man sogar bei verschiedenen Sorptionsmittel-Chargen ein und derselben Firma Qualitätsunterschiede. Nun sind die *Rf*-Werte und auch die *Rb*-Werte von der Qualität des Trägers abhängig [330]; Unterschiede der Sorptionsmittel-Qualität verursachen deshalb *Rf*-Wert-Schwankungen. Im Sinne einer Arbeitshypothese haben Brenner und Mitarb. [50, 51] vorgeschlagen, die Qualitätsschwankungen des Sorptionsmittels durch die Einführung der ,,chromatographischen Kennzahl" zu beseitigen (S. 67). Das von Galanos und Kapoulas [129] beschriebene Verfahren, bei welchem zur Identifizierung zwei Referenzsubstanzen benutzt werden (S. 55), dürfte sich zu diesem Zweck ebenfalls eignen.

Das Sorptionsmittel wird meistens in wäßriger Suspension auf die Platten gebracht. Die Aktivität der Schicht hängt sowohl von der Erhitzungsdauer als auch von der Erhitzungstemperatur bei der Aktivierung [94, 95, 320, 112, 165] ab. Auch die Luftfeuchtigkeit bei der Aufbewahrung der Platten, beim Auftragen der Proben und bei der Entwicklung der Chromatogramme spielt eine wesentliche Rolle [133, 134]. Kelemen und Pataki [195] untersuchten die Reproduzierbarkeit der *Rf*-Werte auf luftgetrockneten und auf aktivierten Schichten und fanden, daß erstere besser reproduzierbare *Rf*-Werte liefern. Diese Untersuchungen wurden ohne Konstanthaltung der Luftfeuchtigkeit durchgeführt. Die *Rf*-Unterschiede der einzelnen Aktivierungsarten sind deshalb nur mit Vorbehalt zu verwerten. Sicher ist, daß luftgetrocknete Schichten gegenüber Luftfeuchtigkeit weniger empfindlich sind als aktivierte Schichten.

Geiss und Mitarb. [133, 134] haben festgestellt, daß die Trennung hydrophober Substanzen in apolaren Fließmitteln von der Luftfeuchtigkeit stark abhängig ist. Besonders bemerkenswert ist, daß Aluminiumoxid-Schichten, bei verschiedenen Luftfeuchtigkeiten äquilibriert (21—75% rel. Luftfeuchtigkeit) und jeweils bei 70% rel. Luftfeuchtigkeit entwickelt, annähernd gleiche *Rf*-Werte geben. Nimmt man jedoch die Äquilibrierung bei 91% rel. Luftfeuchtigkeit vor, so bringt diese Platte „ihr Klima" mit und wird während der relativ kurzen Laufzeit nicht mehr nivelliert, d.h., es resultieren höhere *Rf*-Werte.

Die Firma DESAGA[2]) liefert neuerdings einen Klimaschrank, der zur Entwicklung von Chromatogrammen bei konstanter Luftfeuchtigkeit geeignet ist.

b) Schichtdicke, Plattenformat und Schichtbereitung

Den Einfluß der Schichtdicke auf die Wanderungsgeschwindigkeit einer Substanz stellte STAHL [409] schon im Jahre 1956, also vor der Standardisierung der Methode, fest. Eine starke Beeinflussung ist vor allem unterhalb von 0,25 mm bemerkbar [409, 348, 382]. PATAKI [308] und HONEGGER [166, 168] fanden, daß die *Rf*-Werte auch im Bereich 0,25—3 mm von der Dicke der Schicht, zumindest formal, abhängig sind.

Gelegentlich wird vorgeschlagen, die Platten manuell zu beschichten (S. 9). Es ist jedoch festgestellt worden, daß die manuelle Methode in bezug auf Reproduzierbarkeit der *Rf*-Werte der Standardmethode unterlegen ist [297, 307].

Bei der Beschichtung schmaler Platten (z.B. 5×20 cm) ist die Schichtdicke, auch unter Anwendung eines Streichgerätes, häufig nicht konstant.

c) Kammersättigung

Die Wanderungsgeschwindigkeit einer Substanz wird durch den Sättigungsgrad der Kammeratmosphäre wesentlich beeinflußt [402, 410, 166, 238, 227]. Verdampft das Fließmittel während der Chromatographie von der Schicht, so wird die Fließmittelmenge vergrößert, welche zur Benetzung der Strecke zwischen Start und Front benötigt wird. Die Dauer des Substanztransportes wird dadurch ebenfalls größer, und man beobachtet höhere *Rf*-Werte. 1958 bemerkte DEMOLE [89], daß bei der Verwendung von Fließmitteln, welche aus Komponenten verschiedener Polarität bestehen, die *Rf*-Werte in der Plattenmitte tiefer als jene an den Rändern liegen (vgl. auch [227]).

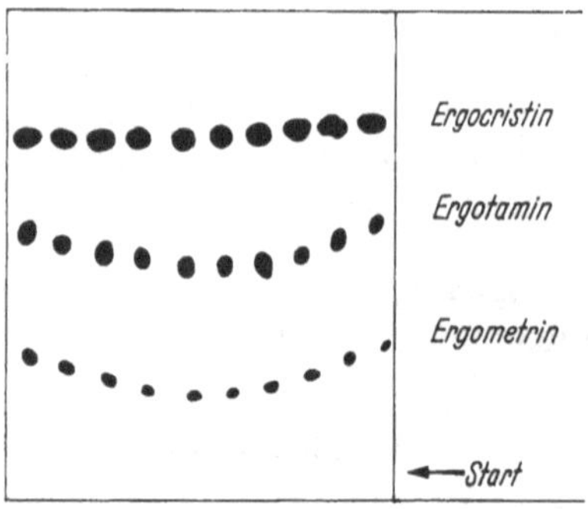

Abbildung 44
Randeffekt bei der Dünnschichtchromatographie in ungesättigten großvolumigen Trennkammern [402]. Aus: STAHL [402].

DEMOLE [89] führte diese Beobachtung auf unterschiedliche Schichtdicke zurück, STAHL [402] konnte jedoch zeigen, daß die „Randeffekte" durch Erhöhung der Kammersättigung beseitigt werden, (vgl. auch [190]). Bei zusammengesetzten Fließmitteln entwickelt sich längs des Chromatogramms ein Fließmittelgradient (S. 63). Die Steilheit dieses Gradienten ist u.a. von der Art der Kammer und von der Kammersättigung abhängig und beeinflußt den *Rf*-Wert. Bei hoher Kammersättigung entstehen flachere Gradienten als bei geringer Sättigung. Die Ausbildung des Fließmittel-Gradienten ist in der BN-Kammer (S. 19) oder in der S-Kammer besonders ausgeprägt (S. 18).

HONEGGER [165] untersuchte vier verschiedene Sättigungsarten: ungesättigte Trogkammer (KN); gesättigte Trogkammer (K); ungesättigte S-Kammer (SN) und „gesättigte" S-Kammer (SK)

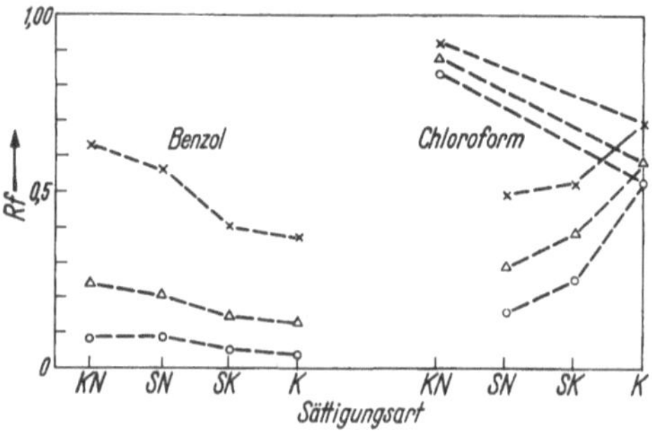

Abbildung 45
Einfluß der Kammersättigung in der Dünnschichtchromatographie [165]:
×——×: Buttergelb;
△——△: Sudanrot;
○——○: Indophenol;
KN: ungesättigte Trogkammer; SN: ungesättigte S-Kammer; SK: gesättigte S-Kammer; K: gesättigte Trogkammer

(S. 18). Chromatographiert man ein Farbstoffgemisch (Indophenol, Sudanrot, Buttergelb) mit Benzol bzw. Chloroform, so ist von Sättigungsart zu Sättigungsart eine verschiedene Sequenz der *Rf*-Werte zu beobachten. In Benzol nehmen die *Rf*-Werte in der Reihenfolge: K—SN—SK—KN ab; in Chloroform ist die Sequenz der abnehmenden *Rf*-Werte: KN—K—SK—SN *(Abb. 45)* Dieser Widerspruch ist leicht zu verstehen, wenn man sich vergegenwärtigt, daß Chloroform — auch nach Destillation — Äthylalkohol enthält. In der ungesättigten S-Kammer werden die *Rf*-Werte stark vermindert, weil infolge Fließmittelentmischung eine scharf ausgeprägte zweite Front entsteht. Die Auswirkung der Fließmittelentmischung ist in der „gesättigten" S-Kammer [165, 183] bereits weniger deutlich; sie verschwindet bei den großvolumigen Trennsystemen, wohl wegen der entgegengesetzten Wirkung einer Diffusion aus der Dampfphase. Besonders bemerkenswert ist das Verhalten der drei Farbstoffe in dem ungesättigten S-System bei Verwendung von n-Butylalkohol/Petroläther (1 : 9 v/v) als Fließmittel: Alle drei Verbindungen besitzen den gleichen *Rf*-Wert. Dieses Verhalten ist zweifelsohne nachteilig, kann jedoch leicht beseitigt werden, wenn man den polaren Anteil des Fließmittels durch eine Mischung ähnlicher Polarität ersetzt (S. 31).
HONEGGERS Experimente [165] haben eindeutig gezeigt, daß die S-Kammer keineswegs ein gut gesättigtes Trennsystem darstellt [183]. Die Vorteile der bedeckten Platte werden erst in der horizontalen Anordnung bei der polyzonalen Arbeitsweise (S. 29) deutlich sichtbar. Da aber die bedeckte Platte ein sehr kleines Kammervolumen besitzt, spielt die Sättigung der Atmosphäre in bezug auf Reproduzierbarkeit eine untergeordnete Rolle.

d) Chromatographiertechnik

Unterschiede im chromatographischen Verhalten, welche auftreten, wenn man von aufsteigender Chromatographie (S. 15) zur horizontalen Technik übergeht (S. 19), beruhen ebenfalls auf einer Änderung des Fließmittel-Gradienten. Bei einkomponentigen Fließmitteln lassen sich deshalb kaum irgendwelche Unterschiede feststellen [306].

e) Laufstrecke und Entfernung des Startpunktes von der Oberfläche des Fließmittels

Gelegentlich bemerkt man eine Abhängigkeit der *Rf*-Werte von der Laufstrecke des Fließmittels. Dies trifft sowohl für ein-als auch für mehrkomponentige Fließmittel zu, sofern die Chromatographie ohne Kammersättigung durchgeführt wird. Bei genügender Sättigung der Kammeratmosphäre sind die *Rf*-Werte von der Laufstrecke eines einkomponentigen Fließmittels nur wenig abhängig *(Abb. 46)*.

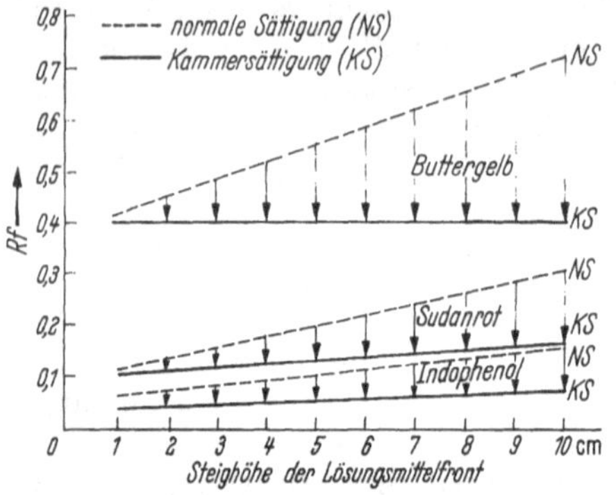

Abbildung 46
Abhängigkeit der *Rf*-Werte von der Laufstrecke des Fließmittels (Kieselgel G; Benzol) [402]. NS: Trogkammer ohne Sättigung; KS: Trogkammer mit Sättigung. Aus STAHL [402]

Bei mehrkomponentigen Fließmitteln kann immer noch eine Abhängigkeit bestehen, und zwar besonders dann, wenn die einzelnen Fließmittelkomponenten in ihrer Polarität stark verschieden sind. In solchen Fällen besteht auch eine deutliche Abhängigkeit der *Rf*-Werte von der Entfernung: Startpunkt—Fließmitteloberfläche (Immersionslinie = Eintauchspiegel). Selbstverständlich übt dann auch das Fließmittelvolumen einen Einfluß auf die Wanderungsgeschwindigkeit einer Substanz aus. Für die Praxis folgt, daß man das Verhältnis der Strecken:

$$\frac{\text{Fließmitteloberfläche — Startpunkt}}{\text{Fließmitteloberfläche — Front}}$$

konstant halten muß.

Die konventionelle *Rf*-Wert-Messung wird allerdings beim Auftreten mehrerer Fronten (S. 64) sinnlos[22]).

[22]) Über die Änderung der *Rf*-Werte bei erzwungenem Stillstand der Fließmittelfront vgl. S. 63.

f) Qualität des Fließmittels

Die Qualität des Fließmittels spielt eine wesentliche Rolle. Auch bei sorgfältigster Kontrolle können sich von Fall zu Fall Unterschiede ergeben. Wichtige Fehlerquellen sind die nachträglichen Veränderungen der Mischung, z.B. partielles Verdunsten oder chemische Reaktionen. Zur Bestimmung von *Rf*-Werten verwende man stets frische Gemische aus reinen Lösungsmitteln.

g) Auftragmenge und Lösungsmittel

Die relative Wanderungsgeschwindigkeit der chromatographierten Substanzen ist meistens von der aufgetragenen Menge abhängig, z.B. [42, 61, 411]. Wie *Abbildung 47* zeigt, machen sich die Unterschiede nur bei sehr kleinen und bei sehr großen Mengen bemerkbar.

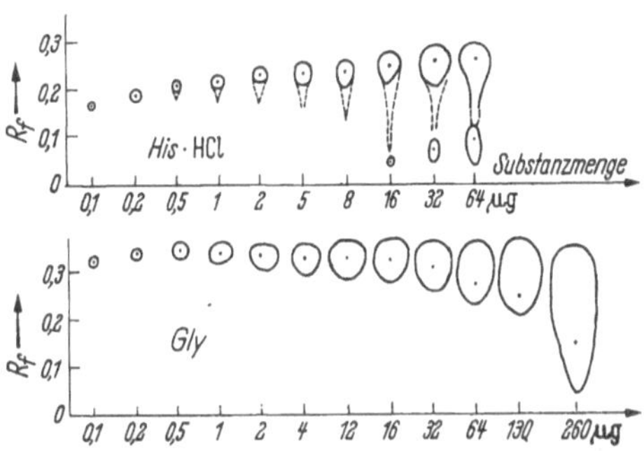

Abbildung 47
Abhängigkeit der *Rf*-Werte von der aufgetragenen Substanzmenge [42].
Aus: BRENNER und NIEDERWIESER [42]

Das chromatographische Bild, und somit auch der *Rf*-Wert, wird auch durch das Lösungsmittel beeinflußt, in welchem die zu chromatographierenden Substanzen aufgetragen werden [195, 312].

h) Temperatur

Der Einfluß der Temperatur ist in der Dünnschichtchromatographie umstritten. JATZKEWITZ und MEHL [182] und SHELLARD [387] haben darauf hingewiesen, daß das chromatographische Verhalten von der Temperatur wenig beeinflußt wird. NIEDERWIESER [272] untersuchte den Einfluß der Temperatur auf die *Rf*-Werte von Aminosäuren (Fließmittel: Phenol/Wasser 75 : 25 g/g) und fand, daß eine Temperaturerhöhung von 18 °C auf 38 °C keine signifikanten *Rf*-Veränderungen verursacht *(Tab. 4)*.

Tabelle 4. Temperaturabhängigkeit der *Rf*-Werte von Aminosäuren auf Kieselgel-G-Schichten (aufsteigende Technik: Kammersättigung). Aus: NIEDERWIESER [272]

Aminosäure	*Rf*-Wert[1]) 38 °C	18 °C	ΔRf[2])
α-Aminocaprylsäure	0,618	0,606	0,012
β-Alanin	0,285	0,287	0,002
Histidin	0,296	0,295	0,001
Hydroxyprolin	0,358	0,354	0,004
Methioninsulfon	0,332	0,338	0,006
Phenylalanin	0,555	0,557	0,002
Prolin	0,473	0,480	0,007
Tryptophan	0,572	0,562	0,010
Tyrosin	0,431	0,434	0,003

[1]) Mittelwerte aus je 8 Einzelmessungen; Fließmittel: Phenol/Wasser (75 : 25 g/g).
[2]) Keine Abweichung ist signifikant (*t*-Test: 95% Sicherheitsgrenze).

HONEGGER [166] fand bei 4 °C tiefere *Rf*-Werte als bei 23 °C. Die Anzahl der Versuche ist jedoch zu gering: deshalb sind diese Angaben nur mit Vorsicht zu verwerten. STAHL [404] chromatographierte bei verschiedenen Temperaturen zwischen — 15 °C und + 20 °C und fand, daß manche *Rf*-Werte mit steigender Temperatur zunehmen, andere jedoch kaum beeinflußt werden.
GEISS und Mitarb. [134] führten Chromatogramme bei gleichbleibender absoluter Luftfeuchtigkeit isotherm bei 20, 40 und bei 60 °C durch und fanden, daß die *Rf*-Werte mit steigender Temperatur z.T. abnehmen! Die gleichen Autoren [134] haben auch den Einfluß der Temperatur bei konstanter relativer Luftfeuchtigkeit studiert. Die *Rf*-Werte werden — bei Konstanthaltung der relativen Luftfeuchtigkeit — mit zunehmender Temperatur größer. *Wesentlich ist, daß die Rf-Werte, bei gleichbleibender relativer Luftfeuchtigkeit, zwar erhöht werden, aber die Rf-Verhältnisse (Rb-Werte) konstant bleiben!*

i) Begleitsubstanzen

Substanzen mit ähnlichen *Rf*-Werten beeinflussen sich gegenseitig in der Verteilung zwischen mobiler und stationärer Phase. Es kommt hierbei zu Verdrängungserscheinungen. Dadurch kann allerdings nicht erklärt werden, warum der *Rf*-Wert einer Substanz in Gemischen oft tiefer liegt. SHELLARD [387] ist der Auffassung, daß die partiellen Adsorptions-Isothermen von den einzelnen

Adsorptions-Isothermen abweichen. Eine Wechselwirkung zwischen zwei Substanzen kann sowohl in der mobilen als auch in der stationären Phase auftreten. Geschieht dies in der mobilen Phase, so soll die Adsorption abnehmen und der *Rf*-Wert steigen. Wenn die Wechselwirkung in der stationären Phase auftritt, so soll die Adsorption größer werden; der *Rf*-Wert nimmt ab (SHELLARD[387]).

2. *Folgerungen für die Praxis*

Unsere Betrachtungen zeigen, daß die *Rf*-Werte nur unter streng standardisierten Bedingungen reproduzierbare Konstanten sind. Von den besprochenen Einflußfaktoren lassen sich b bis h ohne Schwierigkeiten konstant halten. Die Aktivität der Schicht (a) kann durch genaue Festlegung der Trocknungsbedingungen und der Luftfeuchtigkeit standardisiert werden: Die Schwankungen infolge der Qualitätsabweichungen des Sorptionsmittels dürften, unter sonst konstanten Arbeitsbedingungen, durch die Benützung der chromatographischen Kennzahl (S. 67) beseitigt werden können[23]). Wir empfehlen die auf S. 45 beschriebene Arbeitsvorschrift, welche den obengenannten Einflußfaktoren Rechnung trägt.

In Veröffentlichungen sollten Rf-Mittelwerte, die zugehörigen Standardabweichungen und die Schwankungsbreiten der gefundenen Rf-Werte gemeinsam angegeben werden (S. 57). *Es ist ferner unerläßlich, die Arbeitsbedingungen* (Einflußfaktoren a bis h) *genau zu nennen!*

Abschließend sei auf die sehr interessante Arbeit von GALANOS und KAPOULAS [129] hingewiesen. Die griechischen Autoren postulierten, daß jede Veränderung der *Rf*-Werte linear ist. Zum Vergleich von *Rf*-Werten, die unter verschiedenen Arbeitsbedingungen, z. B. in zwei verschiedenen Laboratorien, resultierten, dienen folgende einfache Gleichungen:

$$a = \frac{Rf^{I}_{A} - Rf^{I}_{B}}{Rf^{II}_{A} - Rf^{II}_{B}}$$

$$b = Rf^{I}_{A} - a \cdot Rf^{II}_{A} \quad \text{und}$$

$$Rf^{I}_{i} = a \cdot Rf^{II}_{i} + b$$

[23]) Zur Identifizierung mit zwei Standardsubstanzen vgl. S. 56.

Hierbei sind: Rf_A und Rf_B die Rf-Werte zweier Verbindungen der *gleichen* Verbindungsklasse; I und II beziehen sich auf zwei voneinander unabhängige Messungen.

Die Anwendbarkeit obiger Gleichungen sei in folgendem Beispiel erläutert [129]: Eine Mischung von 10 Aminosäuren wird auf Papier chromatographiert. Die Rf-Werte sind in *Tabelle 5* angegeben. *Tabelle 5* enthält ferner Rf-Werte, die aus einer zweiten unabhängigen Bestimmung resultierten.

Tabelle 5. Papierchromatographische Rf-Werte von Aminosäuren (Fließmittel: n-Butanol/Eisessig/Wasser 12 : 3 : 5 v/v) unter verschiedenen Versuchsbedingungen „I und II" [129]. Aus: GALANOS und KAPOULAS [129]

Aminosäure	Rf^{I} gefunden	Rf^{I} berechnet	Rf^{I}
Asparaginsäure	0,23	—	0,210
Cystin	0,05	0,047	0,075
Glutaminsäure	0,28	0,285	0,250
Serin	0,22	0,217	0,200
Threonin	0,26	0,265	0,235
Alanin	0,30	0,305	0,265
Histidin	0,11	0,115	0,118
Valin	0,51	0,509	0,415
Phenylalanin	0,60	0,605	0,485
Leucin	0,720	—	0,570

Tabelle 6. Dünnschichtchromatographische Rf-Werte von PTH-Aminosäuren auf Kieselgel-G-Schichten (Fließmittel: Chloroform/Metanol 9 : 1 v/v) unter verschiedenen Versuchsbedingungen („I und II") [306]

PTH-	Rf^{I} gefunden	Rf^{I} berechnet	Rf^{II}
Alanin	0,68	—	0,77
Asparagin	0,23	0,22	0,34
Glutamin	0,28	—	0,40
Glycin	0,56	0,58	0,68
Histidin	0,29	0,28	0,40
Isoleucin	0,77	0,75	0,83
Leucin	0,77	0,76	0,84
Lysin	0,71	0,69	0,78
Methionin	0,75	0,72	0,81
Methioninsulfoxid	0,40	0,43	0,54
Phenylalanin	0,74	0,72	0,81
Prolin	0,82	0,81	0,89
Threonin	0,45	0,48	0,58
Tryptophan	0,62	0,62	0,71
Valin	0,74	0,72	0,81

Asparaginsäure und Leucin sollen bei der Berechnung als Referenzsubstanzen dienen:

$$a = \frac{Rf^{I}_{Leu} - Rf^{I}_{Asp}}{Rf^{II}_{Leu} - Rf^{II}_{Asp}} = 1{,}36 \text{ und}$$

$$b = Rf^{I}_{Leu} - 1{,}36 \cdot 0{,}57 = -0{,}055$$

Tabelle 5 enthält die mit Hilfe von a und von b berechneten Rf_i^{I}-Werte, die mit den direkt bestimmten Werten sehr gute Übereinstimmung zeigen. Obschon dieses Verfahren für die Papierchromatographie vorgeschlagen wurde, möchten wir seine Anwendung in der Dünnschichtchromatographie anregen. Vorläufige Resultate sind in *Tabelle 6* widergegeben [306].

3. Vergleich mit der Papierchromatographie

Zur Beurteilung der auf S. 45 angegebenen Arbeitsvorschrift chromatographierten BRENNER und Mitarb. [47] 42 Substanzen aus verschiedenen Verbindungsklassen auf Kieselgel-G-Schichten. An Hand von insgesamt etwa 850 Rf-Einzelwerten wurde die Standardabweichung (s_{Rf}) und aus der Gesamtheit der Standardabweichungen ein Mittelwert der Standardabweichungen ($\bar{s}_{Rf}$) berechnet.

Für jede Substanz k wurde aus n Rf_k-Beobachtungen ($8 \leq n \leq 18$), die n Chromatogrammen auf n verschiedenen, aber mit Kieselgel identischer Qualität beschichteten Platten in einem passenden Fließmittel entnommen worden waren, ein Rf-Mittelwert ($\overline{Rf}_k$), die Standardabweichung (s_{Rf}) und der Mittelwert der Standardabweichungen ($\bar{s}_{Rf}$) bestimmt.

$$\overline{Rf}_k = \frac{\Sigma\, Rf_k}{n}$$

$$s_{Rf_k} = \sqrt{\frac{\Sigma\,(Rf_k - \overline{Rf}_k)^2}{n-1}}$$

$$\bar{s}_{Rf} = \frac{\Sigma\, s_{Rf_k}}{n}$$

Die Berechnung wurde für die aufsteigende Technik ($n = 60$) und für die horizontale Technik ($n = 20$) ausgeführt.
Zum Vergleich dienten zweitausend Rf-Werte für die aufsteigende ($n = 96$) und 143 Rf-Werte ($n = 6$) für die Zirkular-Papierchromatographie. *Tabelle 7* zeigt das Ergebnis.

Tabelle 7. Reproduzierbarkeit der *Rf*-Werte in der Papier- und Dünnschichtchromatographie [47]. Aus: BRENNER und Mitarb.[47]

Technik	$\bar{s}_{Rf}$	Anzahl s_{Rf}
Dünnschichtchrom.		
aufsteigend	0,016	60
horizontal	0,014	20
Papierchrom.		
absteigend	0,018	96
zirkular	0,014	6

Diese Untersuchung zeigt, daß die Variabilität der *Rf*-Werte auf Papier- und Dünnschichtchromatogrammen etwa gleich groß ist.

Wesentlich ungünstiger beurteilt BRODASKY [53] die Reproduzierbarkeit dünnschichtchromatographischer *Rf*-Werte. Untersucht wurden Alkaloide auf Kieselgel- und Cellulose-Schichten und auf Papier. Leider sind die Experimente unter Versuchsbedingungen ausgeführt worden, welche die Ergebnisse in Frage stellen. BRODASKY chromatographierte nämlich in großvolumigen Trennkammern (S. 15) ohne Kammersättigung, obschon, wie auf S. 50 gezeigt wurde, man unter solchen Umständen nur mit Vorbehalt von *Rf*-Werten reden kann. Der genannte Autor [53] stellte sowohl für die Variabilität im gleichen Tag als auch für die Tag-zu-Tag-Variabilität die Überlegenheit der Papierchromatographie fest.

Eigene Experimente [306] haben jedoch ergeben, daß die Tagesvariabilität dünnschicht- und papierchromatographischer *Rf*-Werte von Aminosäuren etwa gleich groß ist, wenn die Dünnschichtchromatographie bei Kammersättigung ausgeführt wird. Wir chromatographierten vier Aminosäuren gleichzeitig auf Whatman-Nr.-1-Papier und auf Kieselgel-G-Schichten. *Tabelle 8* zeigt das Resultat.

Tabelle 8. Tagesvariabilität von Aminosäure-*Rf*-Werten auf Papier- und Dünnschichtchromatogrammen (Fließmittel: Propanol/Wasser 7 : 3, Kieselgel G bzw. Whatman Nr. 1; aufsteigende Dünnschichtchromatographie mit Kammersättigung bzw. aufsteigende Papierchromatographie nach 16stdg. Äquilibrierung) [306].

Aminosäure	Kieselgel-G		Whatman Nr. 1	
	Rf[1])	s_{Rf}	*Rf*[1])	s_{Rf}
Serin	0,32	0,018	0,26	0,014
Prolin	0,42	0,022	0,18	0,013
Glycin	0,29	0,008	0,24	0,016
Glutaminsäure	0,29	0,007	0,22	0,016

[1]) Mittelwerte aus je 6 Einzelbestimmungen.

Der Mittelwert der Standardabweichungen beträgt 0,014 für die Papier- und 0,015 für die Dünnschichtchromatographie.

B. *Rf*-Wert und chemische Struktur

1. Die Martin-Beziehung

Die Beziehung zwischen Struktur und chromatographischem Verhalten bildete den Gegenstand zahlreicher Untersuchungen.
1950 postulierte MARTIN [245] für die Verteilungs-Papierchromatographie eine lineare Beziehung zwischen einer abgeleiteten Funktion des *Rf*-Wertes und der Anzahl homologer Bauelemente. Nach MARTIN gilt:

$$Rm = \log [(1/Rf) - 1] = G_0 + mG_x + nG_y + \ldots + G$$

Hierbei bedeuten:

G_0 : Konstante der Grundgruppe
G : Konstante der Gruppe μ ($\mu = x, y \ldots$)
G : Grundkonstante[24])

Die von MARTIN geforderte Linearität konnte in der Folge von vielen Autoren bestätigt werden[25]).

a) Dünnschichtchromatographische Ergebnisse

In der Dünnschichtchromatographie untersuchten PATAKI [295] sowie HALMEKOSKI und HANNIKAINEN [149] den Zusammenhang zwischen *Rm*-Wert und Anzahl homologer Bauelemente. PATAKI [295] chromatographierte die homologe Reihe der α-Aminosäuren

Tabelle 9. Gültigkeit der Martin-Beziehung bei der Dünnschichtchromatographie homologer Aminosäuren auf Kieselgel-G-Schichten (aufsteigende Technik, Kammersättigung) [295].

Fließmittel	
iso-Propylalkohol/Wasser	70 : 30 v/v
n-Butanol/Eisessig/Wasser	4 : 1 : 1 v/v
Phenol/Wasser	75 : 25 g/g
R[1])-OH/Eisessig/Wasser	70 : 2 : 30 v/v
R[1])-OH/Eisessig/Wasser	70 : 4 : 30 v/v
R[1])-OH/Eisessig/Wasser	70 : 8 : 30 v/v
R[1])-OH/Eisessig/Wasser	70 : 16 : 30 v/v

[1]) R = CH_3; C_2H_5; C_3H_7; iso-C_3H_7.

[24]) Die Grundkonstante ist der Logarithmus des Verhältnisses zwischen mobiler und stationärer Phase und hängt außer von dem Fließmittel auch von der Qualität des Sorptionsmittels ab.

[25]) Papierchromatographie: vgl. [204, 203, 216, 219, 142, 28, 38, 132, 141, 149]; Gaschromatographie: vgl. z. B. [198].

(Glycin bis α-Aminocaprylsäure) auf Kieselgel-G-Schichten und stellte die Gültigkeit der MARTIN-Relation fest. In *Tabelle 9* werden die untersuchten Fließmittel angegeben *(Abb. 48)*.

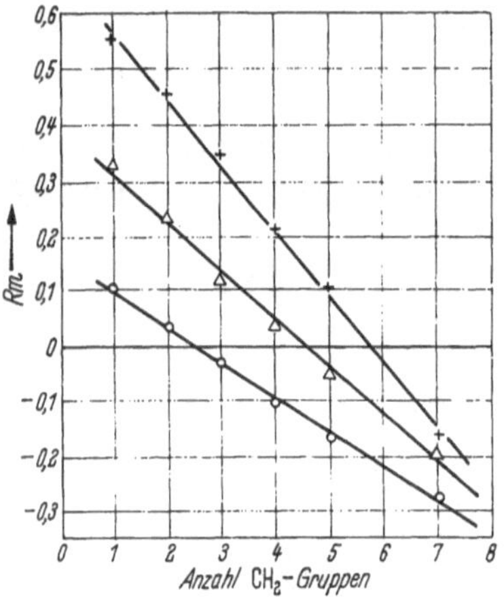

Abbildung 48

Beziehung zwischen *Rm*-Wert und Anzahl CH_2-Gruppen in der Dünnschichtchromatographie [295]. Aufgetragen sind die Mittelwerte aus je 18 Einzelbestimmungen (homologe Reihe der α-Aminosäuren).

○ Methanol/Wasser (7 : 3 v/v)
△ Äthanol/Wasser (7 : 3 v/v)
+ n-Propanol/Wasser (7 : 3 v/v)

Aus: PATAKI [295].

HALMEKOSKI und HANNIKAINEN [149] benutzten Kieselgel-G- und Polyamid-Woelm-Schichten zur Chromatographie homologer Phenole und Phenolderivate; zwischen *Rm*-Wert und Anzahl paraständiger CH_2-Gruppen konnte in vielen Fällen eine lineare Beziehung beobachtet werden.

b) Abweichungen von der Martin-Beziehung

Es ist aus der Papierchromatographie bekannt, daß die Martin-Relation in vielen Fällen ungültig ist.

Diese Tatsache veranlaßte viele Autoren, teils empirische, teils theoretisch mehr oder weniger begründete Korrekturen in die Martin-Beziehung einzuführen. Nach FRANC und Mitarb. [120, 121, 123, 124, 125] können die bei kettensubstituierten aromatischen Verbindungen vorhandenen Abweichungen, im Falle polarer stationärer Phasen, durch Berücksichtigung von Dipolmomenten beseitigt werden. Nach SCHAUER und BULIRSCH [361] sollen die Abweichungen beseitigt werden können, wenn man in die Martin-Gleichung (S. 59) Korrekturglieder für die Assoziation organischer Verbindungen einführt. Schließlich stellten FRANC und JOKL [122] bei der Auswertung zahlreicher *Rf*-Tabellen der Literatur fest, daß zwischen *Rm*-Wert und dem Logarithmus der Anzahl homologer Bauelemente eine lineare Beziehung besteht („log-log-Beziehung“).

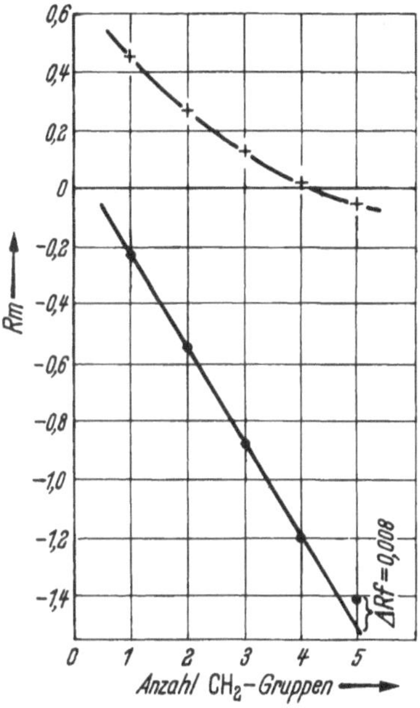

Abbildung 49. Beziehung zwischen *Rm*-Wert und Anzahl CH_2-Gruppen (homologe 2,4-Dinitrophenyl-Amine) auf Kieselgel-G-Schichten in den Fließmitteln: Äther (·) und Benzol (+) [272]. Man beachte, daß die Martin-Beziehung nur in Äther gilt. Aus: NIEDERWIESER [272]

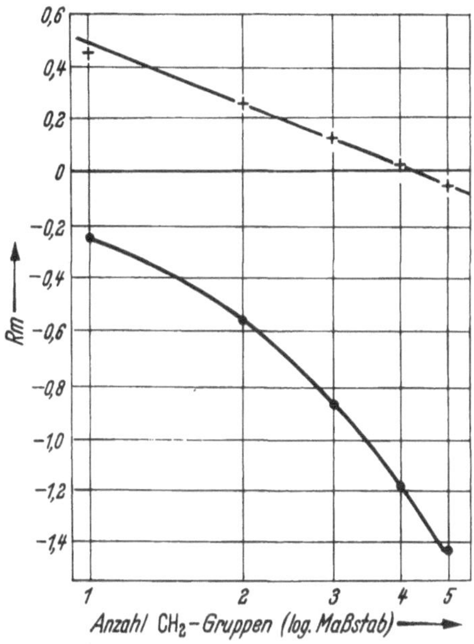

Abbildung 50. Beziehung zwischen *Rm*-Wert und Anzahl CH_2Gruppen (vgl. Legende zur Abbildung 49) [272]. Man beachte, daß in Benzol eine lineare Beziehung zwischen *Rm*-Wert und log Anzahl CH_2-Gruppen besteht („log-log"-Beziehung). Aus: NIEDERWIESER [272]

Auch in der Dünnschichtchromatographie konnten markante Abweichungen von der Martin-Beziehung beobachtet werden. NIEDERWIESER [272] chromatographierte homologe 2,4-Dinitrophenyl-Amine (C_1 bis C_5) mit Äther und mit Benzol als Fließmittel und konnte *nur* im ersten Falle eine lineare Beziehung zwischen *Rm*-Wert und Anzahl CH_2-Gruppen finden *(Abb. 49)*.
Im Falle von Benzol wird die Linearität wiedergewonnen, wenn die *Rm*-Werte gegen den Logarithmus der Anzahl CH_2-Gruppen aufgetragen werden *(Abb. 50:* „log-log-Beziehung" *)*.

NIEDERWIESER [272] stellte die Ansicht zur Diskussion, daß in Benzol eher Adsorptions-Chromatographie vorliegt und deshalb die Gültigkeit der Martin-Beziehung vielleicht zu Unrecht vorausgesetzt wird.

HROMATKA und AUE [171] fanden eine lineare Beziehung zwischen log *Rf*-Wert und Anzahl C-Atome. Prof. HROMATKA [172] hat uns jedoch freundlicherweise mitgeteilt, daß die in *Abbildung 50* wiedergegebene „log-log-Beziehung" ebenfalls in Betracht gezogen werden kann.

NIEDERWIESER [272] und PATAKI [295] beobachteten auch Fälle

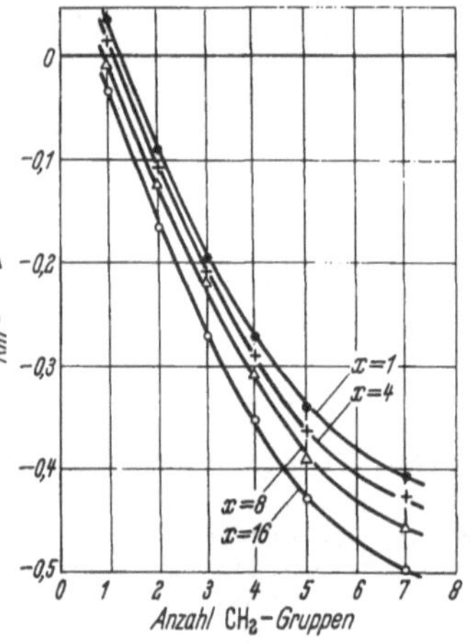

Abbildung 51

Abweichung von der Martin-Beziehung (homologe α-Aminosäuren). Fließmittel: Methylalkohol/Wasser/34% Ammoniak (70 : 30 : x). Aufsteigende Chromatographie auf Kieselgel-G-Schichten [295] Aus: PATAKI [295]

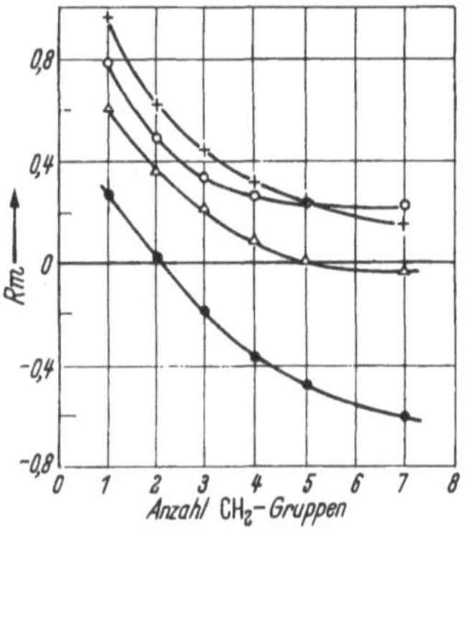

Abbildung 52

Abweichung von der Martin-Beziehung (homologe 2,4-Dinitrophenylaminosäuren). Fließmittel:

+ Chloroform/Essigester/Eisessig (80 : 20 : 1 v/v)

○ Chloroform/Methylalkohol/Eisessig (95 : 5 : 1 v/v)

△ Toluol/Eisessig (9 : 1v/v)

● Äther/Eisessig (95 : 5 v/v)

Horizontale Entwicklung in der BN-Kammer [272] auf Kieselgel-G. Aus: NIEDERWIESER [272]

bei denen weder die Martin-Beziehung noch die „*log-log-Beziehung*" Gültigkeit besitzt *(Abb. 51 und 52).*

c) Die Martin-Beziehung bei chromatographischer Fließmittelentmischung

In der Martin-Relation wird ein konstantes Verhältnis zwischen mobiler und stationärer Phase vorausgesetzt (ausgedrückt durch G in der Gleichung auf S. 59). In der Tat ist die Fließmittelverteilung längs der Laufstrecke nicht konstant [234, 56, 57, 137, 449, 246] und von der Chromatographiertechnik abhängig [56, 57, 137, 449]. Giddings und Mitarb. [137] bestimmten die Fließmittelverteilung („Fließmittelprofil") und fanden, daß die „Profile" bei einer gegebenen Chromatographiertechnik, für gegebene stationäre Phase und Fließmittel, auf ein charakteristisches „Grundprofil" reduziert werden können. Wir haben in der Dünnschichtchromatographie qualitativ ähnliche „Fließmittelprofile" nachweisen können [272, 295]. *Abbildung 53* zeigt die Fließmittelverteilung bei der aufstiegenden Dünnschichtchromatographie [272, 295]; ähnliche „Profile" wurden auch bei der horizontalen Technik erhalten [272].

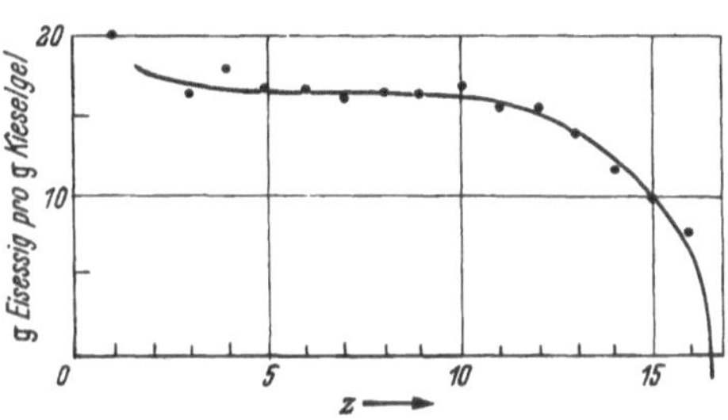

Abbildung 53
Fließmittelverteilung auf Dünnschichtchromatogrammen: „Profil" in Abhängigkeit von der Distanz (z) zwischen Startlinie und Beobachtungspunkt (Kieselgel G; aufsteigende Technik mit Kammersättigung; n-Butanol/Eisessig/Wasser 4 : 1 : 1 v/v) [272, 295]. Aus: Niederwieser [272] und Pataki [295]

Wesentlich ist, daß sich das Phasenverhältnis während der Chromatographie ändert. Giddings und Mitarb. [137] haben gezeigt, daß der beobachtete *Rf*-Wert etwa 15% vom „theoretischen" *Rf*-Wert abweicht. Das Profil verläuft im übrigen für mittlere *Rf*-Werte (0,15—0,7) annähernd horizontal. Verhindert man auf einer Kieselgel-Schicht durch Anbringen eines Trennstriches das weitere Vordringen der Fließmittelfront, so hört der Fließmittelstrom nicht sofort auf. Das Profil wird nach 24 Stdn. beträchtlich ausgeebnet, und hierbei nehmen alle *Rf*-Werte der Aminosäuren um einen Faktor 1,12 zu [42, 272, 295]. Korrigiert man nun die beobachteten *Rf*-Werte mit dem empirischen Faktor 1,12, so resultieren Werte, die die „theoretischen" *Rf*-Werte in guter Näherung angeben. Diese Abweichung zwischen beobachtetem und „theoretischem" *Rf*-Wert beeinflußt jedoch, wie PATAKI [295] zeigen konnte, im *Rf*-Bereich 0,1—0,7 kaum die Linearität in der Martin-Beziehung.

Wir kommen nun auf die in den *Abbildungen 51* und *52* dargestellten Abweichungen von der Martin-Relation zurück. Zum Verständnis dieser Unstimmigkeit war folgende Beobachtung von NIEDERWIESER [272] maßgebend: Aus mehreren Komponenten bestehende Fließmittel erleiden beim Eindringen in ein trockenes Adsorbens eine teilweise Entmischung, und als Folge davon beobachtet man mehrere Fließmittelfronten. Ein Fließmittel aus *n-Komponenten* bildet in der Regel *n-Zonen*, die durch *(n-1)-Fronten* voneinander getrennt sind (bei der polyzonalen Dünnschichtchromatographie wird diese Erscheinung bewußt ausgenutzt; S. 29). *Abbildung 54* zeigt eine einfache Methode zur Bestimmung der Lage der einzelnen Fronten [272,273].

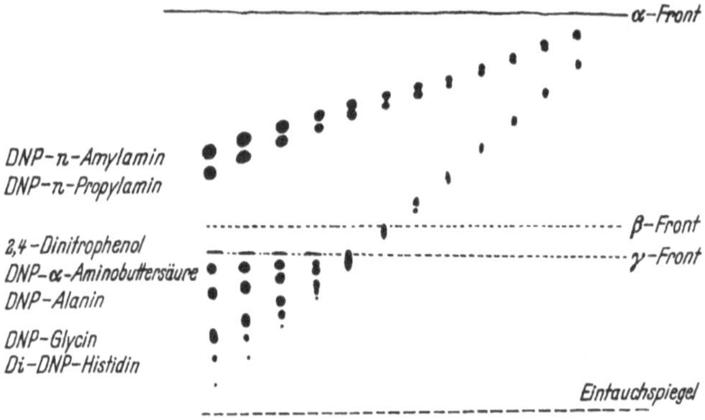

Abbildung 54. Fließmittelentmischung: Nachweis der Entmischungslinie. Die Substanzen wurden entlang der Plattendiagonale aufgetragen (Kieselgel G; horizontale Chromatographie in der BN-Kammer; Fließmittel: Chloroform/Methylalkohol/Eisessig 95 : 5 : 1 v/v). Die α-, β- und die γ-Front sind im UV-Licht direkt sichtbar. Aus: NIEDERWIESER [272]

Scharfe Fließmittelfronten beobachtet man vor allem in der BN-Kammer (S. 19).

Es ist nun falsch, den Rf-Wert auf die α-Front (Abb. 54) zu beziehen, wenn die Substanz in der β-Zone wandert! In solchen Fällen bestimmt man:

$$^{\beta}Rf = \frac{\text{Distanz: Fleckenmittelpunkt} - \beta\text{-Front}}{\text{Distanz: Startpunkt} - \beta\text{-Front}}$$

Die *Abbildungen 55* und *56* zeigen, daß die Linearität zwischen *Rm*-Wert und Anzahl CH_2-Gruppen wiedergewonnen wird, wenn man die in den *Abbildungen 51* und *52* aufgetragenen $^{\alpha}Rf$-Werte auf die „richtige" Front bezieht.

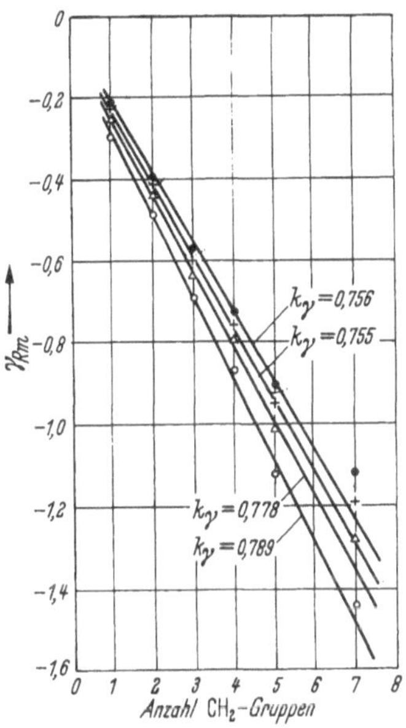

Abbildung 55. Gültigkeit der Martin-Beziehung nach Transformation der $^{\alpha}Rf$-Werte *(Abb. 51)* in die $^{\gamma}Rf$-Werte [295].
Aus: PATAKI [295]

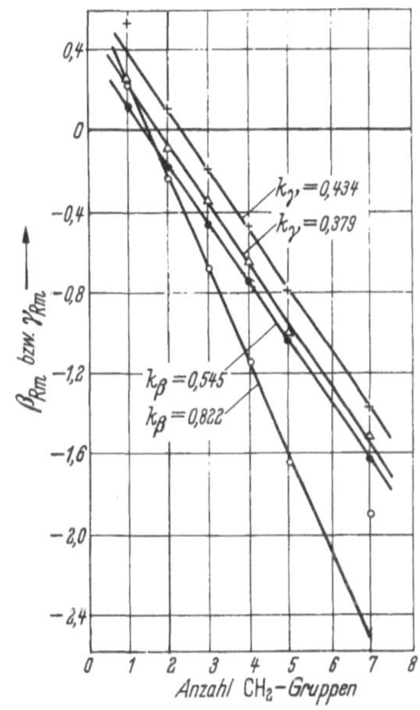

Abbildung 56. Gültigkeit der Martin-Beziehung nach Transformation der $^{\alpha}Rf$-Werte *(Abb. 52)* in die $^{\beta,\gamma}Rf$-Werte [272].
Aus: NIEDERWIESER [272]

Die Lage der α-, β-, γ-, usw. ... ω-Front wird durch den Verzögerungsfaktor k ausgedrückt; z.B.:

$$k = \frac{B + s_0}{A + s_0}$$

Hierbei bedeutet B die Entfernung zwischen Start und β-Front *(Abb. 54)*, A die Entfernung zwischen Start und α-Front.*(Abb. 54)*, s_0 die Entfernung zwischen Eintauchspiegel und Start.
NIEDERWIESER [272] konnte zeigen, daß im Falle großer k_β, k_γ, ...-Werte ($>$ 0,85) die beobachteten *Rf*-Werte, bei der Anwendung der Martin-Beziehung, direkt benutzt werden können. Der Fehler liegt innerhalb der Fehlergrenze der *Rf*-Bestimmung.
Das in der *Abbildung 48* zur Prüfung der Linearität verwendete Fließmittel unterliegt auch einer Entmischung: $k_\beta = 0{,}95$ wurde z.B. für Methanol/Wasser (7 : 3 v/v) gefunden [295]. Wie oben ausgeführt, sind bei einem so hohen k_β-Wert die Auswirkungen der Fließmittelentmischung zu vernachlässigen.

2. *Anwendungen der Martin-Beziehung*

Bei systematischer Auswertung der Martin-Gleichung (S. 59) lassen sich empirische Konstanten ermitteln, deren Kenntnis die Berechnung von *Rf*-Werten, die Bestimmung von Konfigurationen oder die Berechnung der Anzahl funktioneller Gruppen gestatten.

Es ist hierbei zu beachten, daß der Beitrag einer bestimmten Gruppe zum *Rm*-Wert des Gesamtmoleküls von der Stellung dieser Gruppe im Molekül und vom Molekülrest abhängig sein kann. Besonders eingehend beschäftigten sich LEIBNITZ und Mitarb. [221], BEHRENS und Mitarb. [21], SCHAUER und BULIRSCH [361] sowie GREEN und Mitarb. [142, 143, 241, 242] mit diesem Problem. GREEN und Mitarb. haben gezeigt, daß außer „normalen" Gruppenkonstanten auch konstitutionelle Verhältnisse und sogar atomische G_μ-Parameter berücksichtigt werden müssen. Schließlich fanden wir in der Dünnschichtchromatographie [303], daß die G_μ-Parameter in der Reihe der freien bzw. der Carbobenzoxy-Aminosäuren, zumindest formal, voneinander abweichen.

Alle Konstanten in der Martin-Gleichung (S. 59) sind vom verwendeten Sorptionsmittel und vom Fließmittel abhängig. Ein Wechsel des Systems ist mit einer Änderung der *Rm*-Werte (Δ*Rm*) verbunden. Auf diese Weise bestimmte MACEK [236, 237] die

Anzahl der freien α-Hydroxygruppen in der Reihe der Veratrum-Alkaloide. REICHL konnte aus den ΔRm-Werten die Anzahl Carboxyl-Gruppen in organischen Säuren berechnen [336]. Schließlich zeigte MACEK [235], daß der ΔRm-Wert bei Reserpoiden der normalen bzw. der iso-Reihe verschieden groß ist (Abklärung der Konfiguration). Diese ΔRm-Methode wurde in der Papierchromatographie vor allem durch die Arbeiten von BUSH [58] erweitert. Ansätze zur Anwendung des ΔRm-Prinzips in der Dünnschichtchromatographie sind bereits vorhanden [148, 226, 256].

Bestimmt man die Rm-Werte zweier Substanzen (i und st) im gleichen chromatographischen System[26]) unter identischen Bedingungen, so läßt sich zeigen, daß die Differenz:

$$(Rm)_i - (Rm)_{st} = (Rk)_{i/st}$$

von der Qualität des Trägermaterials unabhängig ist [50, 51]. Für $Rk_{i/st}$ haben BRENNER und Mitarb. [50] die Bezeichnung „chromatographische Kennzahl“ vorgeschlagen. Die Anwendung der chromatographischen Kennzahl dürfte, die durch Qualitätsschwankungen des Sorptionsmittels verursachten Rf-Schwankungen zu beseitigen helfen[27]). Voraussetzung ist, daß sämtliche Einflußfaktoren (S. 47) standardisiert werden und im betreffenden chromatographischen System die Martin-Beziehung gültig ist.

C. Quantitative Dünnschichtchromatographie

Die quantitative Auswertung eines Dünnschichtchromatogramms kann direkt auf der Schicht *(in situ)* oder *nach Elution* erfolgen.

Bei jeder quantitativen Bestimmung sind die zu analysierenden Substanzen möglichst genau aufzutragen. Auf S. 13 wurden die geeigneten Auftraggeräte bereits besprochen. Jede Pipettierung ist mit einem gewissen Fehler behaftet. Dieser Fehler kann durch Erhöhung des aufgetragenen Volumens beträchtlich verringert werden. Werden die Proben punktförmig aufgetragen, so ist freilich das Auftragvolumen begrenzt; trägt man nämlich zu

[26]) Ein chromatographisches System ist unter standardisierten Arbeitsbedingungen durch die stationäre Phase (Sorptionsmittel) und durch das Fließmittel definiert.

[27]) Die von DECKER [86] definierten R_C-Werte dürften sich hierzu ebenfalls eignen.

große Mengen auf, so kann unter Umständen die Trennung beeinträchtigt werden. Läßt nun die zur Auswertung gewählte Methode eine strichförmige Auftragung zu, so sind dickere Schichten vorzuziehen, auf welche große Volumina ohne Schwierigkeit aufgebracht werden können. Trägt man z.B. auf eine 1 mm dicke Schicht, mit Hilfe einer Blutzuckerpipette, 100 μl oder mehr einer Lösung auf, so ist der Pipettierfehler verschwindend klein [36]. Im übrigen läßt sich der Auftragfehler, auch bei kleinerem Auftragvolumen, durch Zumischen eines „internen Standards", wie in der Gaschromatographie üblich, ebenfalls vermindern.

1. *Auswertung in situ*

Die Konzentration einer Probe kann durch Vergleich ihrer Fleckenfläche und/oder Fleckenintensität mit denjenigen von Standardsubstanzen semiquantitativ und auch quantitativ bestimmt werden.

Zur semiquantitativen Bestimmung trägt man auf die gleiche Platte verschiedene Verdünnungen der Analyse und der Vergleichslösung abwechselnd auf; nach Entwicklung des Chromatogramms und nach Anfärbung, vergleicht man die Fleckenflächen und die Intensität der einzelnen Flecken. Eine oft verwendete Variante ist die Methode der größten Verdünnung: Hierbei werden einerseits Verdünnungen der Probelösung und anderseits diejenige Standardmenge, die gerade noch sichtbar gemacht werden kann, aufgetragen. Die Konzentration eines eben noch sichtbaren Fleckens der Probelösung entspricht der Nachweisempfindlichkeit des Standards.
Bei der Untersuchung von biologischem Material empfiehlt es sich, Analyse und Standard gemeinsam vom gleichen Standpunkt aus zu chromatographieren. Man trägt z. B. Analyse und eine 1 : 1-Verdünnung davon abwechselnd auf die gleiche Platte auf. Auf die mit der Verdünnung beladenen Stellen werden nun, nach Zwischentrocknung, verschiedene Standardmengen aufgebracht. Nach Entwicklung und Anfärbung sucht man von der Analyse und von der Verdünnung + bekannte Standardmenge diejenigen Flecken aus, die in ihrer Intensität übereinstimmen. Bezeichnet man die unbekannte Substanzmenge in der verdünnten Lösung mit x und diejenige in der unverdünnten Lösung mit $2x$ sowie mit y die Standardmenge, so ist $x + y = 2x$ bzw. $x = y$, d. h., die Konzentration der verdünnten Lösung entspricht der zugesetzten Standardmenge.

Zwischen der Quadratwurzel aus der Fleckenfläche und dem Logarithmus der aufgetragenen Menge besteht nach Purdy und Truter [327, 328, 329] eine lineare Beziehung *(Abb. 57)*.

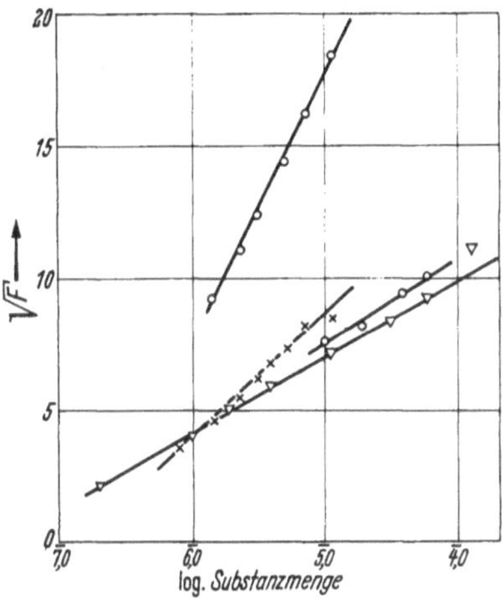

Abbildung 57
Beziehung zwischen dem Logarithmus der aufgetragenen Substanzmenge und der Quadratwurzel aus der Fleckenfläche, bei der Dünnschichtchromatographie verschiedener Substanzen [328].
Aus: PURDY und TRUTER [328]

Chromatographiert man die Analyse A mit einer Verdünnung derselben B und mit dem Standard S gemeinsam auf der gleichen Platte, so gelten folgende Gleichungen [327, 328]:

$$\sqrt{F_A} = m \cdot \log G_A + c$$
$$\sqrt{F_B} = m \cdot \log G_A \cdot v + c$$
$$\sqrt{F_S} = m \cdot \log G_S + c$$

Hierbei bedeuten:

F_A Fleckenfläche der Analysenlösung
F_B Fleckenfläche der verdünnten Analysenlösung
F_s Fleckenfläche der Standardlösung
G_A Substanzmenge in A
G_S Substanzmenge in S
v Verdünnungsfaktor v $(A \rightarrow B)$
m und c sind Konstante

Nach Eliminierung von m und c [327, 328]:

$$\log G_A = \log G_S + \frac{\sqrt{F_A} - \sqrt{F_S}}{\sqrt{F_B} - \sqrt{F_A}} \cdot \log v$$

Aus obiger Gleichung[28]) läßt sich die Substanzmenge berechnen. Voraussetzung ist, daß die Proben im gleichen Volumen auf Platten einheitlicher Dicke aufgetragen werden.
Die Bestimmung der Fleckenfläche kann durch Planimetrie oder durch Auszählung auf mm-Papier vorgenommen werden. Beim Planimetrieren soll der Fleck mindestens fünfmal umfahren werden [290, 304]. *Tabelle 10* zeigt die Genauigkeit der Methode bei der Bestimmung von Kreatinin [304].

Tabelle 10. Genauigkeit einer quantitativen Bestimmung nach PURDY und TRUTER: Quantitative Bestimmung von Kreatinin (Substanzmenge: 5 μg) [304]. Aus: PATAKI [304]

Probe	Methode I¹)	Methode II²)
1	6,0	5,2
2	4,4	4,0
3	5,1	5,1
4	4,3	5,4
5	5,4	4,7
6	4,5	4,5
7	5,9	4,9
8	5,5	5,3
9	5,4	4,0
Mittelwert	5,2	4,8
Standardabweichung	0,64	0,53
Relative Standardabweichung	12,2%	11,0%

¹) Fünfmaliges Umfahren des Fleckes mit einem Planimeter.
²) Auszählung auf mm-Papier.

Ein großer Vorteil der algebraischen Methode nach PURDY und TRUTER [327, 328] besteht darin, daß keine besondere Einrichtungen notwendig sind.
Apparativ wesentlich anspruchsvoller ist die direkte Photometrie. ZÖLLNER und Mitarb. [456] haben gezeigt, daß es möglich ist, mit Hilfe eines für die Papierchromatographie konstruierten Densitometers auch Dünnschichtplatten auszuwerten. SQUIBB [400, 401] verwendet zur Trennung von Aminosäuren Plastikscheiben oder Glasplatten, welche mit Kieselgel-G beschichtet sind; erstere können nach Anfärbung in Streifen geschnitten werden, und man kann sie als Papierstreifen ausmessen.

28) Steht keine reine Vergleichssubstanz zur Verfügung, so verwende man die G_+-Methode [327, 328].

HARA und Mitarb. [152] entwickelten ein Auswertgerät, welches auch zur Densitometrie zweidimensionaler Dünnschichtchromatogramme geeignet ist. Die japanischen Autoren haben u. a. festgestellt, daß die Reproduzierbarkeit einer quantitativen Bestimmung von der Farbentwicklung stark abhängt; die Einheitlichkeit der Schicht soll nur von untergeordneter Bedeutung sein. Zwischen Auftragmenge und integrierter Fläche besteht eine annähernd lineare Beziehung [152].

FRODYMA und Mitarb. [127, 128, 128a] verwendeten ein Beckmann-DK-2-Spektrophotometer zur Messung der Remission und fanden, daß Aminosäuren mit einer Präzision von 5 bis 12% bestimmt werden können [128a].

Abbildung 58 zeigt ein Densitometer der Firma LOEBEL[29]).

Abbildung 58
Densitometer der Firma JOYCE & LOEBEL (JOYCE & LOEBEL, Newcastle/England)

SEILER und Mitarb. [383, 385] und später CONNORS und BOACK [71] berichteten über die direkte fluorimetrische Auswertung von Dünnschichtchromatogrammen. SEILER und Mitarb. [383] verwenden ein Zeiss-Spektralphotometer PMQ II in Verbindung mit dem Quecksilberbrenner St 41 und dem Chromatogrammzusatz CA 2. Die Ergebnisse sind am besten reproduzierbar, wenn die Platten von der unbeschichteten Seite her beleuchtet werden. Der Plattenvorschub (8 mm/Min.) erfolgt automatisch und auch die gemessene Gesamtfluoreszenz wird automatisch registriert. Die Kurvenflächen sind, bei nicht zu großen Konzentrationen, den

[29]) JOYCE, LOEBEL & Co. Newcastle, England.

Substanzmengen direkt proportional [383]. In der *Tabelle 11* werden die Erfassungsgrenzen, Anregungs- und Fluoreszenzmaxima einiger Verbindungen angegeben [385]. Die von der Firma CAMAG[5]) in Verbindung mit dem Turner-Fluorometer entwickelte vollautomatische Einrichtung wird demnächst erhältlich sein.
Neuerdings beschäftigte sich KLAUS [200] sehr eingehend mit der direktphotometrischen Auswertung von Dünnschichtchromatogrammen.

Tabelle 11. Erfassungsgrenzen, Anregungs- und Fluoreszenzmaxima der Formaldehyd-Kondensationsprodukte einiger Verbindungen [385]. Aus: SEILER und Mitarb. [385]

Substanz	Erfassungsgrenze µg	E_{max} mµ	F_{max} mµ
Tyramin	0,1	390	500
Tyrosin	0,05	391	500
3-Amino-Tyrosin	0,05	388	510
3,4-Dihydroxy-Phenylalanin	0,05	388	510
Phenylalanin	10,0	—	—
Tryptamin	0,005	388	504
5-Hydroxy-Tryptamin	0,05	393	520
Tryptophan	0,005	390	504

2. *Auswertung nach Elution*

Die chromatographierten Substanzen können nach Ausführung einer geeigneten Farbreaktion (evtl. UV-Licht) aus der Schicht eluiert werden. BARROLLIER [11, 13] verwendet die in *Abbildung 59* angegebene Fließmittelkombination [42] zur Chromatographie der freien Aminosäuren und besprüht die sorgfältig getrocknete Platte mit dem Ninhydrin-Cd-Reagens (S. 105).

Das Farbreagens wird auf die waagrecht liegende Platte aufgebracht: Man sprüht soviel auf, daß die Schicht völlig durchfeuchtet wird, wobei darauf geachtet werden muß, daß die Schicht nicht etwa „schwimmt“. Für eine 20×20-cm-Platte werden etwa 50 ml Reagens verbraucht. Die Farbentwicklung erfolgt bei Zimmertemperatur (20—24 Stdn., vor direktem Licht schützen). Dank des großen Reagensüberschusses besteht keine Abhängigkeit zwischen der entstehenden Farbstoffmenge und der Reagensmenge. Die Aminosäure-Flecken werden mit einer feinen Nadel umfahren und anschließend mit etwas Collodium befeuchtet. Nach Trocknung können die in

Collodium eingebetteten Aminosäuren ohne Schwierigkeit abgehoben werden. Man kann die Schicht auch direkt abkratzen; die von SCHLICHER [365] beschriebene Einrichtung ermöglicht ein nahezu verlustfreies Arbeiten[30]). Zur Elution dient 5 ml Methanol, enthaltend 3% Eisessig und 0,5% Cadmiumacetat [11, 13]. Collodium stört hierbei nicht, da es sich im Elutionsmittel blank auflöst. Wenn sich das Schichtmaterial abgesetzt hat (evtl. zentrifugieren und filtrieren), wird bei 500—510 mμ kolorimetriert. Bei 1 cm Schichtdicke gibt z. B. 2 μg Serin eine Extinktion von 0,040 [11]. Zwischen Aminosäuremenge und Extinktion fand BARROLIER [13] eine lineare Beziehung. Die Genauigkeit der Methode wird mit 2—5% angegeben.

Die Aminosäuren können mittels 2,4-Dinitrofluorbenzol in die entsprechenden Dinitrophenyl(DNP)-Derivate umgewandelt werden (S. 147). Die DNP-Aminosäuren lassen sich dünnschichtchromatographisch trennen (S. 152), und eine quantitative Bestimmung kann ohne Anfärbung spektrophotometrisch erfolgen. Diese Methode (Messung bei 360 mμ; für DNP-Pro und DNP-Hypro bei 385 mμ) wurde oft in der Papierchromatographie benutzt [31]. Die Genauigkeit liegt bei etwa 4—5% [39]. Die quantitative Auswertung zweidimensionaler Papier- und Dünnschichtchromatogramme ist sowohl in situ als auch nach Elution problematisch [205]. Dies geht auch aus der Untersuchung von FILPOWICH [113] hervor, wonach die Genauigkeit einer quantitativen Bestimmung zwischen 10—30% liegt, wenn zur Auswertung *Eichkurven* benutzt werden.
Es ist nun von BEALE und WHITEHEAD [19] eine elegante Ultramikro-Methode entwickelt worden, die eine sehr genaue ($\pm$ 3%) quantitative Auswertung zweidimensionaler Chromatogramme erlaubt. Dieses Verfahren wurde zwar für die Papierchromatographie angegeben, ihre Anwendung in der Dünnschichtchromatographie ist wegen der sehr scharfen Trennung der DNP-Aminosäuren (S. 161) besonders zu empfehlen.
Nach BEALE und WHITEHEAD [19] werden die Aminosäuren mit tritiiertem 2,4-Dinitrofluorbenzol umgesetzt. Zum Reaktionsgemisch gibt man ^{14}C-DNP-Aminosäuren von bekannter Aktivität und isoliert die DNP-Aminosäuren durch Extraktion (S. 150ff) und Chromatographie (S. 147). Die den einzelnen DNP-Aminosäuren entsprechenden Flecken werden von der Platte abgeschabt, und man mißt die ^{3}H- und die ^{14}-C-Aktivität (S. 41). Die ^{3}H-Aktivität

[30]) Firma C. ROTH, Karlsruhe.

ist ein Maß für die Aminosäure-Konzentration; die Abnahme der ^{14}C-Aktivität ergibt diejenige Menge, welche bei der Extraktion und bei der Chromatographie verlorenging. Die Konzentration einer Aminosäure wird durch Korrigieren der ^{3}H-Aktivität mit der Abnahme der ^{14}C-Aktivität berechnet. Neuerdings kann man ^{3}H- und ^{14}C-Aktivität *nebeneinander* direkt auf der Schicht ermitteln (S. 43) [436a].

2. Teil:
Dünnschichtchromatographie von Aminosäuren, Peptiden und von verwandten Verbindungen

Die praktischen Vorteile der Dünnschichtchromatographie beruhen im wesentlichen auf einer geringeren Ausbreitung der Substanzflecken (S. XVI). Als Trägermaterial eignen sich z.B. Kieselgel, Aluminiumoxid, Cellulose und modifizierte Cellulose. Dies läßt vermuten, daß die Unterschiede gegenüber Papier weniger prinzipiell als graduell sind. Die größere Tendenz zur Fleckenausbreitung ist wohl der Faserstruktur des Filterpapiers zuzuschreiben. Diese Faserstruktur ist nun bei Cellulose-, Aluminiumoxid- oder bei Kieselgelpulver nicht mehr vorhanden: Blitzartige Substanzausbreitungen entlang der Grenzflächen von Fasern sind nicht mehr möglich.

I. Dünnschichtchromatographie von Aminosäuren

Zur Chromatographie der freien Aminosäuren dienen dünne Schichten aus anorganischen oder aus organischen Sorptionsmitteln. Nach den bisherigen Erfahrungen hängt der Trennerfolg in erster Linie von der Auswahl des Fließmittels ab. Grundsätzliche Unterschiede zwischen anorganischen und organischen Schichten bestehen nicht.

A. Chromatographie auf Kieselgel-Schichten

1. Bereitung der Schicht

Kieselgel-Schichten: Das Sorptionsmittel wird mit destilliertem Wasser in einem verschlossenen Erlenmeyer-Kolben 30 Sek. lang kräftig geschüttelt und mit Hilfe eines Streichgerätes (S. 3) auf 20×20-cm-Glasplatten aufgebracht. Für analytische Chromatographie werden allgemein 0,25 mm starke Schichten verwendet (Schichtdicke beim Streichen!).

Das Verhältnis Sorptionsmittel: Wasser beträgt bei Kieselgel-G[31]), bei Kieselgel-H[31]) und bei MN-Kieselgel-G-HR[32] 1 : 2; bei Kieselgel-Woelm[33]) 2 : 3 und bei Kieselgel-D5-Camag[5] 2 : 5 [302].
Die Platten werden in waagrechter Lage über Nacht an der Luft getrocknet.

Gepufferte Kieselgel-Schichten: 30 g Kieselgel werden mit 60 ml 0,2 M 1°-Kaliumphosphat/0,2 M 2°-Kaliumphosphat (1 : 1) zu einer gleichmäßigen Suspension angerieben und auf 20 × 20 cm-Platten aufgestrichen. Die trockenen Platten werden vor der Verwendung eine halbe Std. bei 110 °C aktiviert [267].

Supergel-Schichten: Supergel[34]) (Korngröße < 0,071 mm) wird mit zweimal destilliertem Wasser neutral gewaschen und 24 Stdn. bei 120 °C getrocknet. 9,5 g Gel und 0,5 g Gips werden gemischt, erneut gesiebt und mit bidestilliertem Wasser (20 ml) kräftig geschüttelt. Die Suspension wird auf eine 20 × 20-cm-Platte aufgebracht und über Nacht an der Luft getrocknet.

2. *Fließmittel und Rf-Werte*

Zur Chromatographie der Aminosäuren auf dünnen Kieselgel-Schichten können viele Lösungsmittelgemische, direkt oder leicht modifiziert, aus der Papierchromatographie übernommen werden *(Tab. 12)*.
Für eindimensionale Entwicklung auf Kieselgel-G-Schichten eignen sich besonders die Fließmittel Nr. 7—10 nach Brenner und Niederwieser [42] sowie die Fließmittel Nr. 12 und 13 nach Fahmy und Mitarb. [109]. Das Gemisch Nr. 12 vermag z. B. Leucin und Isoleucin zu trennen, und zwar auch dann, wenn diese Verbindungen gemeinsam mit vielen anderen Aminosäuren vorliegen. Aus den *Rf*-Werten *(Tab. 13—15)* geht klar hervor, daß die eindimensionale Entwicklung, besonders beim Vorliegen komplexer Substanzgemische, keine vollständige Auftrennung erlaubt.
Mussini und Marcucci [265] chromatographieren die n-Butylester der Aminosäuren auf Kieselgel-G-Schichten mit Benzol/Butanol (75 : 25) als Fließmittel *(Tab. 16)*. In diesem chromatographischen System wandern nur die Ester; die freien Amino-

[31]) E. Merck AG, Darmstadt.
[32]) Macherey und Nagel & Co., Düren.
[33]) M. Woelm AG, Eschwege.
[34]) Agfa/Woelfen.

Tabelle 12. Fließmittel zur Chromatographie von Aminosäuren auf Kieselgel-Schichten (s. Text S. 77).

Nr.	Fließmittel		Autor
1	Propanol/Wasser	1 : 1	NÜRNBERG [279]
2	Phenol/Wasser	5 : 2	
3	Äthanol/Wasser	7 : 3	MUTSCHLER und ROCHENMEYER [267]
4	Äthanol/Ammoniak	4 : 1	
5	Äthanol/Ammoniak/Wasser	7 : 1 : 2	
6	96 proz. Äthanol/Wasser	7 : 3	BRENNER und NIEDERWIESER [42]
7	Propanol/Wasser	7 : 3	
8	Butanol/Eisessig/Wasser	4 : 1 : 1	
9	Phenol/Wasser	75 : 25 g/g¹)	
10	Propanol/34 proz. Ammoniak	7 : 3	
11	96 proz. Äthanol/34 proz. Ammoniak	7 : 3	
12	Methyläthylketon/Pyridin/Wasser/Eisessig	70 : 15 : 15 : 2	FAHMY und Mitarb. [109]
13	Chloroform/Methanol/17 proz. Ammoniak	2 : 2 : 1	
14	Butanol/Eisessig/Wasser	12 : 3 : 5	CHECCHI [62]
15	Phenol/Wasser	75 : 25 g/g²)	
16	Aceton/Harnstoff/Wasser	60 : 0,5 : 40	CODERN und Mitarb. [69]
17	Butanol/Eisessig/Wasser	65 : 15 : 20	
18	Butanol/Benzylalkohol ges. mit Wasser	1 : 1	
19	Butylalkohol/Ameisensäure/Wasser	75 : 15 : 10	
20	Butanol/2-Butanon/17 proz. Ammoniak	5 : 3 : 1 : 1	
21	Kollidin/Wasser	25 : 44	
22	Pyridin/Wasser	65 : 35	
23	Äthanol/Ammoniak	4 : 1	
24	Phenol/Wasser	4 : 1 g/g	
25	Wasser/Pikolin	2 : 3	
26	Pyridin/Isoamylalkohol/Wasser/Diäthylamin	10 : 10 : 7 : 0,3	
27	Äthylalkohol/Ammoniak/Wasser	7 : 1 : 12	
28	Äthanol/Butanol/Ammoniak/Wasser	4 : 1 : 2 : 3	
29	Lutidin/Wasser	65 : 35	
30	Pyridin/Isoamylalkohol/Wasser	35 : 35 : 30	
31	Butanol/2-Butanon/Wasser	2 : 2 : 1	

¹) Zu 100 g gibt man 20 mg NaCN.
²) + 0,1% Benzoinoxim.

säuren und die n-Butyl-Derivate der basischen Aminosäuren blieben am Startpunkt zurück. Letztere können z. B. mit Fließmittel Nr. 14 entwickelt werden *(Tab. 16)*.

Zur Chromatographie der Methyl- bzw. n-Amylester von Aminosäuren eignet sich Benzol/Methanol (75 : 25) bzw. Benzol/Pentanol (75 : 25) [266]. Da die Aminosäureester gaschromatographisch getrennt werden können, zeichnet sich hier eine sinnvolle Kombination zwischen Dünnschicht- und Gaschromatographie an.

Wie bereits erwähnt, sind die meisten in *Tabelle 12* angegebenen Fließmittel schon aus der Papierchromatographie bekannt. Manche dieser Lösungsmittelgemische verursachen Änderungen in der Zusammensetzung der chromatographierten Aminosäuren. MOSES [260] und OPIENSKA-BLAUTH [287] haben gefunden, daß bei der Papierchromatographie in phenolischen Fließmitteln größere Aminosäure-Verluste auftreten. Dies trifft insbesondere für Tryptophan zu: OPIENSKA-BLAUTH [287] konnte feststellen, daß von 10 μg Tryptophan etwa 50% zerstört wird (Chromatographie auf Whatman-No-1-Papier mit Phenol/Wasser). Von den übrigen Aminosäuren werden etwa 5% zersetzt [287]. DENT [90], PIKKARAINEN und KULONEN [321] und EDWARDS [105] berichteten, daß Methionin in phenolischen Fließmitteln teilweise oxydiert wird. DENT [90] bemerkte, daß Methionin in Phenol-Chromatogrammen etwa zur Hälfte in Methioninsulfoxid übergeht. Auch Cystein und Cystin werden auf Papier- [37] und auf Dünnschichtchromatogrammen [109] partiell oxydiert und auch decarboxyliert [37].
Die Verluste einerseits und die Nebenreaktionen anderseits werden wohl durch die Verkürzung der Laufzeit, wie dies in der Dünnschichtchromatographie der Fall ist, zum Teil beseitigt. Es empfiehlt sich dennoch Cystein, Cystin und Methionin vor der Chromatographie mit Perameisensäure zu oxydieren (S. 134).

Tabelle 13. *hRf*-Werte¹) von Aminosäuren auf gepufferten Kieselgel-Schichten (s. Text S. 78). Aus: MUTSCHLER und ROCHELMEYER [267]

Aminosäure	*hRf* in Fließmittel Nr. 3	4	5
Lysin	05	05	10
Arginin	10	10	15
Histidin	25	65	75
Asparaginsäure	40	15	40
Glycin	34	33	55
Serin	32	38	60
Prolin	40	35	50
Alanin	50	50	65
Glutaminsäure	50	25	55
Valin	65	70	82
Methionin	70	75	75
Leucin	75	75	85
Tyrosin	80	47	85

¹) Man beachte, daß die *Rf*-Werte von vielen Faktoren abhängig sind (S. 47); sie sind deshalb nur als Richtwerte zu betrachten.
In dieser und in allen weiteren *Rf*-Tabellen dieses Buches sind die Angaben, wenn nicht anderes vermerkt, bei aufsteigender Technik und Kammersättigung zu verstehen.

Tabelle 14. *Rf*-Werte[1]) von Aminosäuren auf Kieselgel-G-Schichten vgl. S. 77.

Kenn-ziffer	Aminosäure	Abkürzung	*hRf* in Fließmittel Nr.							
			6[2])	7[2])	8[2])	9[2])	10[2])	11[2])	12[3])	13[4])
1	Alanin	Ala	47	37	22	29	39	40	51	50
2	β-Alanin	β-Ala	33	26	22	30	30	29	35	36
3	α-Aminobuttersäure	Abut	—	—	27	—	—	—	59	59
—	α-Aminoisobuttersäure	α-Aib	—	—	27	—	—	—	61	—
4	β-Aminoisobuttersäure	β-Aib	—	—	25	—	—	—	48	47
5	γ-Aminobuttersäure	γ-Abut	—	—	27	—	—	—	45	36
—	ε-Aminocapronsäure	ε-Acap	—	—	34	—	—	—	68	—
—	α-Aminocaprylsäure	Acy	66	65	59	69	58	60	143	—
6	Arginin	Arg	04	02	06	19	10	06	19	09
7	Asparagin	$Asp(NH)_2$	—	—	14	—	—	—	43	42
8	Asparaginsäure	Asp	55	33	17	06	09	07	18	19
9	Citrullin	Cit	—	—	—	—	—	—	—	47
10	Cysteinsäure	$CySO_3H$	69	50	10	04	17	21	53	45
11	Cystein	Cys	—	—	—	—	—	—	—	56
12	Cystin	$(Cys)_2$	39	32	09	12	27	22	18	56
13	Äthanolamin	$Et\text{-}NH_2$	—	—	—	—	—	—	—	39
14	Glutaminsäure	Glu	63	35	24	10	14	15	32	34
15	Glutamin	$Glu(NH_2)$	—	—	15	—	—	—	—	49
16	Glycin	Gly	43	32	18	24	29	34	45	46
17	Histidin	His	33	20	05	32	38	42	18	55
18	Isoleucin	Ile	60	53	43	49	52	58	92	69
19	Leucin	Leu	61	55	44	48	53	58	100	70
20	Lysin	Lys	03	02	03	09	18	11	11	15
21	Methionin	Met	59	51	35	49	51	60	92	69
22	Methioninsulfon	$MetO_2$	—	—	—	—	—	—	66	63
23	3-Methylhistidin	3-Mehis	—	—	—	—	—	—	—	59
—	1-Methylhistidin	1-Mehis	—	—	—	—	—	—	09	—
—	Norleucin	Nleu	61	57	45	52	53	59	102	—
—	Norvalin	Nval	56	50	36	42	49	57	77	—
24	Ornithin	Orn	—	—	04	—	—	—	14	14
25	Oxyprolin	Hypro	44	34	16	38	28	31	50	43
26	Prolin	Pro	35	26	14	50	37	30	40	42
27	Phenylalanin	Phe	63	58	43	55	54	60	109	71
28	Phosphoäthanolamin	—	—	—	—	—	—	—	—	03
—	Sarcosin	Sar	31	22	12	37	34	31	32	—
29	Serin	Ser	48	35	18	20	27	31	47	41
30	Taurin	Tau	—	—	18	—	—	—	79	61
31	Threonin	Thr	50	37	20	26	37	40	51	56
32	Tryptophan	Try	65	62	47	63	55	58	122	69
33	Tyrosin	Tyr	65	57	41	47	42	51	107	62
34	Valin	Val	55	45	32	40	48	56	72	66

[1]) Man beachte, daß die *Rf*-Werte von vielen Faktoren abhängig sind (s. Text S. 47); sie sind deshalb nur als Richtwerte zu betrachten.

[2]) Aufsteigende Technik; Laufstrecke: 10 cm [272].

[3]) R_{Leucin}-Werte; horizontale Technik; Durchlaufchromatographie (4 Stdn.) [272].

[4]) Aufsteigende Technik; Laufstrecke: 10 cm [346].

Tabelle 15. *Rf*-Werte[1]) von Aminosäuren auf Kieselgel-G-Schichten[2]) (s. Text S. 77) [69]. (Aufsteigende Technik; Laufstrecke: 15 cm.)
Aus: CODERN und Mitarb. [69]

Aminosäure (vgl. Tab. 14)	*hRf* in Fließmittel Nr.															
	16	17	18	19	20	21	22	23	24	25	26	27	28	29	30	31
Gly	72	16	22	22	07	10	74	33	21	90	23	55	62	61	26	10
Ala	75	20	34	31	09	18	76	50	24	88	34	68	67	69	31	13
β-Ala	61	22	18	27	06	20	67	34	28	79	17	49	50	53	28	12
Val	77	31	52	40	20	41	80	63	36	85	46	74	70	76	52	21
Abut	73	27	46	30	13	25	79	59	34	82	40	71	63	71	40	18
Nval	76	39	53	44	22	37	81	60	41	84	48	72	69	80	50	25
Leu	78	41	53	52	32	38	82	66	45	82	51	73	72	79	59	37
Ile	81	43	54	48	29	33	81	70	47	82	53	76	69	81	54	32
Nleu	80	46	53	58	34	31	83	61	52	84	57	80	71	82	60	41
Tyr	85	42	38	50	27	34	86	62	46	—	58	78	67	89	58	40
Ser	77	18	26	12	12	26	83	40	66	79	30	60	59	61	26	14
Cys	—	08	—	05	07	12	—	40	—	—	—	75	72	—	—	07
Thr	81	23	56	17	24	10	87	48	20	84	34	74	68	68	39	13
Try	75	49	54	60	31	38	88	62	46	85	51	80	81	79	—	48
Pro	56	14	30	15	08	22	65	34	43	74	18	42	44	43	31	11
Asp	—	12	20	10	07	09	75	15	06	75	19	51	65	50	32	07
Asp(NH_2)	—	11	20	09	09	16	73	43	07	73	25	74	60	45	30	12
Glu	75	18	15	28	04	13	80	25	09	76	24	70	64	54	32	07
Arg	07	09	05	07	05	07	13	10	21	17	06	16	12	12	06	03
His	65	07	49	03	10	12	69	60	31	69	29	72	56	59	31	09
Lys	03	06	14	04	05	06	08	07	07	10	05	11	10	07	05	02

[1]) Die *Rf*-Angaben der spanischen Autoren widersprechen zum Teil den allgemeinen Erfahrungen. Dies trifft insbesondere für die Leucine und für Serin und Threonin zu. Die *Rf*-Werte sind deshalb nur als Orientierungswerte aufzufassen!

[2]) JOST und Mitarb. [186] verwenden zur Trennung von Tyr, N-Methyl-Tyr und O-Methyl-Tyr Phenol/Wasser (9 : 3); nach PETER und Mitarb. [319] werden Try und N-Methyl-Try in Butanol/Eisessig/Wasser (3 : 1 : 1) getrennt. FLOSS und GRÖGER [116] trennen die genannten Verbindungen mit Butanol/Eisessig/Wasser (16 : 3 : 1). Zur Trennung von His und Methyl-His vgl. CARISANO [60] (S. 207).

Tabelle 16. *Rf*-Werte[1]) der Butylester von Aminosäuren auf Kieselgel-G-Schichten. (s. Text S. 77) Aus: MUSSINI und MARCUCCI [265]

Butylester von	*hRf*-Wert in Benzol/n-Butanol (75 : 25[2])	*hRf*-Wert in n-Butanol/Eisessig/Wasser (12 : 3 : 5)[3])
Glycin	58	—
Alanin	54	—
Allo-Hydroxyprolin	31	—
α-Aminobuttersäure	30	—
4-Hydroxyprolin	27,1	—
Norvalin	24,2	—
Valin	20	—
Norleucin	19,7	—

Butylester von	hRf-Wert in Benzol/n-Butanol (75: 25[2])	n-Butanol/Eisessig/Wasser (12: 3:5)[3])
Leucin	18,6	—
Methionin	19,1	—
Isoleucin	18,8	—
Glutaminsäure	15	—
Phenylalanin	14	—
Asparaginsäure	13	—
Citrullin	08	—
Lysin	00	34
Histidin	00	36
Ornithin	00	35,5

[1]) Man beachte, daß die Rf-Werte von vielen Faktoren abhängig sind (S. 47), sie sind deshalb nur als Richtwerte zu betrachten.
[2]) Laufzeit: 1 Std.
[3]) Laufzeit: 3 Std.

3. *Trennung der Aminosäuren*

Die Trennung einer größeren Anzahl von Aminosäuren gelingt in der Regel nur durch Kombination von mehreren Fließmitteln. SQUIBB [401] trägt die Proben auf eine vorgewärmte (65 °C) Kieselgel-Platte auf und entwickelt bei 53° mit Fließmittel Nr. 8 Nach Zwischentrocknung wird, unter gleichen Bedingungen, mit Fließmittel Nr. 9 in die gleiche Richtung laufen gelassen. MUTSCHLER und ROCHELMEYER [267] verwenden die Kombination von Fließmittel Nr. 3 und 4 zur zweidimensionalen Entwicklung auf gepufferten Kieselgel-G-Schichten, NÜRNBERG [279] benutzt Kieselgel-G-Schichten und die Fließmittel Nr. 1 und 2.
BRENNER und NIEDERWIESER [42] haben die Reproduzierbarkeit eines zweidimensionalen Fleckenmusters geprüft: Sie chromatographierten zwei Aminosäuregemische (A und B) einzeln und dann gemeinsam; kopiert man die beiden zweidimensionalen Chromatogramme von A und B aufeinander, so erhält man annähernd dasselbe Muster, wie wenn man A und B gemeinsam chromatographiert. In zweidimensionalen Chromatogrammen müssen die *Zwischentrocknungsbedingungen* standardisiert werden.
Für zweidimensionale Chromatogramme eignet sich besonders die Kombination von Fließmittel Nr. 8 mit 9 bzw. die Kombination von Nr. 13 mit Nr. 9 [42, 45, 109].

Zweidimensionale Entwicklung mit Butanol/Eisessig/Wasser und Phenol/Wasser.

Brenner und Niederwieser schlugen die Kombination der Fließmittel Nr. 8 und 9 vor [42]. In der Folge wurden diese Fließmittel in mehreren Laboratorien zur Trennung von Aminosäuren angewandt.

Baron [10] und Opienska-Blauth [289] berichteten über die Trennung von 17 bzw. von 23 Aminosäuren auf Kieselgel-G-Schichten. *Abbildung 59a* zeigt das Fleckenmuster von Opienska-Blauth [289]. In eigenen Versuchen [302] konnte bei den basischen Aminosäuren eine bessere Auftrennung beobachtet werden (*Abb. 59b* und *1b*).

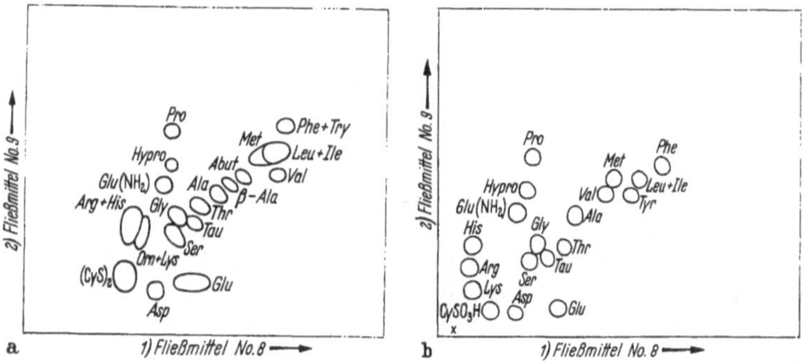

Abbildung 59. Zweidimensionale Chromatographie der freien Aminosäuren auf Kieselgel-G-Schichten. Nach der Entwicklung in der ersten Dimension wird die Platte getrocknet (20 Min. im Luftzug).

a) Fleckenverteilung nach Opienska-Blauth [289]
Aus: Opienska-Blauth [289]

b) Fleckenverteilung nach Pataki [302]; Auftragmenge: je 1 μg Aminosäure in total 1 μl 0,1 N HCl. Aus: Pataki [302]

Pataki [302] benutzte verschiedene Kieselgel-Sorten und fand, daß das Schichtmaterial auf die Trenngüte gewisser Aminosäuregruppen einen Einfluß ausübt.

Die Trennung von *Lys*, *Arg* und *His* gelingt am besten mit Kieselgel-G *(Abb. 59b)*. Auf Kieselgel-H-Schichten bzw. auf MN-Kieselgel-HR-Schichten rücken diese Verbindungen näher zueinander.

Alle drei *basischen Aminosäuren* überlappen teilweise auf Kieselgel-Woelm und auf Kieselgel-D5-Camag. Sie lassen sich jedoch bei geschickter Ausführung der Anfärbung (S. 105) unterscheiden. Liegen *Ornithin*, *Lys*, *His*, *Arg* und *Cit* gemeinsam vor, so kombiniert man Fließmittel Nr. 7 und Nr. 9 [289].

Die Trennung von *Ser*, *Gly* und *Tau* gelingt am besten mit Kieselgel-H oder mit Kieselgel-Woelm [302]. Die Wanderungsgeschwindigkeit von *Ser* und *Gly* ist auf Kieselgel-G nur wenig verschieden; auch *Tau* liegt in der Nähe. Auf Kieselgel-D5-Camag und auf MN-Kieselgel-G-HR überlappen *Ser*, *Gly* und *Tau* bzw. *Ser* und *Gly*; die Unterscheidung ist indessen immer noch möglich [302].

Gewisse Schwierigkeiten bereitet die Identifizierung der schnellwandernden Aminosäuren. Opienska-Blauth und Mitarb. [289] beobachteten folgende Gruppen: *Phe + Try*, *Ile + Leu*, und *Met + Val*, oder *Ile + Leu + Met* bei gleichzeitiger Abtrennung von *Val (Abb. 59a)*. Wir haben festgestellt [302], daß die Trennung von *Val*, *Met*, *Tyr*, *Leu (Ile)* und *Phe* auf Kieselgel-D5-Camag vorzüglich und auf Kieselgel-G befriedigend verläuft. Auf MN-Kieselgel-G-HR treten *Met + Val* und *Tyr + Leu*, auf Kieselgel-Woelm hingegen *Met + Leu + Tyr* gruppenweise auf. Ihre Unterscheidung ist dennoch meistens möglich (S. 105 und 106).

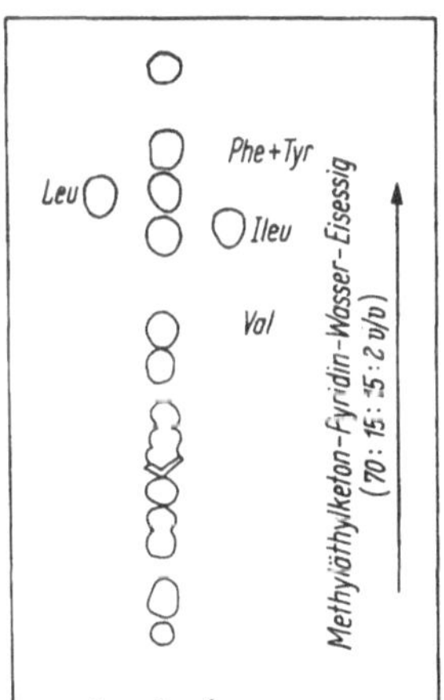

Abbildung 60

Durchlaufchromatographische Trennung von Leucin und Isoleucin in der BN-Kammer (S. 19). Auftragmenge: je 0,5 µg Aminosäure in total 0,5 µl 0,1 N HCl; Laufzeit: 4½ Stdn.; Schicht: Kieselgel G. Zur sicheren Identifizierung von *Leu* und *Ile* chromatographiert man parallel je eine Probe dieser Aminosäuren. Perameisensäure-Oxydation (S. 134) ist erforderlich, falls Methionin anwesend. Aus: Fahmy und Mitarb. [109]

In Chromatogrammen nach *Abbildung 59* wandern *Leu* und *Ile* ausnahmslos gemeinsam. Sie sind indessen in einem Parallelversuch, unter Anwendung des Durchlaufverfahrens (S. 23), leicht zu trennen, und zwar auch dann, wenn sie mit allen anderen Eiweiß-Aminosäuren + β-Alanin + γ-Aminobuttersäure gemeinsam vorliegen *(Abb. 60)*.

Bei diesem Verfahren werden auch *Val* und *Try* von den übrigen Aminosäuren abgetrennt *(Tab. 13)*.

Die isomeren Aminobuttersäuren (α- und γ-Aminobuttersäure und β-Aminoisobuttersäure) werden am besten auf Kieselgel-G-Schichten mit Propanol/Wasser (1 : 1) und Phenol/Wasser (7 : 3) getrennt [289].

Zweidimensionale Entwicklung mit Chloroform/Methanol/Wasser und Phenol/Wasser.

Fahmy und Mitarb. [109] verwenden Kieselgel-G-Schichten und die Fließmittel Nr. 13 und 9 zur Trennung von 22 Aminosäuren *(Abb. 61a)*. Rokkones [346], Michl [251] und Neu [271] benutzten dasselbe chromatographische System; der norwegische und der österreichische Autor untersuchten etwa 40 Aminosäuren und verwandte Verbindungen. *Abbildung 61b* zeigt die Fleckenverteilung nach Rokkones [346], *Abbildung 61c, d* und *e* zeigten Fleckenkarten nach Michl [251] (ferner *Abb. 69b*).

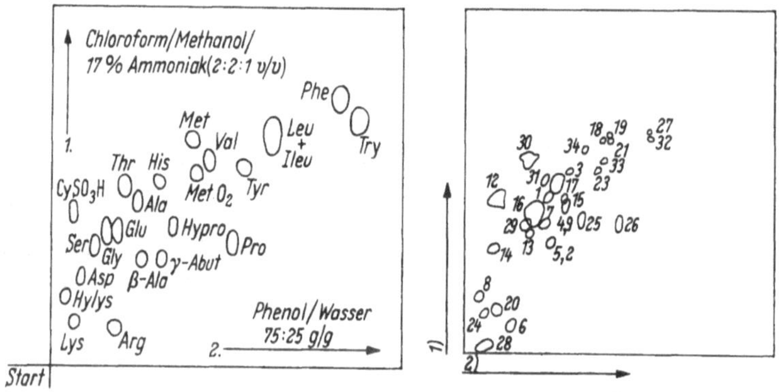

a b

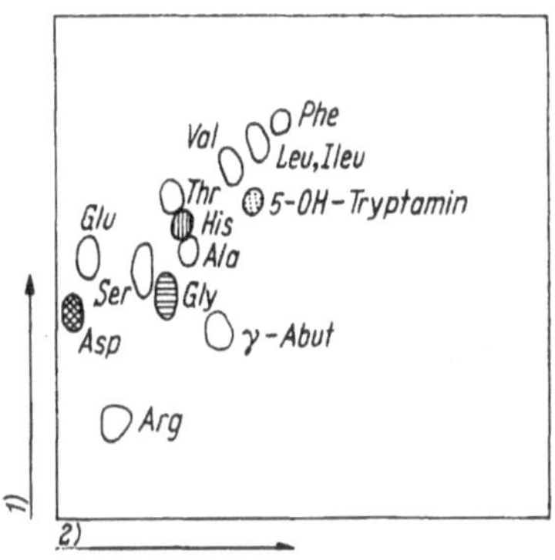

c

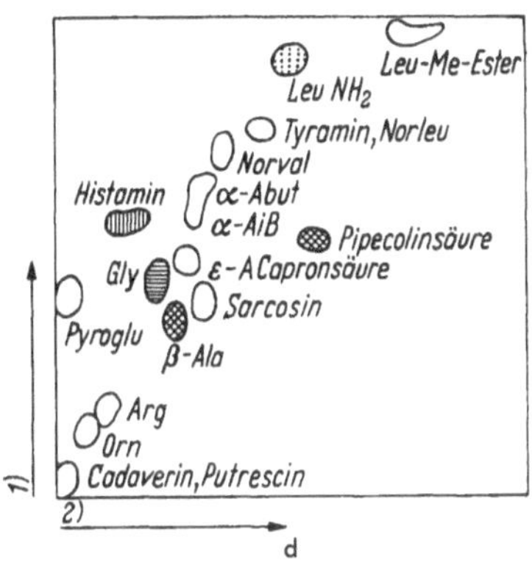

d

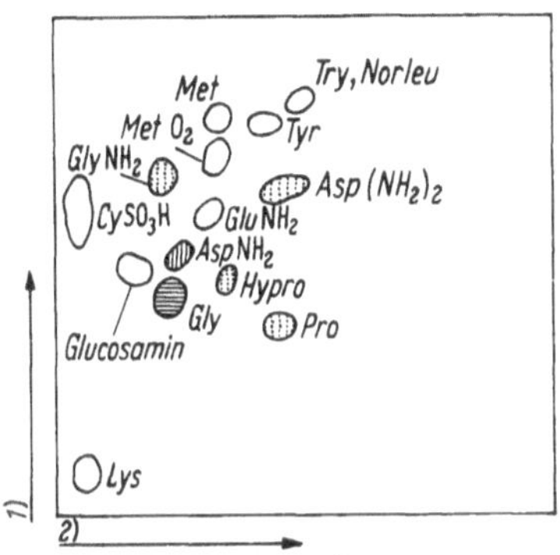

e

Farben der Flecken nach Ninhydrin:
violett, blau, gelb, orange, braun

Abbildung 61a—e

Zweidimensionale Trennung der freien Aminosäuren und verwandter Verbindungen (Kieselgel-G). Nach der ersten Dimension lüftet man die Platte 20 Min. an der Luft oder trocknet 10 Min. bei 110°C. Fließmittel in *Abbildung 61a* und *b* identisch; in *Abbildung 61c, d, e,* entwickelt man mit Phenol/Wasser 3 : 1 g/v (+ Äthylendiamintetraessigsäure), in der zweiten Dimension (s. Text S. 86).

a) Trennung der Eiweiß-Aminosäuren + β-Ala + γ-Abut nach FAHMY und Mitarb. [109]. Aus: FAHMY und Mitarb. [109]

b) Relative Lage von Aminosäuren und von anderen ninhyrinpositiven Substanzen nach ROKKONES. Die Zahlen beziehen sich auf die Kennziffer der Aminosäuren in der *Tabelle 14.* Man beachte die gute Übereinstimmung zwischen *Abbildung 61a* und *b.* Aus: ROKKONES [346]

c), *d)*, *e)* Fleckenkarten nach MICHL und BACHMAYER [251]. Mach beachte, daß die Lage einiger Eiweiß-Aminosäuren von den Angaben bei *a)* bzw. bei *b)* abweicht. Aus: MICHL und BACHMAYER [251]

Dieses Verfahren eignet sich vorzüglich zum Nachweis von Aminosäuren in Proteinhydrolysaten (S. 136), wie auch HUBER und Mitarb. (173), die Kieselgel-G durch Supergel ersetzten, zeigen konnten. Ferner eignet es sich auch zur Chromatographie von Aminosäuren in biologischem Material (S. 200).

Die zweidimensionalen Fleckenmuster von FAHMY und Mitarb.[109] einerseits und von ROKKONES [346] anderseits *(Abb. 61a, b)* stimmen, mit einigen Ausnahmen, gut überein. MICHL [251] beobachtete bei einigen Eiweiß-Aminosäuren eine etwas veränderte Fleckenverteilung (*Abb. 61c, d, e*; vgl. auch *Abb. 69b*).

In Chromatogrammen nach *Abbildung 61* wandern *Leu* und *Ile* gemeinsam; zu ihrer Trennung vgl. *Abbildung 60*. Auch Glu(NH_2), *Cit* und *β-Aib* werden nur unvollständig getrennt *(Abb. 61b)*. Führt man jedoch die Anfärbung nach MOFFAT-LYTLE durch (S. 107), so kann Glu(NH_2) neben *β-Aib* immer erkannt werden. Liegt *β*-Aib in sehr kleinen Konzentrationen vor, so wird sie durch Glu(NH_2) überdeckt. Die polychromatische Revelation (S. 107) dürfte auch die Identifizierung jener Aminosäuren ermöglichen, welche nach MICHL *(Abb. 61c, d, e)* gemeinsam wandern (z. B. *Ala* + Asp(NH_2) und *Tyr* + *Phe*).

Die basischen Aminosäuren (*Arg*, *Lys*, *Orn*) werden besonders gut getrennt, wenn man Fließmittel Nr. 13 mit Phenol/15proz. wäßr. Ameisensäure (75 : 25 g/g) kombiniert [74].

B. Chromatographie auf anderen anorganischen Schichten

1. Aluminiumoxid und Celite-Schichten

MOTTIER [261] chromatographiert die Aminosäuren als *Natriumsalze* auf losen nichthaftenden Aluminiumoxid-Schichten. Die besten Ergebnisse erhält man bei der Verwendung von Aluminiumoxid-Merck ($^3/_4$ Std. bei 400 °C aktivieren, Laufzeit: 8 Stdn. durchlaufend). *Tabelle 17* enthält die *Rf*-Werte von 23 Aminosäuren. Da lose Schichten außerordentlich empfindlich sind, hat sich diese Methode nicht einbürgern können.

WOHLLEBEN [446] berichtete, daß festhaftende Schichten aus basischem Aluminiumoxid-WOELM[33]) zur Chromatographie von Aminosäuren geeignet sind. Nach RASTEIKIENE und PRAUSKIENE [333] werden die *Aminodicarbonsäuren*, auf Aluminiumoxid-Schichten mit 2 N Essigsäure als Fließmittel, sowohl untereinander als auch von den übrigen Aminosäuren abgetrennt.

SHASHA und WHISTER [386] benutzen Celite als Träger und Isopropylalkohol/Wasser (9 : 1) als Fließmittel. Die Laufzeit beträgt bei einer Laufstrecke von 12 cm 25 Min. *(Tab. 17)*.

Tabelle 17. *Rf*-Werte[1]) von Aminosäuren auf losen Aluminiumoxid-Schichten [261] bzw. auf Celite-Schichten [386]

Aminosäure	A[2])	B[3])
Tryptophan	100	
Prolin	87	
Phenylalanin	87	85
Norleucin	79	
Isoleucin	75	
Leucin	71	
Norvalin	62	
Tyrosin	56,5	
Valin	55,5	77
Methionin	51	
Alanin	47	51
Hydroxyprolin	43,5	
Histidin	39	
Glycin	35	30
Threonin	34	
Serin	32,5	32
Arginin	29	
Glutaminsäure	29	
Cystin	29	
Cystein	20,5	15
Lysin	28	28
Asparaginsäure	19,5	

[1]) Man beachte, daß die *Rf*-Werte von vielen Faktoren abhängig sind (S. 47), sie sind deshalb nur als Richtwerte zu betrachten.

[2]) $R_{Tryptophan}$-Werte auf Alox-Schichten: Butanol/Äthanol/Wasser (3 : 2 : 2).

[3]) *Rf*-Werte auf Celite-Schichten; Fließmittel: Isopropylalkohol/Wasser (9 : 1).

2. *Kieselgel-Kieselgur-Mischschichten*

PREY und Mitarb. [8] verwenden zur Chromatographie 7,5 × 7,5-cm-Platten („Kleinplattenmethode", S. 8), die mit Kieselgel/Kieselgur beschichtet sind. Als beste Schichtkombination erwies sich

Kieselgel/Kieselgur (4 : 11) aufgeschlämmt mit Wasser oder Kieselgel/Kieselgur (1 : 1) suspendiert in 0,02 M Natriumchlorid. *Tabelle 18* enthält die entsprechenden *Rf*-Werte. Für zweidimensionale Chromatographie eignen sich Kieselgel/Kieselgur (1 : 1)-Schichten und die Fließmittel Chloroform/Methanol/Ammoniak (30 : 14 : 4) sowie Butylacetat/Eisessig/Wasser (3 : 2 : 1) *(Tab. 18)*.

Tabelle 18. *Rf*-Werte[1]) von Aminosäuren auf Kieselgel/Kieselgur-Mischschichten. [8] Aus: PREY und Mitarb. [8]

Aminosäure	*hRf* in				
	A[2])	B[3])	C[4])	D[5])	E[6])
Valin	20	28	48	43	28
Glutaminsäure	00	03	05	31	02
Tyrosin	24	30	40	47	16
Isoleucin	30	34	60	47	33
Threonin	06	11	35	49	10
Phenylalanin	43	46	68	39	40
Serin	04	06	26	50	06
Histidin	06	10	18	10	10
Alanin	08	06	30	29	12
Arginin	00	00	06	12	00
Asparaginsäure	00	00	04	12	00
Lysin	00	00	04	08	00
Leucin	36	36	60	51	34
Glycin	04	06	20	27	08
Tryptophan	46	42	61	58	32
Prolin	06	05	29	29	14

[1]) Man beachte, daß die *Rf*-Werte von vielen Faktoren abhängig sind (S. 47). In den vorliegenden chromatographischen Systemen ist eine sehr deutliche Abhängigkeit der *Rf* von der Laufstrecke beobachtet worden [8].

[2]) Kieselgel/Kieselgur (4 : 11); Äthylacetat/Äthanol/Ammoniak/Wasser (30 : 10 : 2 : 3); Laufstrecke: 6 cm; Laufzeit: 8 Min.

[3]) Schicht, Laufstrecke und Laufzeit wie bei A; Fließmittel: Äthylacetat/Äthanol/Ammoniak/Wasser (15 : 7 : 2 : 1,5).

[4]) Schicht und Laufstrecke wie bei A; Laufzeit: 9 Min.; Fließmittel: Chloroform/Methanol/Ammoniak (30 : 14 : 4).

[5]) Kieselgel/Kieselgur (1 : 1)-0,02 M NaCl-Aufschlämmung; Butylacetat/Eisessig/Wasser (3:2:1); Laufstrecke: 6 cm; Laufzeit: 12 Min.

[6]) Schicht, Laufstrecke und Laufzeit wie bei D; Chloroform/Methanol/Ammoniak (30 : 14 : 4).

Besonders bemerkenswert ist, daß der Zeitbedarf eines zweidimensionalen Chromatogramms etwa 30 Min. ist. Es ist indessen zu beachten, daß die Auftragsmenge und das Auftragsvolumen sehr klein gehalten werden muß. Die Methode dürfte vor allem zur orientierenden Untersuchung geeignet sein.

C. Chromatographie auf Cellulose-Schichten

1. Bereitung der Schicht

MN-300-Cellulose-Schichten: 15 g MN-300-Cellulosepulver[32]) werden in 90 ml Wasser suspendiert (VON ARX und NEHER [5] suspendieren 8 g Cellulose in 48 ml Wasser + 2 ml Äthanol), mit einem elektrischen Mixer homogenisiert und auf 20×20-cm-Platten aufgestrichen (Schichtdicke beim Ausstreichen: 0,25 mm). Man läßt die Schicht am besten in waagrechter Lage über Nacht an der Luft trocknen.

Cellulose-TLC-Schichten: Cellulosepulver-TLC (SERVA[35])) wird mit der zehn-

Tabelle 19. Fließmittel zur Chromatographie von Aminosäuren auf Cellulose-Schichten[1])

Nr.	Fließmittel		Autor
32	Butanol/Eisessig/Wasser	4 : 1 : 5	WOLLENWEBER [447]
33	Pyridin/Methyläthylketon/Wasser	15 : 70 : 15	
34	Methanol/Wasser/Pyridin	20 : 5 : 1	
35	Butanol/Ameisensäure/Wasser	15 : 3 : 2	
36	Propanol/8,8proz. Ammoniak	4 : 1	
37	Äthanol/Butanol/Wasser/Propionsäure	10 : 10 : 5 : 2	
38	Pyridin/Isoamylalkohol/Wasser	7 : 6 : 6	HÖRHAMMER u. Mitarb. [170]
39	Isopropylalkohol/Wasser	4 : 1	DITTMANN [97]
40	Phenol wassergesättigt		BRANDNER u. VIRTANEN [39]
41	Chloroform/Methanol/17proz. Ammoniak	20 : 20 : 9	VON ARX und NEHER [5]
42	Butanol/Aceton/Diäthylamin/Wasser	10 : 10 : 2 : 5	
43	Isopropylalkohol/99proz. Ameisensäure/Wasser	20 : 1 : 5	
44	sec. Butanol/Methyläthylketon/Dicyclohexylamin/Wasser	10 : 10 : 2 : 5	
45	Phenol/Wasser	75 : 25 g/g[2])	
46	Butanol/Eisessig/Wasser	63 : 27 : 10	MYHILL und JACKSON [270]
47	Pyridin/Wasser	4 : 1	SJÖHOLM [390]
48	tert. Amylalkohol/Methyläthylketon/Wasser	3 : 1 : 1	BUJARD [54]
49	Propanol/2 N Ammoniak	4 : 1	DE LA LLOSA und Mitarb. [230]
50	Isopropylalkohol/2 N Ammoniak	4 : 1	
51	sec. Butanol/tert. Butanol/Methyläthylketon/Wasser	1 : 1 : 1 : 1[3])	
52	Pyridin/Eisessig/Wasser	30 : 10 : 7	
53	Methanol/Pyridin/Eisessig/Wasser	80 : 4 : 1 : 20	

[1]) Vgl. auch die Fließmittel Nr. 7, 12 und 13 in *Tabelle 12.*
[2]) Gasphase äquilibriert mit 3proz. wäßrigem NH_4OH.
[3]) +0,5% Diäthylamin.

[35]) SERVA Entwicklungslabor, Heidelberg.

fachen Wassermenge (z. B. 1 g + 10 g) in einem Erlenmeyer-Kolben 10 Min. geschüttelt und auf 20×20-cm-Platten aufgebracht (Trocknung wie oben).

Cellulose-D-Schichten: 20 g Cellulosepulver D (CAMAG[5])) und 130 ml Wasser werden in einem Erlenmeyer-Kolben 60 Sek. kräftig geschüttelt und bei einer Schichtdickeneinstellung von 0,5 mm auf 20×20-cm-Platten aufgestrichen (Trocknung wie oben).

MN-300-DEAE-Cellulose-Schichten: 8 g MN-300-DEAE-Cellulosepulver[32]) und 2 g MN-300-Cellulosepulver[32]) werden mit 90 ml dest. Wasser homogenisiert und auf die Glasunterlage gebracht. Vor dem Auftragen der Substanzen entwickelt man am besten mit dem jeweiligen Fließmittel. Bei Anwendung säurehaltiger Lösungsmittelgemische muß die DEAE-Cellulose-Schicht mit der entsprechenden Säure gesättigt werden (Trocknung wie oben).

2. *Fließmittel und Rf-Werte*

Für die Chromatographie von Aminosäuren auf dünnen Cellulose-Schichten wurden viele Lösungsmittelgemische vorgeschlagen *(Tab. 19)*.

Tabelle 20. Rf-Werte[1]) [4]) von Aminosäuren auf MN-300-Cellulose-Schichten (s. Text S. 91).

Aminosäure	*hRf* in Fließmittel Nr. 13[2])	32[3])	34[2])
Alanin	64	38	63
β-Alanin	46	—	46
α-Aminoadipinsäure	29	—	61
γ-Aminobuttersäure	53	—	48
Arginin	34	46	04
Asparigin	32	41	24
Asparaginsäure	21	46	46
Citrullin	36	—	35
Cysteinsäure	31	—	47
Cystin	24	14	22
Diaminopimelinsäure	19	—	13
Glutaminsäure	26	35	62
Glutamin	39	—	34
Glycin	42	29	46
Histidin	48	—	27
Homoarginin	42	—	05
Homocystin	34	—	20
allo-Hydroxylysin	51	—	03
Isoleucin	90	67	81
Leucin	85	70	82
Lysin	56	42	05
Methionin	81	50	66
Methioninsulphon	67	—	49
Methioninsulfoxyd	54	—	45
3-Methylhistidin	63	—	44
1-Methylhistidin	63	—	34

Aminosäure	*hRf* in Fließmittel Nr.		
	13[2])	32[3])	34[2])
Ornithin	44	—	03
Oxyprolin	46	—	46
Prolin	75	—	64
Phenylalanin	89	—	71
Serin	49	46	46
Taurin	71	—	52
Threonin	51	—	53
Tryptophan	68	60	50
Tyrosin	62	46	60
Valin	85	54	72

[1]) Man beachte, daß die *Rf*-Werte von vielen Faktoren abhängig sind (s. Text S. 47); sie sind deshalb nur als Richtwerte zu betrachten.

[2]) Nach Bujard [53]; vgl. *Tabelle 12.*

[3]) Nach Wollenweber [447].

[4]) Myhill und Jackson [270] trennen Pro, Hypro und deren Nitroso-Derivate im Fließmittel Nr. 46: Pro (70); Hypro (0,36); N-Nitrose-Pro (64); N-Nitroso-Hypro (35) (*Rf*-Werte in Klammern); zum Nachweis von Kreatinin s. Text S. 206.

Tabelle 21. R*f*-Werte[4]) von Aminosäuren auf MN-300-DEAE-Cellulose-Schichten [230] (s. Text S. 92). Aus: De la Llosa und Mitarb. [230]

Aminosäure	*hRf* in Fließmittel Nr.								
	12[1])	32[1])	34	47[2])	49[3])	50[3])	51[3])	52[2])	53[1])
Leucin	36	55	75	54	52	46	42	65	70
Isoleucin	31	51	73	53	48	40	39	63	70
Phenylalanin	42	45	62	52	44	35	40	61	62
Valin	21	39	69	45	40	33	28	56	66
Methionin	30	37	62	48	35	29	30	52	59
Prolin	14	26	66	33	30	27	22	36	58
Tryptophan	—	36	—	46	28	—	35	—	45
Tyrosin	31	29	61	48	22	—	28	57	54
Alanin	10	23	55	30	22	20	17	36	57
Threonin	11	19	55	33	14	17	22	38	50
Serin	05	14	50	28	11	08	11	26	45
Glutamin	06	15	47	21	08	20	11	26	43
Glutaminsäure	00	14	03	00	02	03	02	26	14
Glycin	07	17	47	18	12	11	10	22	42
Histidin	04	22	41	21	10	11	11	22	48
Arginin	04	24	71	27	14	10	11	23	62
Lysin	02	20	69	16	11	11	06	18	60
Asparagin	05	13	36	16	07	07	08	16	30
Asparaginsäure	00	09	02	00	02	03	04	—	07
Cystin	—	06	—	—	01	—	—	—	—

[1]) Vor dem Auftragen der Proben: Waschlauf mit dem Fließmittel; oder Waschlauf mit Methanol enthaltend 20% Eisessig; vgl. *Tabelle 12.*

[2]) Vor dem Auftragen der Proben: Waschlauf mit dem Fließmittel.

[3]) Vor der Entwicklung 1—2 Std. mit dem Fließmittel äquilibrieren oder die Platte über eine offene Ammoniak-Flasche schwenken.

[4]) Man beachte, daß die *Rf*-Werte von vielen Faktoren abhängig sind (S. 47), sie sind deshalb nur als Richtwerte zu betrachten.

Nach WOLLENWEBER [447] eignen sich MN-300-Cellulose-Schichten und das PARTRIDGE-Gemisch (Fließmittel Nr. 32) besonders gut zur eindimensionalen Entwicklung. *Tabelle 20* enthält die *Rf*-Werte von Aminosäuren nach WOLLENWEBER [447] und nach BUJARD [53]. DE LA LLOSA und Mitarb. [230] verwenden MN-300-DEAE-Cellulose-Schichten und neun Fließmittel. *Tabelle 21* enthält die entsprechenden *Rf*-Werte.

3. Zweidimensionale Trennung der Aminosäuren

Die Trennung eines komplexen Aminosäure-Gemisches auf Cellulose-Schichten gelingt, genauso wie auf dünnen Schichten aus anorganischen Sorptionsmitteln, nur bei kombinierter Anwendung von mehreren Fließmitteln.

Zum Nachweis der meisten proteinogenen Aminosäuren kann die Arbeitsweise von HÖRHAMMER [170] oder von SJÖHOLM [390] verwendet werden. Nach HÖRHAMMER [170] chromatographiert man auf Cellulose-TLC-Schichten mit den Fließmitteln Nr. 32 und Nr. 38 *(Abb. 62a)*. In diesem chromatographischen System werden *Gly* und *Ser* nicht getrennt. Die Wanderungsgeschwindigkeit von *Leu* und *Ile* ist ebenfalls nahezu gleich. SJÖHOLM [390] bevorzugt MN-300-Cellulose als Träger und verwendet die Fließmittelkombination Nr. 32 und Nr. 47. Hierbei bleiben einerseits *Met, Val* und *Phe* und anderseits *Leu* und *Ile* ungetrennt *(Abb. 62b)*.

Leu und *Ile* können, falls sie allein vorliegen, auf MN-300-Cellulose-Schichten mit Fließmitteln Nr. 13 getrennt werden [187]. In Anwesenheit der übrigen Eiweiß-Aminosäuren muß man zur Auflösung dieser beiden Verbindungen die Fließmittel Nr. 13 und 34 kombinieren [187]. Bei dieser Fließmittelkombination werden *Leu, Ile, Phe, Tyr, Met, Val* und *Pro* sowohl untereinander als auch von den übrigen Aminosäuren aufgetrennt *(Abb. 62c)*; bei den Gruppen *Lys+Arg, Asp+Gly+Ser* sowie bei *Thr+Glu+Ala* laufen hierbei die Komponenten mit sehr ähnlichen Wanderungsgeschwindigkeiten.

Eine vorzügliche Trennung von 28 Aminosäuren, einschließlich *Leu* und *Ile*, gelingt nach BUJARD [54, 55]: In der ersten Dimension wird mit Fließmittel Nr. 13, in der zweiten mit Nr. 34 entwickelt. Als stationäre Phase bewährten sich MN 300-Cellulose-

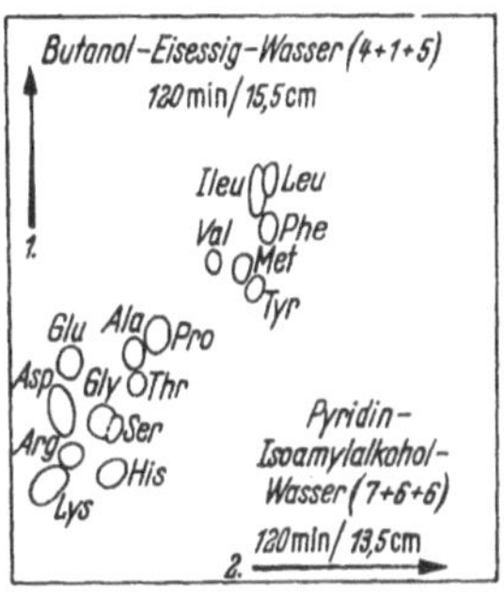

a

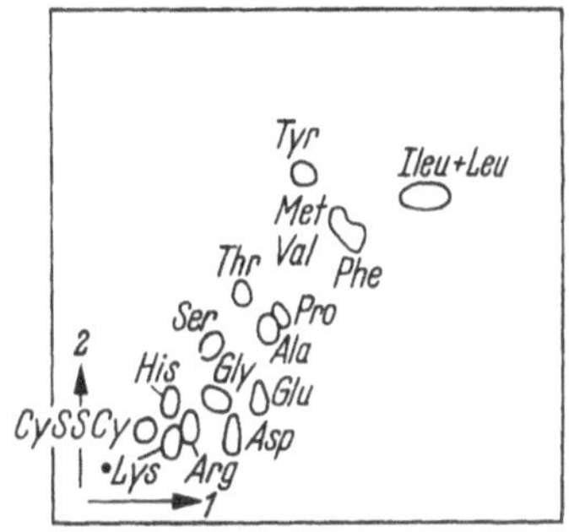

b

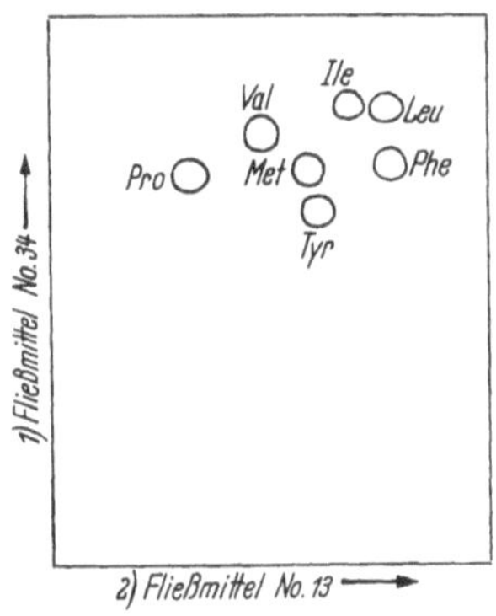

c

Abbildung 62

Zweidimensionale Chromatographie der freien Aminosäuren auf Cellulose-Schichten.

a) Fleckenmuster nach HÖRHAMMER und Mitarb. [170] auf Cellulose-TLC-Schichten (s. Text S. 91). Nach der ersten Dimension trocknet man 10 Min. mit einem Föhn. Aus: HÖRHAMMER und Mitarb. [170]

b) Fleckenverteilung nach SJÖHOLM [390] auf MN-300-Cellulose-Schichten (s. S. 91). 1. Dimension: Butanol/Eisessig/Wasser (4 : 1 : 5); 2. Dimension: Pyridin/Wasser (4 : 1). Nach dem ersten Lauf trocknet man die Schicht 30 Min. bei 70 °C. CySSCy = $(Cys)_2$. Aus: SJÖHOLM [390]

c) Trennung der „schnellwandernden“ Aminosäuren einschließlich *Leu* und *Ile*. Zusammengestellt nach DE LA LLOSA und Mitarb. [187]. Falls andere Aminosäuren anwesend sind, so stören sie nicht die Trennung; ihre Auflösung ist jedoch unvollständig (Try wurde nicht untersucht! (vgl. *Tab. 12*)

Schichten. In Chromatogrammen nach *Abbildung 63a* bleiben *Ala*+*Tyr* und *Leu*+*Ile* ungetrennt. Ein weiteres zweidimensionales Chromatogramm (Fließmittel Nr. 48 und 43) trennt diese Gruppen und auch andere sonst schnellwandernde Aminosäuren *(Abb. 63b)*.

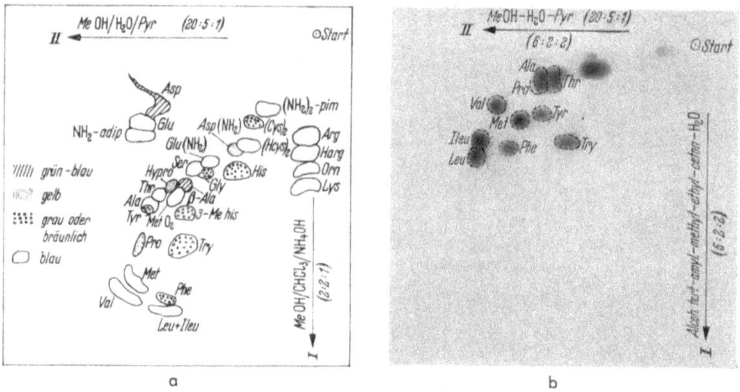

Abbildung 63. Zweidimensionale Trennung von Aminosäuren und verwandter Verbindungen auf MN-300-Cellulose-Schichten

a) Erste Dimension: Methanol/Chloroform/17proz. Ammoniak (2:2:1); 2. Dimension: Methanol/Wasser/Pyridin (20 : 5 : 1). Man beachte die sehr gute Trennung der basischen Aminosäuren (Bujard [54]). $(NH_2)_2$-pim = Diaminopimelinsäure; NH_2-adip = α-Aminoadipinsäure; im übrigen vgl. *Tabelle 14*

b) Trennung der „*schnellwandernden*" Aminosäuren einschließlich *Leu* und *Ile*. Man beachte die gute Auftrennung von *Val, Met, Tyr* von *Phe* und *Try* und die Trennung von *Leu* und *Ile* (Bujard [55]). 1. Dimension: tert.-Amylalkohol/Methyläthylketon/H_2O (6 : 2 : 2); 2. Dimension: Methanol/H_2O/Pyridin (20: 5: 1)!

Wenn *Hylys* anwesend ist, so wandert diese Verbindung zwischen *Orn* und *Lys* und kann sich mit der ersteren Aminosäure überdecken. Auch Glu(NH_2) und *Cit* werden nur unvollständig getrennt: *Tau* liegt ferner in der Nähe von *Try*.

Dittmann [97, 98] chromatographiert 38 Aminosäuren und verwandte Verbindungen auf MN-300-Cellulose-Schichten: Zunächst wurde mit Fließmittel Nr. 7 entwickelt (12 cm) und dann mit Nr. 39 in der zweiten Dimension chromatographiert (10 cm).

Tabelle 22. *Rf*-Werte[1] [2]) von Aminosäuren in zweidimensionalen Chromatogrammen auf MN-300-Cellulose-Schichten [97, 98] (s. Text S. 91). Aus: DITTMANN [97, 98]

Aminosäure	Rf_1[3])	Rf_2[4])
Ornithin	08 ± 01	00
Histidin	10 ± 02	01 ± 01
Histamin	10 ± 02	01 ± 01
Lysin	10 ± 02	01 ± 01
1-Methylhistidin	10 ± 02	02 ± 01
Arginin	19 ± 03	01 ± 01
Cystin	22 ± 01	02 ± 01
Asparagin	34 ± 02	08 ± 01
Glutamin	41 ± 03	12 ± 01
Asparaginsäure[5])	45 ± 02	11 ± 02
Glutamin	41 ± 03	12 ± 01
Citrullin[5])	48 ± 03	12 ± 01
Glycin	49 ± 04	17 ± 01
Taurin	50 ± 03	26 ± 01
Serin[5])	52 ± 03	17 ± 01
Glutaminsäure	55 ± 02	17 ± 01
Oxyprolin	62 ± 03	23 ± 01
Alanin	63 ± 02	27 ± 01
Threonin	64 ± 03	31 ± 01
Sarcosin	65 ± 04	25 ± 02
Prolin	66 ± 02	32 ± 01
Äthanolamin	66 ± 02	38 ± 04
Glucosamin	67 ± 02	24 ± 02
β-Alanin	68 ± 04	30 ± 01
δ-Aminolävulinsäure	71 ± 01	30 ± 02
Tyrosin	71 ± 02	34 ± 03
β-Aminoisobuttersäure	74 ± 03	36 ± 00
α-Aminobuttersäure	75 ± 02	38 ± 02
β-Aminoisobuttersäure	75 ± 02	38 ± 02
γ-Aminobuttersäure	75 ± 02	38 ± 02
Valin	78 ± 02	45 ± 03
α-Aminoisobuttersäure	79 ± 03	43 ± 01
Tryptophan	80 ± 02	34 ± 01
Methionin	83 ± 02	47 ± 01
Phenylalanin	84 ± 02	51 ± 02
Norvalin	85 ± 02	54 ± 02
Leucin	88 ± 01	64 ± 03
Isoleucin	89 ± 03	62 ± 04
3,5-Dijodtyrosin	91 ± 01	51 ± 02

[1]) Man beachte, daß die *Rf*-Werte von vielen Faktoren abhängig sind (S. 47), sie sind deshalb nur als Richtwerte zu betrachten (Mittelwerte aus 4 Bestimmungen ± Streuung).

[2]) Das Chromatogramm wurde mit Fließmittel Nr. 7 und nach Zwischentrocknung (30 Min. an der Luft) mit Nr. 39 entwickelt (2. Dimension). Nach erneuter Zwischentrocknung wurde mit Nr. 7 noch einmal in der ersten Dimension chromatographiert (Laufstrecken: 12 cm; ohne Kammersättigung vgl. *Tab. 12* und *19*).

[3]) *Rf* in der ersten Dimension.

[4]) *Rf* in der zweiten Dimension.

[5]) Geben Nebenflecke.

Schließlich ließ man erneut Fließmittel Nr. 7 in der ersten Dimension aufsteigen (sämtliche Läufe ohne Kammersättigung). *Tabelle 22* enthält die *Rf*-Werte, die aus zweidimensionalen Chromatogrammen entnommen wurden [97, 98].

4. Multidimensionale Trennung der Aminosäuren

Für die Trennung und Charakterisierung von 52 Aminosäuren entwickelten von Arx und Neher [5] eine Kombination von vier Lösungsmittelgemischen und verschiedenen Farbreaktionen („Multidimensionale Technik", S. 28).

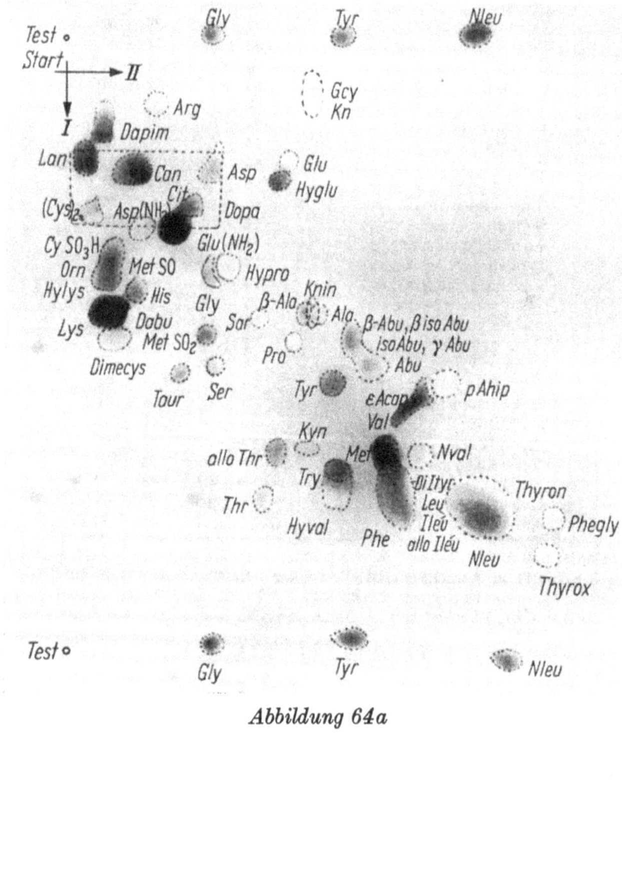

Abbildung 64a

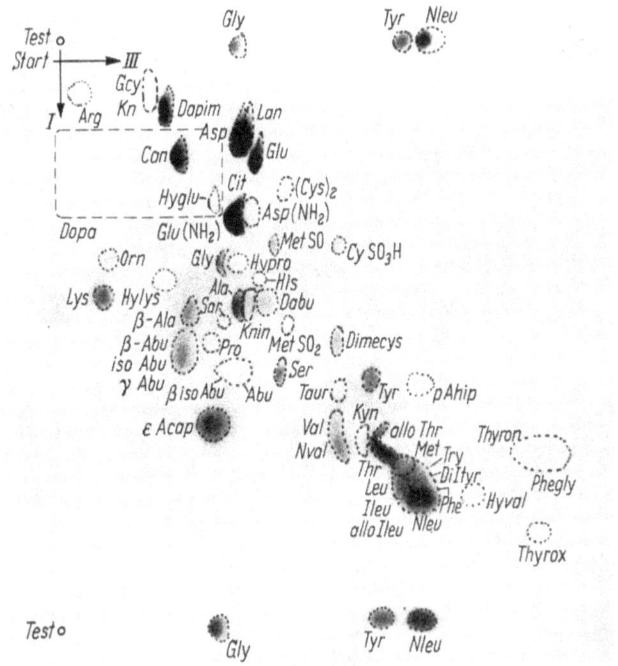

Abbildung 64b

Man trägt die Proben 2,5 cm vom Plattenrand entfernt auf sechs MN-300-Cellulose-Platten auf und entwickelt anschließend mit Fließmittel Nr. 42. Zur Chromatographie dienen die „multiplate-tanks" der Firma SHANDON (S. 17). Da die Chromatographie bei Untersättigung durchgeführt werden muß, werden die Platten und das Fließmittel gleichzeitig in die Trennkammer gegeben (Abstand zwischen Startpunkt und Eintauchspiegel: 1,5—2 cm). Nach Zwischentrocknung (5—10 Min. bei 90 °C) tropft man ein Gemisch von 0,5 μg *Gly*, 1 μg *Tyr* und 1 μg *Nleu* in 1 μl Wasser auf die in *Abbildung 64* mit „Test" bezeichneten Stellen. Je zwei Platten werden mit Fließmittel Nr. 43 in zwei Kammern, eine mit Fließmittel Nr. 44 und eine mit Fließmittel Nr. 45, in der zweiten Dimension, bis zum oberen Plattenrand, entwickelt (Bedingungen wie bei der ersten Dimension). Man trocknet nun die Platten 20 Min. bei 90 °C und besprüht sie mit verschiedenen Farbreagenzien: Je eine Platte der drei Kombinationen wird mit dem Ninhydrin/Collidin-

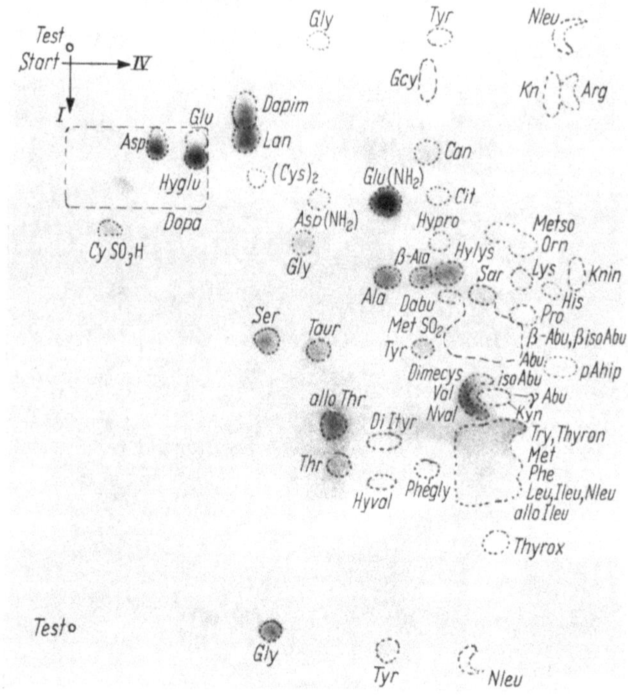

Abbildung 64c

Abbildung 64. Multidimensionale Trennung der freien Aminosäuren und zahlreicher verwandter Verbindungen nach VON ARX und NEHER (vgl. dazu Schema I). Die Abkürzungen sind aus *Tabellen 14, 25* und Schema I zu entnehmen (MN-300-Cellulose-Schichten; vgl. Text). Sämtliche Läufe *ohne* Kammersättigung! (s. Text S. 46, 49 und 99)

a) Erste Dimension: Fließmittel Nr. 42 (in der Abbildung mit I gekennzeichnet); 2. Dimension (nach Zwischentrocknung: 5—10 Min. bei 90 °C): Fließmittel Nr. 43 (II)

b) Erste Dimension: Fließmittel Nr. 42 (I); zweite Dimension (nach Zwischentrocknung) Nr. 44 (III)

c) Erste Dimension: Fließmittel Nr. 42 (I); zweite Dimension (nach Zwischentrocknung): Fließmittel Nr. 45 (IV).
Aus: VON ARX und NEHER [5]

Reagens (S. 107) besprüht; ein Chromatogramm der Kombination Fließmittel Nr. 42/43 mit Isatin (S. 108), und schließlich die andere mit weiteren spezifischen Reagenzien, z. B. Paulys-Reagens(S. 108) oder Nitroprussid-Ferricyanid-Reagens oder Reindel-Hoppe-Reagens (S. 125) behandelt.

In *Abbildung 64* sind die drei zweidimensionalen Chromatogramme abgebildet.
In Schema I (s. Ausschlagtafel) sind die Aminosäuren in der Reihenfolge ihrer zunehmenden *Rf*-Werte im Fließmittel Nr. 42 angeordnet. Bei jeder Verbindung sind die *Rf*-Werte in den für die zweite Dimension verwendeten Fließmitteln (Nr. 43, 44 und 45) angegeben.
Allfällige Verschiebungen der *Rf*-Werte in der zweiten Dimension können durch Mitchromatographieren von Testsubstanzen überwacht und erkannt werden *(Abb. 64)*. Die Zuordnung der Aminosäuren wird auch dadurch erleichtert, daß man verschiedene Farbreaktionen (siehe oben) durchführt.
Diese ausgezeichnete Methode sollte jedoch nur bei sehr komplexen Aminosäure-Gemischen eingesetzt werden. Für einfachere Probleme, z. B. Nachweis der Aminosäuren in Proteinhydrolysaten, stehen andere Methoden zur Verfügung (S. 84, 86 und 96).

D. Elektrochromatographie

Zur ionophoretischen Trennung von Substanzgemischen auf dünnen Sorptionsmittelschichten wurden zahlreiche Einrichtungen beschrieben (S. 39). Mit der Trennung von Aminosäuren beschäftigten sich Honegger [163], Patuska [314], Kaplan und Schneider [188], Nybom [281], Hannig [151] und Stegemann [413,414].

1953 zeigten Biserte und Mitarb. [32], daß Aminosäure-Gemische (bei pH = 3,0; 400 V; 5 Stdn.) papierionophoretisch vorgetrennt werden können. Die Vortrennung erlaubt bereits die Zuordnung von *CySO₃H*, *Asp*, *Glu*, *β-Aib*, *β-Ala*, *γ-Abut* und *Aad* [33, 338, 339]. Die basischen und die neutralen Aminosäuren bilden hierbei je eine Gruppe; ihre Trennung erfolgt elektrophoretisch oder chromatographisch [32, 33, 338]. Später versuchten Montant und Tourze-Poulet [257] diese Technik auf 3—4 mm dicke Cellulose-Schichten zu übertragen (250 V; 8 mA; 14 Stdn.) und erreichten eine ähnliche Vortrennung wie Biserte und Mitarb. Die Methode eignet sich zur präparativen Aminosäuretrennung; sie konnte sich jedoch, wohl wegen der langen Laufzeit und wegen der Schwierigkeit der Schichtbereitung, nicht verbreiten.

1962 berichtete HONEGGER [163] über die erfolgreiche elektrochromatographische Trennung von einigen Aminosäuren und Aminen. Der Schweizer Autor benutzte Kieselgel-G/Citrat-Schichten und arbeitete nach den Angaben in der *Tabelle 23* (Nr. I; erste Dimension: Elektrophorese) (vgl. dazu auch STEGEMANN [413, 414], S. 209, und Nr. IV in *Tab. 23*).

Tabelle 23. Elektrochromatographie von Aminosäuren.

Nr.	Elektrophorese Puffer	Elektrophorese Bedingungen	Chromatographie	Autor	Anmerkungen
I.	2 N Essigsäure/0,6 N Ameisensäure 1 : 1 (pH = 2)	460 V; 12,6 mA 160% Feuchtigkeit; 1 Std.	Butanol/Eisessig/Wasser 4:1:1	HONEGGER [163]	Kieselgel wird mit 0,1-M-Citratpuffer (pH = 3,8) bereitet (0,25 mm)
II.	0,7proz. (v/v) Ameisensäure	400 V; 15 Min.	Butanol/Ameisensäure/Wasser 4 : 1 : 2 Propanol/Pyridin/Wasser 5 : 1 : 2 Methyläthylketon/Ameisensäure/Wasser 24 : 1 : 6	NYBOM [281]	MN-300-Cellulose (0,35 mm)
III.	25 ml Ameisensäure + 78 ml Essigsäure + Wasser ad 1 l	400 V; 1 Std. 90—200% Feuchtigkeit	Chloroform/Methanol/17proz. Ammoniak 2:2:1	HANNIG [151]	Cellulose oder Kieselgel-Schichten
IV.	240 ml Eisessig + 60 ml Pyridin + Wasser ad 5 l (pH = 3,9)	1200 V/20 cm; 25 Min.	Butanol/Eisessig/Wasser 4 : 1 : 1	STEGEMANN und LERCH [414]	30 g Kieselgel H oder 15 g MN-300-Cellulose + 80 ml Puffer¹)

¹) Pyridin/Eisessig/Wasser 20 : 9,5 : 970

PATUSKA [314] verwendete ebenfalls Kieselgel-G-Schichten (Aufschlämmung mit 3proz. Boraxlösung) und führte die Trennung bei pH = 2 (2 Stdn.; 10 V/cm) durch. Unter diesen Bedingungen wanderten alle untersuchten Aminosäuren zur Kathode! KAPLAN und SCHNEIDER [188] führten die Ionophorese auf MN-300-Cellulose-Schichten bei pH = 1,9 (2 Stdn.; 500 V; 10 mA) durch und trennten Alanin und Asparagin.

NYBOM [281] kombinierte die Elektrophorese (1. Dimension) mit der Chromatographie (2. Dimension) und fand bei einer Anzahl von Aminosäuren eine befriedigende Trennung. *Tabelle 24* enthält Angaben über die ionophoretische und über die chromatographische Wanderungsgeschwindigkeiten von 21 Aminosäuren.

Tabelle 24. Ionophoretische Wanderungsgeschwindigkeit und *Rf*-Werte von Aminosäuren auf MN-300-Cellulose-Schichten [281] (s. Text S. 47). Aus: NYBOM [281]

Aminosäure	U_{Prolin} [1]	Rf_A [2]	Rf_B [3]	Rf_C [4]
Tryptophan	84	62	48	56
Oxyprolin	86	40	24	14
Asparaginsäure	93	37	18	19
Tyrosin	94	57	46	51
Prolin	100	51	33	26
Phenylalanin	100	66	58	55
Glutamin	103	34	14	12
Asparagin	105	27	11	09
Glutaminsäure	105	43	23	25
Methionin	107	60	51	50
Threonin	113	42	26	22
Serin	115	35	18	13
Leucin	115	70	64	57
Valin	120	60	48	46
Alanin	132	47	28	27
Glycin	145	37	16	16
Arginin	197	33	00	07
Histidin	203	27	06	04
Lysin	209	29	00	04
γ-Aminobuttersäure	216	54	22	37
β-Alanin	222	48	20	30

[1]) Ionophoretische Wanderungsgeschwindigkeit bezogen auf Prolin; vgl. *Tabelle 23* Nr. II.
[2]) Butanol/Eisessig/Wasser 4 : 1 : 2; MN-300-Cellulose.
[3]) Propanol/Pyridin/Wasser 5 : 1 : 2; MN-300-Cellulose.
[4]) Methyläthylketon/Ameisensäure/Wasser 24 : 1 : 6; MN-300-Cellulose.

Die Methode konnte zum Nachweis von Aminosäuren in Proteinhydrolysaten (S. 139) und in biologischem Material (S. 208) verwendet werden.

Abbildung 65 zeigt die elektrochromatographische Trennung von 14 Aminosäuren nach HANNIG [151].

Die Ionophorese erfolgt in der ersten, die Chromatographie in der zweiten Dimension. Die genauen Versuchsbedingungen sind in *Tabelle 23* (Nr. III) angegeben. Besonders bemerkenswert ist, daß die basischen Aminosäuren *(Arg, His, Lys)* sowie *Ser* und *Gly* sehr gut getrennt werden. Die Trenngüte der schnellwandernden

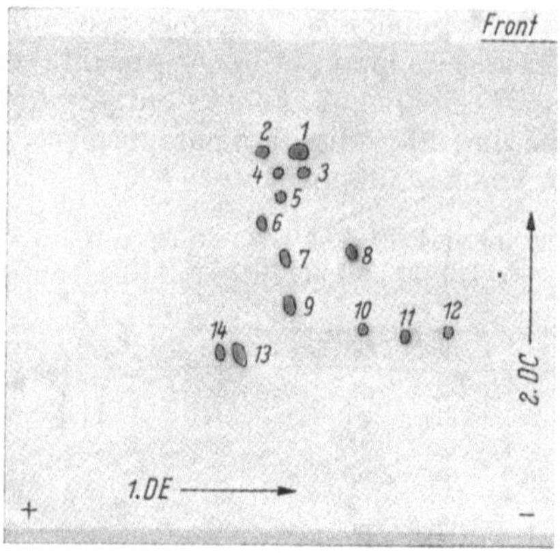

Abbildung 65
Elektro-Chromatographische Trennung der Aminosäuren nach HANNIG [151]. Erste Dimension: Elektrophorese (DE; Nr. III in der *Tabelle 23*); zweite Dimension (nach vollständigem Trocknen: alle Spuren der Säure müssen entfernt werden): Chromatographie (Nr. III in *Tab. 23*). 1 = Leu + Ile, 2 = Met, 3 = Val, 4 = Tyr, 5 = Thr, 6 = His, 7 = Pro, 8 = Ala, 9 = Ser, 10 = Gly, 11 = Glu, 12 = Asp, 13 = Lys, 14 = Arg. (DESAGA, GMBH, Heidelberg)

Aminosäuren läßt sich nicht beurteilen, weil *Phe* nicht untersucht wurde. Als stationäre Phase kann man sowohl Kieselgel als auch Cellulose verwenden.

E. Nachweis der Aminosäuren

Zum Nachweis der Aminosäuren wird in der Dünnschichtchromatographie allgemein die Ninhydrin-Reaktion verwendet. Eine sichere Identifizierung ist allerdings nicht möglich, weil viele andere Verbindungen ebenfalls mit Ninhydrin reagieren. Diese „fälschlicherweise ninhydrin-positiven“ Verbindungen — darunter auch manche „non nitrogenous“ Stoffe [317, 364, 451, 452] — können zu Fehlinterpretationen führen. Die Sicherheit der chromatographischen Charakterisierung wird stark erhöht, wenn zusätzlich einige spezifische Farbreaktionen durchgeführt werden (zum spezifischen Nachweis von Hydroxyprolin: STEGEMANN [413a]; die Empfindlichkeit beträgt 10 ng nach 24 Stdn.).

1. Die Ninhydrin-Reaktion

Die Reaktion von Aminosäuren und Peptiden mit *Triketohydrandenhydrat* ist schon seit über fünfzig Jahren bekannt. Der Verlauf dieses Prozesses ist noch nicht völlig geklärt; über den Mechanismus der Reaktion orientiere man sich bei CALDIN [59].

a) Kieselgel-Schichten

Die Revelation der Aminosäuren auf Kieselgel-Platten wird nach BRENNER und Mitarb. [46] wie folgt durchgeführt: Die sorgfältig getrocknete Schicht wird mit der Ninhydrin-Lösung besprüht (0,3 g Ninhydrin + 100 ml Butanol + 3 ml Eisessig). Man hält nun die Platte über eine Heizfläche, bis die Farbentwicklung eben einsetzt [42]. Im durchscheinenden Licht erkennt man, wie sich die Farbflecken allmählich vertiefen. Einige Aminosäuren kommen so fast punktförmig zum Vorschein und werden sofort mit einem spitzen Bleistift markiert. Auf diese Weise ist es oft möglich, in Flecken, die nachher zusammenfließen, die einzelnen Komponenten zu erkennen [42]. Die Aminosäuren unterscheiden sich auch in der Geschwindigkeit, mit welcher sie die Farbe bilden. Anschließend erhitzt man die Platte 30 Min. auf 60 °C oder 10 Min. auf 110 °C.

Nach OPIENSKA-BLAUTH [289] werden die bei Zimmertemperatur gebildeten Flecken markiert, und man erhitzt die Platte auf 60 °C. Die Identifizierung vieler Aminosäuren gelingt bereits in der „Kälte"; einige weniger empfindliche Verbindungen kommen erst nach Erwärmen zum Vorschein.

Für quantitative Aminosäure-Bestimmungen (S. 72) eignet sich besonders die Arbeitsweise von BARROLLIER [11, 13, 15]: Man besprüht die *waagrecht* liegende Platte mit der Reagenslösung (100 mg Cadmiumacetat + 10 ml Wasser + 5 ml Eisessig + 100 ml Aceton + 1 g Ninhydrin). Die Schicht muß völlig durchfeuchtet werden, sie soll jedoch nicht „schwimmen". Für eine 20×20-cm-Platte braucht man etwa 50 ml Sprühlösung. Die Farbentwicklung erfolgt bei Zimmertemperatur (etwa 24 Stdn.) unter Lichtausschluß.

Tabelle 25 enthält Angaben über die Nachweisempfindlichkeit der Aminosäuren.

Tabelle 25. Nachweis von Aminosäuren auf Dünnschichtchromatogrammen (Nachweisempfindlichkeit und Farben)

Aminosäure	Ninhydrin-Reaktion Kieselgel[1]) µg	Ninhydrin-Reaktion Cellulose[2]) µg	Chlor/ Tolidin-Reaktion[3])	Isatin Reaktion[4])	Moffatt-Lytle-Reaktion[5])
Alanin	0,05	0,05	—	violett	rosa
β-Alanin	0,06	0,05	+	lila	violett
α-Aminobuttersäure	0,04	0,05	(+)	lila	rosarot
α-Aminoisobuttersäure	—	0,05	(+)	gelb	—
β-Aminobuttersäure	—	0,05	+	gelb	—
β-Aminoisobuttersäure	—	0,05	+	lila	dunkelgelb
γ-Aminobuttersäure	—	0,2	+	lila	gelblich-rosa
ε-Aminocapronsäure	—	1,0	+	rosa	—
Arginin	0,06	0,2	+	violett	rosa
Asparagin	—	2,0	+	rosa	bräunl.-orange
Asparaginsäure	0,2	0,05	(+)	violett	grau
Citrullin	—	0,1	+	rosa	rosa

Aminosäure	Ninhydrin-Reaktion Kieselgel[1]) µg	Cellulose[2]) µg	Chlor/Tolidin-Reaktion[3])	Isatin-Reaktion[4])	Moffatt-Lytle-Reaktion[5])
Cysteinsäure	0,1	0,05	(+)	gelb	rötlich-grau
Cystein	—	—			rötlich-grau
Cystin	—	1,0	(gelb)	rosa	rötlich-grau
α-γ-Diaminobuttersäure	—	2,0	+	rosa	—
α-α-Diaminopimelinsäure	—	2,0	(grau)	rot	—
Dihydroxyphenylalanin	—	10,0	(gelb)	lila	—
Dijodtyrosin	—	5,0	+	lila	—
Glutamin	—	0,5	(+)	rosa	gelblich-rosa
Glutaminsäure	0,4	0,05	—	lila	rosa
Glycin	0,006	0,05	+	rosa	orange
Histidin	0,5	0,3	(grau)	lila	purpur
Hydroxyglutaminsäure	—	0,05	(+)	rosa	—
Hydroxylysin	—	0,5	+	lila	—
Hydroxyprolin	0,1	1,0	(+)	blau	gelblich-grau
β-Hydroxy-Valin	—	0,5	(+)	rosa	—
Isoleucin	0,2	0,1	(+)	rosa	rosa
allo-Isoleucin	—	0,1	(+)	rosa	—
Kreatin	—	—	(+)	gelb	—
Kreatinin	—	—	+	gelb	—
Kynurenin	—	0,5	(gelb)	rosa	—
Lanthionin	—	1,0	(rosa)	orange	—
Leucin	0,2	0,5	—	rosa	rosa
Lysin	0,03	0,5	+	rot	gelblich-rot
Methionin	0,4	0,5	—	rosa	hellorange
Methioninsulphon	0,2	0,2	(braun)	rosa	grau
Methioninsulfoxyd	—	0,2	(braun)	rosa	—
Norleucin	—	0,5	—	lila	—
Norvalin	—	0,05	(+)	rot	—
Ornithin	—	0,2	+	rot	dunkelrosa
Phenylalanin	0,2	0,2	(gelb)	lila	orange-braun
α-Phenylglycin	—	5,0	(braun)	gelb	—
Prolin	0,5	0,5	(+)	blau	gelb
Sarcosin	—	0,1	+	gelb	—
Serin	0,1	0,2	gelb	orange	gelblich-rot
Taurin	—	0,2	+	gelb	grau
Threonin	0,1	0,5	(+)	rosa	gelblich-rot
allo-Threonin	—	0,5	(+)	rosa	—
Thyronin	—	2,0	—	braun	—
Thyroxin	—	2,0	(+)	gelb	—
Tryptophan	0,5	0,5	(braun)	lila	blau
Tyrosin	0,1	0,5	(rosa)	rot	gelblich-rot
Valin	0,2	0,05	(+)	rosa	rosa

[1]) Nach Fahmy und Mitarb. [109] (vgl. *Abb. 61a* und S. 105).
[2]) Nach von Arx und Neher [5] (vgl. *Abb. 98* und S. 107). Kreatinin und Kreatin reagieren nicht mit Ninhydrin.
[3]) Nach von Arx und Neher [5]: + = blauschwarze Färbung; (+) = schwache Reaktion. Angaben für je 0,5—5 µg Aminosäure (s. Text S. 125).
[4]) Nach von Arx und Neher [5]; Angaben für je 0,5—5 µg Aminosäure (s. Text S. 108).
[5]) Farben der Aminosäuren auf Chromatogrammen nach *Abbildung 61*: zusammengestellt nach Rokkones [346] und nach eigenen Erfahrungen [306].

b) Cellulose-Schichten

Nach VON ARX und NEHER [5] wird die Schicht 20 Min. bei 90 °C getrocknet und mit der Reagenslösung besprüht (1 g Ninhydrin + 700 ml abs. Äthanol + 29 ml 2,4,6-Collidin + 210 ml Eisessig). Man trocknet nun bei 90 °C, bis Flecken sichtbar werden, welche zur Erleichterung der Auswertung sofort markiert werden müssen. Nach einigen Stdn. bei Zimmertemperatur werden die Farben intensiver und fließen evtl. zusammen. In *Tabelle 25* sind die Nachweisgrenzen von Aminosäuren aufgeführt.

c) Polychromatische Revelation

Zur polychromatischen Anfärbung von Aminosäuren eignet sich das MOFFAT-LYTLE [254]-Reagens: Die Platten werden 10 Min. auf 110 °C erhitzt und mit dem Farbreagens besprüht.
Lösung I: 50 ml 0,2proz. Ninhydrin-Lösung in abs. Äthanol + 10 ml Eisessig + 2 ml 2,4,6-Collidin.
Lösung II: 1 proz. $Cu(NO_3)_2 \cdot 3H_2O$-Lösung in abs. Äthanol.
Lösung I und II werden kurz vor Gebrauch im Verhältnis 50 : 3 gemischt. Nachbehandlung siehe unter a).
Viele Aminosäuren zeigen charakteristische Farben, die in *Tabelle 25* angegeben sind.

2. Zerstörungsfreie Revelation

Wie bereits erwähnt, ist die Ninhydrin-Reaktion kein spezifisches Nachweisverfahren für Aminosäuren. Es ist deshalb, bei der Untersuchung von komplexen Gemischen, oft erwünscht, die Identität der Flecken nach Elution durch Rechromatographie zu sichern. Gegebenenfalls kann die Struktur der eluierten Substanzen durch physikalische Methoden (z. B. Spektren) gesichert werden.
Zur zerstörungsfreien Revelation von Aminosäuren eignet sich nach PATAKI [300] 2,4-Dinitrofluorbenzol (DNFB). Bei dieser Anfärbung entstehen gelbgefärbte *Dinitrophenyl* (DNP)-Aminosäuren (S. 147), die sowohl im Tageslicht als auch in langwelligem UV-Licht sichtbar sind. Es ist noch nicht geklärt, welche Derivate von Histidin, von Tyrosin oder von Lysin usw. gebildet werden. Man kann die DNP-Aminosäuren eluieren; sie werden dann in einem geeigneten Fließmittel (S. 152) rechromatographiert. Für die Aufnahmen von Spektren isoliert man größere Substanzmengen mit Hilfe der präparativen Dünnschichtchromatographie (S. 34ff.). In diesem Zusammenhang sei auf die Arbeit von CHERBULIEZ [17]

hingewiesen, wonach die IR-Spektren von μM-Mengen aufgenommen werden können.

Die getrocknete Platte wird mit einer Pufferlösung (8,4 g $NaHCO_3$ + Wasser + 2,5 ml 1 N NaOH + Wasser ad 100 ml) und mit einer 10proz. (g/v) methanolischen DNFB-Lösung besprüht. Die Schicht wird an den beiden Plattenrändern in einer Breite von je 5 mm abgestreift. Auf die blanken Ränder legt man zwei Polyäthylenstreifen passender Breite, bedeckt die Schicht mit einer zweiten Glasplatte und erwärmt im Dunkeln 1 Std. auf 40 °C. Die Trägerplatte wird abgekühlt und in ein Ätherbad gelegt. Nach 10 Min. trocknet man kurz und zeichnet die Flecken sofort an (UV-Licht: 360 mμ). Die Markierung der Flecken muß rasch erfolgen, weil die Schicht mit der Zeit eine gelbe Farbe annimmt und die Flecken verschwinden. Es lassen sich etwa 10^{-2}—10^{-3} μM Aminosäure nachweisen.

3. *Andere Farbreaktionen*

a) Chlor/Tolidin-Reaktion

Die *Chlor/Tolidin*-Reaktion spricht vor allem an die NH-CO-Gruppen an. Ihre Ausführung wird auf Seite 125 beschrieben. *Tabelle 25* enthält einige Angaben über die Anfärbung von Aminosäuren nach dieser Methode; es ist indessen zu bemerken, daß die erforderlichen Konzentrationen relativ groß sind.

b) Isatin-Reaktion

Bei der *Isatin*-Reaktion [14] entstehen für manche Aminosäuren mehr differenzierte Farben als bei der Ninhydrin-Reaktion.

Sprühlösung I: 1 g Isatin + 1,5 g Zinkacetat + 1 ml Eisessig + 95 ml Isopropylalkohol + 5 ml Wasser.

Sprühlösung II: 1 g Isatin + 1,5 g Zinkacetat + 1 ml Pyridin + 100 ml Isopropylalkohol.

Man besprüht die Platte entweder mit Lösung I oder mit Lösung II. Nach von Arx und Neher [5] wird die stark besprühte Schicht 20 Stdn. bei 20 °C getrocknet. Über die Farben der einzelnen Aminosäuren orientiert *Tabelle 25* [5].

c) Paulys Reagens

Histidin, Tyrosin, Thyroxin und Dihydroxyphenylalanin geben gelbe bis rötliche Farbe; Dijodtyrosin und Kreatin reagieren nur schwach [5].

Lösung I: 0,4 M Natriumsulfanilat in Wasser.

Lösung II: 0,4 M Natriumnitrit in Wasser.

Vor Gebrauch mischt man 1 Vol. Lösung I + 1 Vol. Lösung II + 8 Vol. 0,25 N HCl + 10 Vol. 2 N Sodalösung.

d) Folin-Reagens

0,2 g β-Naphtochinon-4-sulfonsäure-Natrium + 100 ml 5proz. Natriumcarbonatlösung werden nach Mischen 10 Min. stehen gelassen. Man besprüht nun die getrocknete Platte gleichmäßig mit dem Reagens. Es soll nicht zu stark besprüht werden, da sich sonst die Cellulose leicht gelb färbt. Eine schnelle Identifizierung der einzelnen Aminosäuren wird durch die charakteristische Färbung (Müting [268]) erreicht: Die Aminosäuren geben hellblau über graugrün bis rosarot gefärbte Flecken auf weißem Untergrund; die Nachweisgrenze liegt bei etwa 0,5—1 μg [170].

e) Nitroprussid-Natrium/Kaliumferricyanid-Reagens

Je ein Volumen 10proz. Nitroprussid-Natrium und 10proz. Kaliumferricyanid-Lösung werden mit 3 Vol. dest. Wasser vermischt. Man läßt die Lösung 30 Min. stehen und besprüht dann die Schicht [5]. Rote Färbung geben z. B. Arginin, Kreatin und Kreatinin.

f) Sakaguchi-Reaktion

Diese Reaktion ist für die Guanido-Gruppe spezifisch: Arginin und Homoarginin färben sich rosarot [54].
Man besprüht das Chromatogramm mit dem Gemisch einer 16proz. Harnstofflösung und einer 0,2proz. äthanolischen α-Naphtol-Lösung (5 : 1). Die Schicht wird bei etwa 40 °C getrocknet und anschließend mit einer Lösung von 3,3 ml Brom in 500 ml 5proz. Natronlauge besprüht.

F. Dünnschichtchromatographie von Jodaminosäuren

1. Fließmittel und Trenneffekte

Zur Chromatographie der Jodaminosäuren *(Tab. 26)* eignen sich Kieselgel- [247, 366, 412], Cellulose- [162, 315] und Dowex- [26] -Schichten. Schneider und Schneider [366] verwenden für die Trennung von Monojodtyrosin (MIT), Dijodtyrosin (DIT), Dijodthyronin (T-2), Trijodthyronin (T-3) und Thyroxin (T-4) Kieselgel-G als Träger. Die beste Trennung erreicht man mit Fließmittel Nr. 54 *(Tab. 26)*.

Tabelle 26. Fließmittel[1]) zur Chromatographie von Jodaminosäuren

Nr.	Fließmittel		Autor
54[2])	95proz. Essigsäure/Benzol/Xylol	3 : 1 : 1	SCHNEIDER und
55[2])	Phenol/Aceton/1 N NaOH (Gasphase mit Ammoniak ges.)	2 : 7 : 1	SCHNEIDER [366]
56[3])	Butanol/Dibutyläther/Eisessig/Wasser	7 : 13 : 6 : 14	HOLLINGSWORTH und
57[3])	tert. Butanol/2 N Ammoniak/Chloroform	376 : 70 : 60	Mitarb. [162]
58[4])	t-Amylalkohol/Ammoniak[5])		PATTERSON und CLEMENTS [315]
59[6])	Äthylacetat/Isopropanol/25proz. Ammoniak	55 : 35 : 20	STAHL und PFEIFLE
60[6])	Aceton/Isopropanol/25proz. Ammoniak	2 : 2 : 1	[412]
61[6])	Isopropanol/25proz. Ammoniak	4 : 1	
62[6])	Äthylacetat/Methanol/Diäthylamin	5 : 4 : 2	
63[7])	Phenol/Wasser	75 : 15	MASSOGLAIA und
64[7])	Butanol/Eisessig/Wasser	10 : 1 : 1	ROSE [247]
65[7])	Butanol/Methanol/20proz. Ammoniak	4 : 1 : 1	
32[7])	Vgl. *Tabelle 19*		

[1]) Vgl. auch Fließmittel Nr. 32 in *Tabelle 19*.

[2]) 2,5 g Kieselgel-G + 8 ml Wasser werden auf eine 15×15-cm-Platte aufgebracht. Trocknung bei 105 °C.

[3]) 30 g Cellulosepulver + 140 ml Wasser; Trocknung an der Luft; Platten im Exsiccator aufbewahren.

[4]) 7,5 g MN-300-Cellulose + 20 ml 0,8proz. (g/v) Stärkelösung, nach Homogenisieren + 30 ml Stärkelösung. Schichtdicke: 0,25 mm. Vor Auftragen der Proben: Waschlauf mit dem Fließmittel.

[5]) 5 ml Ammoniak + Methanol ad 100 ml; 20 ml dieser Lösung + 100 ml t-Amylalkohol + 100 ml Wasser. Gut schütteln, Phasen trennen. Mit der wäßrigen Phase wird das in die Trennkammer gestellte Filterpapier getränkt.

[6]) 25 g Kieselgel-HF_{254} (MERCK[31])) + 65 ml Wasser enthaltend 0,5 g Amylum solubile p. a. (MERCK[31]) werden homogenisiert und in einer Dicke von 0,25 mm aufgestrichen. Die Platten werden bei 110 °C 30 Min. getrocknet und über Blaugel aufbewahrt.

[7]) Kieselgel-G; 20 Min. bei 110 °C trocknen.

Die Jodaminosäuren wandern in der Reihenfolge (11,5 cm Laufstrecke; 1 Std. Laufzeit): MIT, DIT, T-2, T-3 und T-4; MIT besitzt einen *Rf*-Wert von etwa 0,25, T-4 einen *Rf*-Wert von etwa 0,46. In diesem chromatographischen System wandern stickstofffreie aromatische Jodsäuren, wie z. B. Dijodoxyphenylbrenztraubensäure, Dijod-, Trijod- und Tetrajodthyreoessigsäure, mit der Fließmittelfront. Jodfreie Aminosäuren zeigen allgemein niedrigere *Rf*-Werte als MIT. Jodid, das keine scharfe Bande aufweist, wandert zwischen MIT und DIT. T-2, T-3 und T-4 können sowohl untereinander als auch von den Jodtyrosinen, mit Fließmittel Nr. 55 getrennt werden ($Rf_{T-2} \sim 0{,}3$; $Rf_{T-3} \sim 0{,}4$; $Rf_{T-4} \sim 0{,}45$). Jodid läuft als scharf begrenzte Zone: $Rf = 0{,}55$. Die Laufzeit beträgt etwa 60—70 Min. STAHL und PFEIFLE [412] bzw. MASSOGLIA und ROSA [247] bestimmten die *Rf*-Werte einiger Jodaminosäuren auf Kieselgel *(Tab. 26)*-Schichten *(Tab. 27)*.

Tabelle 27. *Rf*-Werte[1]) von Jodaminosäuren

Substanz	Abkürzung	*hRf* in Fließmittel Nr.							
		59[2])	60[2])	61[2])	62[2])	63[3])	64[3])	65[3])	32[3])
Monojodtyrosin	MIT	07 (10)	20	23	08	52	41	54	64
Dijodtyrosin	DIT	07	20	23	08	77	56	45	75
Dijodthyronin	T—2	31	42	38	13	—	—	—	—
Trijodthyronin	T—3	30	39	33	17	—	—	—	—
Thyroxin	T—4	22	35	30	12	—	—	—	—
Tyrosin	TYR	—	—	—	—	40	23	26	36
Jodid	—	33	48	47	40	14	70	27	28

[1]) Man beachte, daß die *Rf*-Werte von vielen Faktoren abhängig sind (s. Text S. 47); sie sind deshalb als Richtwerte zu betrachten.

[2]) *Rf*-Werte auf Kieselgel-HF_{254}/Stärke-Schichten (vgl. *Tab. 26*) nach STAHL und PFEIFLE [412]. Laufstrecke: 15 cm.

[3]) *Rf*-Werte auf Kieselgel-G-Schichten (vgl. *Tab. 26*) nach MASSOGLIA und ROSA [247].

HOLLINGSWORTH und Mitarb. [162] bevorzugen Cellulose-Schichten und die Fließmittel Nr. 56 und 57. *Abbildung 66* zeigt die Trennung der Jodaminosäuren+Tyrosin. T-3 und T-2 können hierbei nicht getrennt werden; zu ihrer Trennung vgl. STAHL und PFEIFFLE

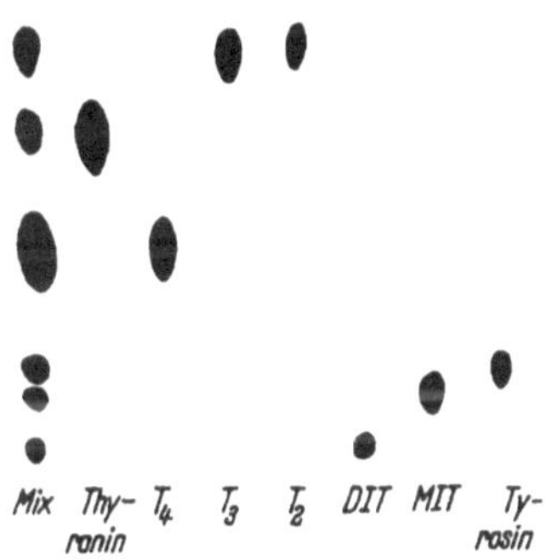

Abbildung 66

Trennung der Jodaminosäuren auf Cellulose-Schichten mit Fließmittel Nr. 57 [162]. Aus: HOLLINGSWORTH und Mitarb. [162]

(Tab. 27). Nach PATTERSON und CLEMENTS [315] eignen sich ebenfalls Cellulose-Schichten und das Fließmittel Nr. 58 zur Trennung einiger Jodaminosäuren. Die Reihenfolge ist: DIT (Start), Jodid ($R_{T-2} \sim 0{,}33$), T-4 ($R_{T-2} \sim 0{,}54$), T-3 ($R_{T-2} \sim 0{,}83$) und T-2.

Berger und Mitarb. [26] haben gezeigt, daß MIT, DIT und T-4 auf Dowex-$1 \times 2(OH^-)$-Schichten getrennt werden können. Untersucht man jedoch die mit ^{131}J-markierten Verbindungen in Gegenwart von ^{131}J, so kann man feststellen, daß T-4 und ^{131}J gemeinsam am Startpunkt sitzen. Dies hat nun zur Folge, daß die Aktivitätsmessung von ^{131}J-T-4 durch 131j gestört wird. Diese unangenehme Erscheinung veranlaßte die französische Gruppe, prinzipiell neue Wege in der Dünnschichtchromatographie zu beschreiten: Es sollen auf einer Platte mehrere Schichten nebeneinander vorliegen. Die erste Schicht soll nun diejenigen Bestandteile einer Mischung zurückhalten, welche auf der zweiten Schicht von den anderen Komponenten nicht abgetrennt werden. Berger und Mitarb. [26] verwenden eine Modifizierung des auf S. 3 beschriebenen Stahlschen Streichgerätes zur Bereitung von Mehrfachschichten; auch die teilweise Imprägnierung einer Schicht, wie Honegger [167] durchführt, dürfte sich hierzu eignen. Eine Weiterentwicklung der Bergerschen Arbeitsweise stellt die Gradient-Technik nach Stahl [404] dar (S. 32).
Im vorliegenden Fall konnte ^{131}J auf einer AgCl-Schicht von T-4 abgetrennt werden.

2. Revelation der Jodaminosäuren

Die Jodaminosäuren können mit dem Ninhydrin-Reagens (S. 104) sichtbar gemacht werden. Es ist indessen zu bemerken, daß die erforderlichen Substanzmengen, verglichen mit den Jodfreien-Aminosäuren, relativ groß sind. Chromatogramme von radioaktiv markierten Derivaten können durch Messung der Aktivität (S. 43) oder durch Autoradiographie (S. 41) ausgewertet werden. Alle diese Nachweisverfahren sind jedoch unspezifisch. Man wird in der Regel mehrere Methoden kombinieren, welche auf Stickstoff bzw. auf Jod ansprechen.
Patterson und Clements [315] haben gezeigt, daß Jodaminosäuren auf stärkehaltigen Cellulose-Schichten mit Eisen(III)-Chlorid-Kaliumhexacyanoferrat(III)-Arsenigesäure nachgewiesen werden können.

Lösung I: 2,7proz. $FeCl_3 \cdot 6H_2O$-Lösung in 2 N HCl.
Lösung II: 3,5proz. (g/v) wäßrige Lösung von reinem $K_3[Fe(CN)_6]$.
Lösung III: Man erwärmt 3,8 g p. a. Arsentrioxid mit 25 ml 2 N NaOH und kühlt die homogene Lösung auf 5 °C ab. Hierzu werden 50 ml 2 N H_2SO_4, die ebenfalls auf 5 °C abgekühlt wurde, zugegeben. Man verdünnt die Lösung schließlich auf 100 ml.

Farbreaktion: Unmittelbar vor Gebrauch mischt man die Lösungen I/II und III im Verhältnis 5 : 5 : 1. Die getrocknete Platte wird mit der Reagenslösung besprüht und nach Entwicklung der Farbe mit Wasser sorgfältig gewaschen.

STAHL und PFEIFLE [412] führen auf Kieselgel-HF_{254}-Stärke[31]) *(Tab. 26)*-Schichten eine photochemische Dejodierung durch; die Jodaminosäuren lassen sich dann an der blauvioletten Jod-Stärke-Reaktion erkennen.

Die Schicht wird bei 100 °C sorgfältig getrocknet und nach Abkühlen auf Zimmertemperatur mit einer 50 proz. Essigsäurelösung übersprüht. Man bestrahlt nun von oben 10 Min. mit vier in Reflektoren angeordneten Sylvania-Lampen (Strahlung bei 2537 Å) aus 5 cm Abstand. Die Substanzen werden als schwach violett bis braune Zonen sichtbar. Die Schicht wird anschließend, bis zur beginnenden Transparenz, mit 10 proz. Essigsäure besprüht. Bei erneuter Bestrahlung tritt die typische blaue Jod/Stärke-Reaktion fast augenblicklich auf. Die Erfassungsgrenze liegt bei etwa 0,5 μg.

II. Peptide und Zwischenprodukte von Peptid-Synthesen

Neue Trennungs- und Nachweisverfahren gewinnen, durch die Strukturaufklärung und Synthese vieler natürlicher Peptide, immer mehr an Bedeutung. Papierchromatographie und Papierelektrophorese sind seit vielen Jahren in peptidchemischen Laboratorien wertvolle Hilfsmittel; ihre Rolle hat in der letzten Zeit zum größten Teil die Dünnschichtchromatographie übernommen.

Die zur Trennung von Aminosäuren verwendeten chromatographischen Systeme können in der Regel auch zur Chromatographie von Peptiden benutzt werden. Bei hochmolekularen Verbindungen und auch bei geschützten Di-, Tri- und Oligopeptiden ist es oft erforderlich, das chromatographische System zu verändern. In solchen Fällen wird man zunächst das Fließmittel variieren: Zur Ermittlung des optimalen Fließmittels eignet sich besonders die polyzonale Technik (S. 29). In der Papierchromatographie war man in der Wahl der stationären Phase mehr oder weniger festgelegt. In der Dünnschichtchromatographie läßt sich nun auch die stationäre Phase beliebig verändern: Die geeignete stationäre Phase kann man am besten mit Hilfe der Gradienten-Chromatographie (S. 32) finden.

A. Dünnschichtchromatographie von Peptiden

BRENNER und PATAKI [49] chromatographierten isomere Dipeptide und Dipeptidamide [295] auf Kieselgel-G-Schichten. Wie *Tabelle 28* zeigt, sind von zehn untersuchten Verbindungspaaren deren zwei in beiden und deren fünf nur in einem der beiden Fließmittel trennbar. In zwei Fällen ergibt das eine, in drei Fällen das andere Fließmittel keine Trennung. In vier Fällen versagen beide Fließmittel.

Mit der Trennung diastereomerer Peptide beschäftigten sich WIELAND und BENDE [438] sowie PRAVDA, PODUSKA und BLAHA [326]. In *Tabelle 29* sind die gefundenen *Rf*-Werte angegeben.

Tabelle 28. *hRf*-Werte[1]) von isomeren Dipeptiden auf Kieselgel-G-Schichten[2]) [49, 295] (s. Text S. 77).
Aus: Brenner und Pataki [49] und Pataki [295]

Dipeptidpaar	*hRf* im Fließmittel A[3])	B[4])
H.Ala-Gly.OH/H.Gly-Ala.OH	15-16	15-14
H.Gly-Hypro.OH/H.Hypro-Gly.OH	08/13	12-13
H.Gly-Leu.OH/H.Leu-Gly.OH	37-35	27/33
H.Ala-Leu.OH/H.Leu-Ala.OH	45/37	30-31
H.Gly-Phe.OH/H.Phe-Gly.OH	36-38	32/37
H.Gly-Pro.OH/H.Pro-Gly.OH......	08-09	08-07
H.Gly-Ser.OH/H.Ser-Gly.OH	12-14	12-14
H.Phe-Ala.OH/H.Ala-Phe.OH	48-45	42-40
H.Gly-Val.OH/H.Val-Gly.OH	32/27	22-24
H.Gly-Leu.NH_2/H.Leu-Gly.NH_2 ...	53/59[5])	25/33

[1]) Durch einen Bindestrich verbundene *Rf*-Werte sind zwar im Parallelversuch unterscheidbar, ihre Differenz gestattet aber keine Trennung. Zur Schreibweise der Peptide vgl. [189].
[2]) Als Fließmittel eignen sich ferner: Fließmittel Nr. 6, 10 und 11 (*Tabelle 12*). Nach unseren Erfahrungen [295] an etwa 100 Peptiden ist das chromatographische Verhalten bis zu den Nonapeptiden im allgemeinen einwandfrei.
[3]) Butanol/Eisessig/Wasser 4 : 1 : 1.
[4]) Propanol/Wasser 7 : 3.
[5]) Phenol/Wasser 4 : 1 g/g.

Tabelle 29. *hRf*-Werte von Diastereomeren-Peptiden[1])

Peptid	*hRf* im Fließmittel C[2])	D[3])	E[4])	F[5])	G[6])	H[7]
L-Met-L-Ala........	47	41				
D-Met-L-Ala	34	37				
L-Ala-L-Phe........	48	38				
D-Ala-L-Phe	33	28				
L-Ala-L-Tyr	55	44				
D-Ala-L-Tyr	39	35				
L-Val-L-Tyr	70	53				
D-Val-L-Tyr	52	42				
Z-L-Phe-L-Leu'OMe .	—	—	80	87	95	82
Z-D-Phe-L-Leu-OMe	—	—	83	82	100	78
Z-L-Phe-L-Leu'OH .	—	—	82	74	80	75
Z-D-Phe-L-Leu-OH .	—	—	80	77	77	70
H-L-Phe-L-Leu-OH .	—	—	63	69	52	45
H-D-Phe-L-Leu-OH	—	—	52	61	38	35

[1]) Zur Schreibweise der Peptide vgl. [189] und Tabelle 14; Z = Carbobenzoxy.
[2]) MN-300-Cellulose: 20—40 g/cm²; luftgetrocknet oder bei 110°C getrocknet. Fließmittel: Pyridin/Wasser (79 : 18 g/g). LL und DD bzw. DL und LD wandern gemeinsam [438].
[3]) Kieselgel-G; Metanol/Wasser 99 : 1 [438]. (Schichtbereitung: S. 77).
[4]) Kieselgel-G; Butanol/Eisessig/Wasser 4 : 1 : 1 [326]. (Schichbereitung: S. 77).
[5]) Kieselgel-G; Butanol/Eisessig/Pyridin /Wasser 15 : 10 : 3 : 2 [326]. (Schichtbereitung: S. 77).
[6]) Kieselgel-G; Phenol/Wasser 3 : 1 [326]. (Schichtbereitung: S. 77).
[7]) Kieselgel-G; Isopropanol/Wasser 5 : 1 [326]. (Schichtbereitung: S. 77).

Nach WIELAND [438] lassen sich alle untersuchten diastereomeren Peptide — untereinander — auf Cellulose- oder auf Kieselgel-Schichten trennen. Das Diastereomere mit zwei gleichkonfigurierten Zentren (LL oder DD) zeigte hierbei stets den größeren *Rf*-Wert. PRAVDA und Mitarb. [326] konnten zwei diastereomere Peptide auf Kieselgel-Schichten ohne Schwierigkeit auftrennen; die Carbobenzoxy-Derivate von zwei diastereomeren Peptidpaaren zeigten kleinere *Rf*-Unterschiede *(Tab. 29)*. Es sei schließlich erwähnt, daß RINIKER [340] zwei *Hexa-* bzw. zwei *Oktapeptide,* in denen nur *eine* Aminosäure *(Tyrosin)* in ihrer Konfiguration unterscheidet, dünnschichtchromatographisch differenzieren konnte *(Tab. 33)*.

Auf Grund von *Rf*-Wert-Unterschieden dürften die meisten in *Tabelle 29* angegebenen Stereoisomere durch präparative Dünnschichtchromatographie getrennt werden können. Eine Übertragung der dünnschichtchromatographischen Trennung auf Silicagel-Säule scheiterte: Es scheint, daß in Gegenwart von Silicagel Methanol teilweise veresternd einwirkt und daß sich aus den Dipeptidestern an der aktiven Oberfläche Diketopiperazine und größere Moleküle bilden (WIELAND [438]). Zur präparativen Trennung der in *Tabelle 29* aufgeführten Stereoisomeren (Kolonnen C und D) eignet sich die Sephadex-Säulenchromatographie [438].

Sephadex G-50[36]) wird mit Pyridin/Wasser (1 Mol : 1 Mol) gequollen und in eine 100×1,5-cm-Säule gefüllt (Füllgewicht: 27,5 g; Füllvolumen: 185 cm³). Die Äquilibrierung der Säule wird unterbrochen, wenn der Brechungsindex des austretenden Eluats mit dem des Elutionsmittels übereinstimmt. Die Trennung sei am folgenden Beispiel erläutert [438]: Je 100 mg D- und L-Ala-L-Tyr werden gemeinsam in 1 cm³ Wasser warm gelöst und auf die Säule aufgebracht. Bei einer Elutionsgeschwindigkeit von 13,5 ml/h mit dem erwähnten Pyridin/Wasser-Gemisch werden nach einem Vorlauf von 235 cm³ 15 Fraktionen à 11 cm³ aufgefangen. Bei Beladungen bis 200 mg konnte vollständige, bis 500 mg weitgehende und bis 1000 mg noch überwiegende Trennung beobachtet werden [438].

Über die Trennung orientiert *Abbildung 67*: Die Fraktionen 1 bis 7 enthielten nur L-Ala-L-Tyr, in den Fraktionen 8 bis 15 befindet sich D-Ala-L-Tyr (Ausbeute für L-Ala-L-Tyr: 98%; für D-Ala-L-Tyr: 95%).

[36]) A. B. PHARMACIA, Uppsala, Schweden.

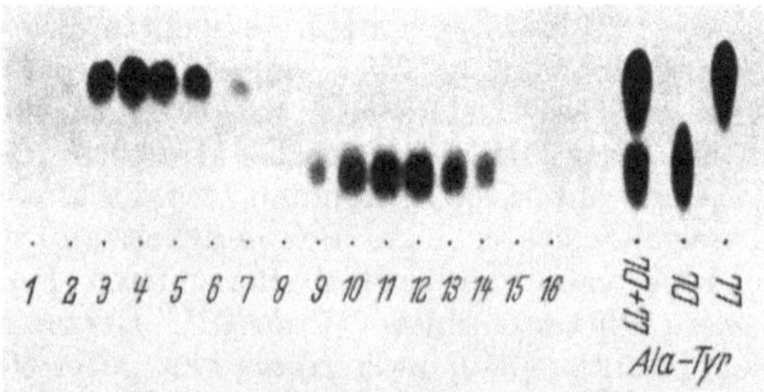

Abbildung 67. Dünnschichtchromatographische Kontrolle der Trennung von LL- und DL-Ala-Tyr auf Sephadex-G-50-Säule (s. Text S. 117). Aus: WIELAND und BENDE [438]

RINIKER und SCHWYZER synthetisierten einige Analoge des Hypertensins [341], u. a. α-L-Asp^1-Val^5-Hypertensin II *(A)*; β-L-Asp^1-Val^5-Hypertensin II *(B)*; α-D-Asp^1-Val^5-Hypertensin II *(C)* und β-D-Asp^1-Val^5-Hypertensin II *(D)*. *A* und *B* einerseits sowie *C* und *D* anderseits konnten mit keinem für die Papierchromatographie verwendeten chromatographischen System getrennt werden. Wie *Tabelle 30* zeigt, lassen sich *A* und *B* bzw. *C* und *D* auf Aluminiumoxid-Schichten leicht trennen. Diese Differenzierung konnte in der Folge auf die präparative Säule übertragen werden.

Tabelle 30. *Rf*-Werte von α-Asp- und von β-Asp-Peptiden auf Aluminiumoxid-D5[1])-Schichten [341][4]). Aus: RINIKER und SCHWYZER [341]

Peptid	*hRf* im Fließmittel	
	J[2])	K[3])
α-L-Asp^1-Val^5-Hypertensin II	34,5	39,5
β-L-Asp^1-Val^5-Hypertensin II	22,0	11,0
α-D-Asp^1-Val^5-Hypertensin II	37,0	41,7
β-D-Asp^1-Val^5-Hypertensin II	23,4	13,5
α-L-Asp(NH_2)^1-Val^5-Hypertensin II	41,4	58,0
Desamino-Val^5-Hypertensin II	38,4	48,1

[1]) 20 g Aluminiumoxid-D5(CAMAG[5]) + 50 ml Wasser werden auf übliche Weise auf Glasplatten aufgebracht.
[2]) sec. Butanol/3proz. Ammoniak 100 : 44.
[3]) Chloroform/Methanol/17proz. Ammoniak 20 : 20 : 9.
[4]) Abkürzungen nach *Tabelle 14*. Zur Schreibweise [189].

Die Unterschiede zwischen den stereoisomeren Formen (A gegenüber C und B gegenüber D) sind bedeutend weniger ausgeprägt, doch weisen in beiden chromatographischen Systemen die D-Verbindungen etwas höhere *Rf*-Werte auf. *Tabelle 30* enthält die *Rf*-Werte zweier weiterer Hypertensin-Analoga.

VOGLER und Mitarb. [430] synthetisierten vier isomere Cyclodekapeptide mit der vermutlichen Struktur von Polymixin B_1 (7_α, 7_γ, 8_α, 8_γ): 40 chromatographische Systeme ergaben zwischen 7 α, 7 γ und dem natürlichen Polymixin B_1 keine Unterschiede. Auch Papierchromatographie, Hochspannungselektrophorese und IR-Spektren ließen keine Differenzierung zu. Der wichtigste Unterschied der aktiven synthetischen Verbindungen gegenüber dem Naturprodukt liegt in der spezifischen Drehung und vor allem in der Rotationsdispersion der Nickelkomplexe bei pH = 9,3. Die Tatsache, wonach die beiden synthetischen Produkte (7 α und 7 γ) untereinander nicht differenziert werden konnten, zeigt, daß die Trennmöglichkeiten von sehr ähnlichen komplexen Molekülen nicht unbeschränkt sind.

B. Kontrolle von Peptidsynthesen

Die Dünnschichtchromatographie vermag dem Synthetiker über den Ablauf einer Reaktion eine außerordentlich schnelle Orientierung zu geben. Die Unterscheidung der Ausgangsstoffe, Zwischenprodukte und Endprodukte bereitet in der Regel keine Schwierigkeiten, da z. B. freie Peptide und deren geschützte Derivate in der Polarität verschieden sind *(Tab. 31, 32 und 33)*. Gegebenenfalls

Tabelle 31. *hRf*-Werte[1]) von Aminosäuren und von Carbobenzoxy(Z)-Aminosäuren auf Kieselgel-G-Schichten [301] (s. Text S. 77).
Aus: PATAKI [301]

Substanz	*hRf* in Äthanol/Wasser 7 : 3	
	Freie Aminosäure	Z-Aminosäure
Alanin	66,5	39
Asparaginsäure	54,0	46,5
Arginin	49	03
Glutaminsäure	58,5	55
Glycin	66	35
Methionin	70	51
Phenylalanin	71,5	55
Prolin	67	28
Serin	67,5	40
Tyrosin	72	57
Valin	69,5	46,5

[1]) Man beachte, daß der *Rf*-Wert von vielen Faktoren abhängt. Die Angaben sind deshalb als Richtwerte zu betrachten.

wird die Differenzierung durch Kombination mehrerer Farbreaktionen (S. 124) erleichtert. Nach den Ausführungen auf S. 117 gelingt es oft, stereoisomere und strukturisomere Verbindungen voneinander zu trennen: Solche Differenzierung erlaubt unter Umständen den Nachweis von Razemisierung oder die Überwachung

Tabelle 32. *Rf*-Werte[1]) von Carbobenzoxy-Aminosäuren, CbO-Peptiden, CbO-Peptidestern, Aminosäuren, Aminosäureester-Hydrochloriden und von Peptiden auf Kieselgel-G (Z = CbO); Abkürzungen vgl. [106]. (Schichtbereitung s. Text S. 77 im übrigen vgl. *Tab. 14*).
Aus: Ehrhardt und Cramer [106]

Verbindung	*hRf* im Fließmittel M[2])	N[3])	O[4])
Z-Gly-OH	81	76	64
Z-Digly-OH	66	65	56
Z-Trigly-OH	57	56	50
Z-Tetragly-OH	51	43	45
Z-Gly-Gly-OEt	82	73	74
Z-Gly-Gly-Gly-OEt	76	67	69
Z-DL-Ala-Gly-OEt	81	75	77
Z-DL-Ala-OH	77	77	61
Z-DL-Diala-OH	72	72	59
Z-Gly-DL-Ala-OH	68	68	56
Z-DL-Ala-Gly-OH	68	68	57
Z-Gly-DL-Ala-Gly-OH	61	59	54
Z-DL-Phe'Gly-OEt	86	83	76
Z-Gly-DL-Phe-OEt	84	79	76
Z-Gly-Gly-DL-Phe-OEt	81	75	76
Z-Gly-DL-Phe-Gly-OEt	83	78	74
Z-DL-Ala-DL-Phe-OH	78	78	61
Z-Gly-Phe-OH	72	76	65
Z-Gly-L-Ile-OH	75	73	67
Z-Gly-L-Leu-OH	74	74	65
Z-Gly-Gly-L-Leu-OH	71	69	65
Z-Gly-L-Glu-OH	72	71	62
Z-DL-Phe	74	76	75
H-Gly-Gly-OH	17	25	15
H-DL-Ala-Gly-OH	21	30	22
H-Gly-L-Leu-OH	43	44	41
Gly	22	29	21
DL-Ala	27	34	27
DL-Phe	45	42	46
HCl-DL-Phe-OEt	59	52	65
HCl-Gly-OEt	43	42	53

[1]) Man beachte, daß die *Rf*-Werte von vielen Faktoren abhängen (s. Text S. 47), sie sind deshalb nur als Richtwerte zu betrachten.
[2]) Butanol/Aceton/Eisessig/Ammoniak (konz. Ammoniak:Wasser 1 : 4)/Wasser 9 : 3 : 2 : 2 : 4.
[3]) Butanol/Eisessig/Ammoniak (wie oben) 11 : 6 : 3.
[4]) Butanol/Eisessig/Wasser/Pyridin 15 : 3 : 12 : 10.

von Umlagerungsreaktionen. *Tabelle 31* orientiert über die Trennbarkeit von CbO-Aminosäuren und Aminosäuren [301], *Tabelle 32* zeigt die *Rf*-Werte von CbO-Aminosäuren, CbO-Peptiden, CbO-Peptidestern, sowie von Aminosäuren und von Peptiden mit freier NH_2-Gruppe und die Wanderungsgeschwindigkeit von Aminosäureesterhydrochloriden [106].

CbO-Peptidester wandern in der Frontnähe, CbO-Peptide etwas weiter zurück, freie Aminosäuren und Peptide mehr in der Startnähe, Aminosäureesterhydrochloride wandern etwa in der Mitte.

RITTEL [344] synthetisierte eine Reihe von Zwischenprodukten für den Aufbau eines corticotrop wirksamen Nonadecapeptids. Zur Reinheitskontrolle der geschützten Peptide erwies sich die *DC* unter Anwendung von Lösungsmitteln niedriger Polarität, als besonders geeignet. Hierbei wurden ausgezeichnete Auftrennungen erhalten, ohne daß die Substanzen, wie in der Papierchromatographie üblich ist, durch Abspaltung der Schutzgruppe in eine nachweisbare Form hätten übergeführt werden müssen. Auch die N-geschützten Derivate größerer Peptide lassen sich leicht von den ungeschützten Verbindungen trennen. In *Tabelle 33* werden *Rf*-Werte von Peptiden und von verschiedenen Zwischenprodukten zusammengestellt, aus denen die Trennbarkeit der freien und geschützten Verbindungen hervorgeht.

SCHELLENBERG [362] fand, daß die Ester von N-substituierten Aminosäuren, Di- und Tripeptiden auf Kieselgel-G-Schichten in den Fließmitteln Chloroform/Aceton (9 : 1; 8 : 2) und Cyclohexan/Essigester (1 : 1) charakteristische *Rf*-Werte besitzen. Zur Chromatographie höherer Acyl-Oligopeptidester sowie Acyl-Di- und Tripeptidester, mit polaren Gruppen in der Seitenkette (z. B. Histidinderivate), eignet sich z. B. Chloroform/Methanol (9 : 1): In diesem Fließmittel verbleiben die ungeschützten Verbindungen am Startpunkt.

Es würde den Rahmen dieses Kapitels sprengen, wenn sämtliche Arbeiten, in denen die Dünnschichtchromatographie zur Synthesenkontrolle verwendet wurde, besprochen werden sollten. Als Beispiel sei die Überwachung der Totalsynthese von β-Corticotropin (ACTH) nach SCHWYZER und SIEBER [381] aufgeführt: Teile des ACTH-Moleküls wurden, von der C-endständigen Aminosäure ausgehend, durch schrittweise Addition von geschützten Aminosäure-

Tabelle 33. hRf-Werte[2]) von Peptiden und von Synthesen-Zwischenprodukten auf Kieselgel-G-Schichten (s. Text S. 77) und [189]. Abkürzungen vgl. [189]; BOC = Butyloxycarbonyl; PZ = p-Phenylazocarbobenzoxy; t-Bu = tert. Butyl; Z = Cbo.

Verbindung	*hRf* in den Fließmitteln[1])		Autor
Z-ProPro-Gly-benzylester	75(P)	76(U)	WÜNSCH und Mitarb. [450]
H-Pro-Pro-Gly-OH	14(P)	24(U)	
Di-Z-Lys-nitrophenylester	80(P)	42(S)	
N^{α}-Z-N^{ε}-BOC-Lys-nitrophenylester	80(P)	75(S)	
Di-Z-Lys-Pro-Pro-Gly-OH	64(P)	59(U)	
N^{α}-Z-N-$^{\varepsilon}$BOC-Lys-Pro-Pro-Gly-OH	64(P)	13(W)	
Z-Ser-Pro-benzylester	77(P)	59(T)	
H-Ser-Pro-OH	17(P)	30(U)	
BOC-Phe-OH	74(P)	60(T)	
BOC-Phe-nitrophenylester	81(P)	75(S)	
BOC-Phe-Ser-Pro-OH	66(P)	32(S)	
N^{ε}-Z-Lys-benzylester.HCl	69(P)	65(U)	
BOC-Phe-N^{ε}-Z-Lys-benzylester	87(P)	62(T)	
Phe-N^{ε}-Z-Lys-benzylester	27(P)	15(T)	
Phe-Ser-Pro-Phe-N^{ε}-Z-Lys-benzylester	68(P)	70(V)	
N^{ε}-BOC-Lys-Pro-Pro-Gly-OH	31(P)		
N^{α}-Z-N^{ε}-BOC-Lys-N^{ε}-BOC-Lys-Pro-Pro-Gly-OH	68(P)	64(U)	
$Lys^{1,9}$-Bradykinin	29(R)	38(U)	
$Lys^{2,10}$-Kallidin	21(R)	29(U)	
Z-Val-Tyr-Pro-OtBu	84(X)	81(Y)	RINIKER [340]
Z-Val-Tyr-Pro-OH	45(X)	75(Y)	
H-Val-Tyr-Pro-OH	30(X)	46(Y)	
H-Val-Tyr-Val-His-Pro-Phe-OCH_3	76(X)	22(Y)	
H-Val-Tyr-Val-His-Pro-Phe-OH	47(X)	18(Y)	
H-Val-D-Tyr-Val-His-Pro-Phe-OH	51(X)	24(Y)	
H-Asp-Arg-Val-Tyr-Val-His-Pro-Phe-OH (= Hypertensin II)	21(X)	03(Y)	
H-Asp-Arg-Val-D-Tyr-Val-His-Pro-Phe-OH	26(X)	05(Y)	
Z-Glu(OtBu)-His-Phe-Arg(NO_2)-Try-Gly-OH	53(X)	53(Y)	
Z-Glu-His-Phe-Arg(NO_2)-Try-Gly-OH	24(X)	42(Y)	
Z-Val-Tyr-Val-His-Pro-Phe-OCH_3	77(Z)	—	
H-Val-Tyr-Val-His-Pro-Phe-OCH_3	57(Z)	—	
PZ-Lys(BOC)-Pro-Val-Gly-Lys(BOC)-Lys(BOC)--Arg(NO_2)-Arg(NO_2)-Pro-OCH_3	75(Z)	—	KAPPELER und SCHWYZER [189]
PZ-Lys(BOC)-Pro-Val-Gly-Lys(BOC)-Lys(BOC)--Arg(NO_2)-Arg(NO_2)-Pro-OH	30(Z)	—	
PZ-Lys(BOC)-Pro-Val-Gly-Lys(BOC)-Lys(BOC)--Arg(NO_2)-Arg(NO_2)-Pro-Val-Lys(BOC)-Val--Tyr-Pro-OtBu	65(Z)		

[1]) P = Butanol/Eisessig/Wasser 3 : 1 : 1; R = Butanol/Eisessig/Wasser 1 : 1 : 1; S = Hexan/Essigester/Eisessig 20 : 10 :1; T = Heptan/tert. Butanol/Eisessig 3 : 2 : 1; U = Butanol/Eisessig/Wasser/Pyridin 30 : 6 : 24 : 20; V = tert. Amylalkohol/Isopropanol/Wasser 20 : 8 : 11; W = Chloroform/Methanol 9 : 1; X = sec. Butanol/3proz. Ammoniak (100 : 44); Y = n-Butanol/Eisessig/Wasser 100+10+etwa 30 (obere Phase); Z = Dioxan/Wasser 3 : 1.

[2]) Die *Rf*-Werte sind von mehreren Arbeiten entnommen, sie dienen untereinander lediglich zur Demonstration der Chromatographierbarkeit bzw. zur Beurteilung der *Rf*-Veränderungen bei der Einführung bzw. Abspaltung einer Schutzgruppe.

estern aufgebaut. Aus β^{1-10}-Corticotropin und β^{11-39}-Corticotropin gewann man, mit Hilfe der Dicyclohexylcarbodiimid-Methode, das rohe geschützte Nonatriacontapeptid, das durch Gegenstromverteilung gereinigt wurde: Die Überwachung der Purifikation zeigt *Abbildung 68a*. Das gereinigte geschützte ACTH-Molekül wurde dann mit Trifluoressigsäure behandelt, um die Schutzgruppen zu entfernen. Die entstandene Verbindung erwies sich als dünnschichtchromatographisch rein *(Abb. 68b)*; sie ist mit dem natürlichen ACTH identisch *(Abb. 68b)*.

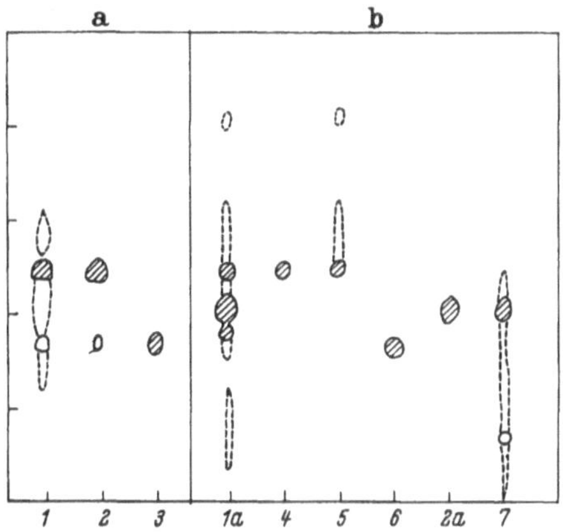

Abbildung 68. Dünnschichtchromatographie von ACTH-Peptiden (Synthesenkontrolle); (1) rohes geschütztes Nonatriacontapeptid (ACTH), (2) geschütztes Nonatriacontapeptid nach Reinigung mittels Gegenstromverteilung, (3) Sulfoxyd des geschützten Nonatriacontapeptids, (1a) rohes Triacontapeptid nach F_3CCOOH-Behandlung, (4) α^{1-10}-Cortocotropin, (5) β^{1-10}-Corticotropin mit Dicyclohexyl-carbodiimid behandelt, (6)α^{11-39}-Corticotropin, (2a) synth. ACTH [(2) nach F_3CCOOH-Behandlung], (7) natürliches ACTH

a) Dünnschichtchromatographie auf Aluminiumoxid-Schichten; Essigester/Pyridin/Eisessig/Wasser 60 : 20 : 6 : 11, (Schichtbereitung: *Tab. 30*)

b) Dünnschichtchromatographie auf Kieselgel-G-Schichten mit Butanol/Pyridin/Eisessig/Wasser 30 : 20 : 6 : 24, (Schichbereitung: S. 77).
Aus: SCHWYZER und SIEBER [381]

Über die Anwendung der Dünnschichtchromatographie zur Analyse von Cystein und Cystinderivaten berichtete CURTIUS [77]. Verbindungen mit freier SH-Gruppe, die während der langen Laufzeit von Papierchromatogrammen größtenteils oxidiert werden, konnten auf dünnen Schichten (Kieselgel muß eisenfrei sein!) chromatographiert werden.

Für weitere Angaben über Fließmittel und über *Rf*-Werte von Synthesen-Zwischenprodukten und von Peptiden sowie über andere Anwendungen der Dünnschichtchromatographie auf dem Gebiet der Aminosäure und Peptidsynthese orientiere man sich bei Schwyzer und Mitarb. [144, 342, 375, 376, 377, 378, 379, 380], bei Boissonas und Mitarb. [35, 146, 147, 174, 181], bei Schröder und Mitarb. [370, 371, 372, 373], bei Vogler und Mitarb. [322, 419, 420, 421, 431, 432], bei Brenner und Mitarb. [40, 201], bei Rudinger und Mitarb. [145, 349], bei Wieland und Mitarb. [93] und bei anderen Autoren [136, 156, 157, 275, 418, 436, 455].

C. Revelation von Peptiden und Peptidderivaten

Zum Nachweis von Peptiden können die auf S. 104 beschriebenen Farbreaktionen verwendet werden. Die Ninhydrin-Reaktion ist bei höheren Peptiden weniger empfindlich; sie versagt sogar bei cyclischen Peptiden, sofern sie keine freie NH_2-Gruppe in der Seitenkette enthalten. Für die Anfärbung von freien Aminosäuren (S. 108) und Peptiden sowie von geschützten Derivaten eignet sich die Chlor/Tolidin-Reaktion. Zur Revelation von geschützten Peptiden kann man ferner Morin, Chromschwefelsäure und Jod/Stärke verwenden.

Es empfiehlt sich oft verschiedene Farbreaktionen zu kombinieren: Man besprüht z. B. mit Ninhydrin (freie Aminosäuren und Peptide) zeichnet die Flecken an und führt anschließend die Chlor/Tolidin-Reaktion durch (Nachweis von geschützten Derivaten). Schließlich wird die Schicht mit einem aggressiven Reagens (z. B. Chromschwefelsäure) behandelt. Um die Fluoreszenzlöschung im UV-Licht beobachten zu können, verwende man zinksilikathaltige Schichten (S. 188). Abschließend sei auf die zerstörungsfreie Revelation von Aminosäuren (S. 107) hingewiesen, die sich auch zum Nachweis von Peptiden eignen dürfte. Dieses Vorgehen besitzt besonders in Verbindung mit der „Dünnschicht-Fingerprint"-Technik (S. 141) große praktische Bedeutung.

1. Chlor/Tolidin-Reaktion

a) Ausführung nach BRENNER und Mitarb. [46, 299]

In eine Photo-Entwicklerschale passender Größe gibt man etwa gleiche Volumina (je 20—50 ml) 1,5proz. $KMnO_4$-Lösung und 10proz. HCl-Lösung sowie, nach Durchmischung, einen Rost aus Glasstäben (Füße 2—3 cm hoch). Die Platte mit den zu revelierenden Substanzen wird, zwecks Befeuchtung der Schicht, kurz über kochendes Wasser gehalten und anschließend auf den Rost gelegt. Man bedeckt die Schale mit einer großen Glasplatte (Reaktionszeit: 15—20 Min.). Steht eine Chlor-Bombe zur Verfügung, so ist es einfacher, eine Trogkammer (S. 16) mit Chlorgas zu füllen und die angefeuchtete Platte (siehe oben) 5—10 Min. in diese Chlor-Atmosphäre zu stellen. Nach beendeter Chlorierung wird die Platte 2—3 Min. gelüftet: Man besprüht zunächst eine Ecke des Chromatogramms; wird der Untergrund blau, so muß die Schicht länger gelüftet werden. Empfindlichkeit: 0,5 μg Dipeptid oder 0,5 μg Cbo-Aminosäure.
Sprühreagens: 80 mg o-Tolidin + 15 ml Eisessig + 0,5 g KJ werden mit dest. Wasser auf 250 ml aufgefüllt.

b) Ausführung nach VON ARX und NEHER [5]

Lösung I: 2proz. wäßrige Natriumhypochloritlösung.
Lösung II: Gleiche Volumina einer gesättigten Lösung von o-Tolidin in 2proz. Essigsäure und einer 0,85proz. wäßrigen Lösung von KJ werden vor Gebrauch gemischt.
Man besprüht das Chromatogramm leicht mit Lösung I und läßt es 1 bis $1^1/_2$ Stdn. bei Zimmertemperatur stehen (gewisse Lösungsmitteldämpfe beeinträchtigen die Chlorierung). Anschließend besprüht man die Platte gleichmäßig mit Lösung II.

c) Ausführung nach BARROLLIER [13, 11]

Die Platte wird wie bei a beschrieben angefeuchtet und mit Chlor behandelt. Reagenslösung: 100 ml 0,32proz. o-Tolidin-Lösung in 1 N Essigsäure + 1,5 g $Na_2WO_4 \cdot 2H_2O$ in 10 ml Wasser. Es entsteht zunächst ein weißer grobflockiger Niederschlag, der durch Zufügen von 115 ml Aceton in Lösung gebracht wird. Eine leichte Trübung bleibt anfangs bestehen, die aber für die Farbreaktion ohne Bedeutung ist; nach einiger Zeit setzt sich ein geringfügiger Bodensatz ab. und die Lösung wird blank. In 100 ml dieser Lösung löst man 200 mg KJ auf. Die Reagenslösung ist in einer braunen Flasche haltbar.
Nach beendeter Chlorierung wird die Platte gelüftet (Prüfung wie unter a) und mit der Reagenslösung besprüht. Aminosäuren und Peptide geben grün-

stichig blaue Flecken; es ist indessen zu beachten, daß die Schicht von der Reagenslösung vollständig durchdrungen werden muß, weil sonst — besonders bei sehr starken Flecken — ein mißfarbiges Rotbraun entsteht. Die Farbe ist, im Gegensatz zu a und b, stabil.

2. Andere Farbreaktionen

a) Jod/Stärke-Reaktion

Das Chromatogramm wird 5 Min. in eine starke Jodatmosphäre eingestellt und nach Entfernung des Jod-Überschusses mit einer 1 proz. Stärkelösung besprüht. Es erscheinen hierbei blaue Flecke; ist zuviel Jod auf der Schicht (Probe an einer leeren Stelle), dann färbt sich auch der Untergrund blau.

b) Revelation mit Morin

Mit Morin können N-geschützte Aminosäuren und Peptidderivate nachgewiesen werden [362]: Die getrocknete Platte wird mit einer 0,05 proz. methanolischen Morin-Lösung besprüht und 2 Min. auf 100 °C erhitzt. Im UV-Licht erkennt man gelbgrüne Fluoreszenz oder dunkle Absorptionsflecken auf grünfluoreszierendem Untergrund. Die Nachweisgrenze liegt bei etwa 2 μg [362].

c) Revelation mit Chromschwefelsäure

Die getrocknete Platte (10 Min. bei 120—150 °C) wird mit einer gesättigten Lösung von $K_2Cr_2O_7$ in konz. Schwefelsäure besprüht. Nach Erhitzen erscheinen dunkelgraue Flecken. Die Nachweisgrenze für CbO-Verbindungen liegt bei etwa 3 μg, für ungeschützte Aminoverbindungen bei etwa 1 μg [106].

d) Nachweis von Cystein und Cystin-Derivaten

Verbindungen ohne freie SH-Gruppe werden z. B. mit dem Chlor-Tolidin-Reagens (S. 125) nachgewiesen. Zur Revelation von Substanzen mit freien SH-Gruppen empfiehlt sich die folgende Arbeitsweise [77]: Man läßt die Chromatogramme kurz trocknen (bei Butanol/Eisessig/Wasser genügt eine Trocknung an der Luft) und besprüht sie mit einer 1 proz. Natriumnitroprussid-Lösung in Wasser. Hält man nun die Platte kurz über konz. Ammoniak, so erscheinen rote Flecken, die nicht besonders stabil sind und deshalb sofort markiert werden müssen.

e) Nachweis von Hydraziden, Aminodiacylhydrazinen und von Diacylhydrazinen

Zum Nachweis für an der Aminogruppe geschützten Peptidhydrazide [372] besprüht man die Schicht mit einer 1 : 1-Lösung von 1 proz. $FeCl_3$ in 2 N Essigsäure und 1 proz. K_3 [$Fe(CN)_6$] in Wasser. Hierbei entstehen augenblicklich blaugefärbte Flecken.

Für die Revelation von Hydraziden, Aminodiacylhydrazinen und von Diacylhydrazinen verwenden BRENNER und HOFER [40] die in *Tabelle 34* zusammengestellten Nachweisverfahren.

Tabelle 34. Nachweisverfahren für Hydrazide, Aminodiacylhydrazine und Diacylhydrazine [40]. Aus: BRENNER und HOFER [40]

Nachweis	Hydrazide	Aminodiacylhydrazine	Diacylhydrazine
Ninhydrin (S. 104)	—	gelb, rot, violett	—
Chlor/Tolidin (S. 125)	blau	blau	blau
0,2 proz. $FeCl_3$ in 50 proz. Methanol	—	rot, violett	rot, violett
Tollens[1])	braun	—	—
Methylrot/NaOBr[2])	rot	—	—

[1]) 0,5 ml 0,1 N $AgNO_3$ + 0,5 ml 2 N NaOH + 2 N NH_4OH bis gelöst, mit Wasser auf 40 ml aufgefüllt.

[2]) a) 0,05 proz. Methylrot in 2 N H_2SO_4; b) 0,1 N NaOBr.

3. Teil:
Anwendung der Dünnschichtchromatographie zur Sequenzanalyse von Proteinen und Peptiden

Zur Bestimmung der Aminosäure-Sequenz eines Proteins oder Peptids sind zahlreiche Methoden ausgearbeitet worden (für Zusammenfassung: BAILEY [6], SMYTH und ELLIOT [397]). Proteine und Peptide müssen in reiner Form vorliegen; ihre Abtrennung von den niedermolekularen Begleitstoffen bereitet in der Regel keine Schwierigkeiten. Neben älteren Verfahren, wie z.B. Dialyse oder Gegenstromverteilung, gewinnt die Sephadex-Gelfiltration immer mehr an Bedeutung.

Sephadex[36]) wird durch Quervernetzung der linearen Makromoleküle von Dextran hergestellt und besteht aus einem dreidimensionalen Netzwerk von Polysacharidketten. In Wasser oder in Elektrolylösungen quillt Sephadex beträchtlich und bildet ein Gel mit vielen Poren: Moleküle, die größer sind als diese Poren, werden nicht zurückgehalten und verlassen die Säule zuerst. Auf diese Weise ist eine Fraktionierung auf Grund verschiedener Molekulargewichte möglich (FLODIN [115], DETERMANN [92], GELOTTE [135]). Es ist von großer praktischer Bedeutung, daß die Lösungen hierbei kaum verdünnt werden. Am häufigsten wird die Gelfiltration bei der Entsalzung und bei der Abtrennung niedermolekularer Begleitstoffe verwendet.

Die oft schwierige Trennung kleinerer Peptide von Aminosäuren gelingt auch [92, 115, 135].

Eine erste Information über die Zusammensetzung eines Proteins oder Peptids liefert die Totalhydrolyse und die Endgruppenbestimmung. Durch enzymatische oder chemische Spaltung gewinnt man kleinere Bruchstücke, die mittels Ionenaustauscherchromatographie, Elektrophorese-Chromatographie oder Sephadex-Gelfiltration getrennt werden können. Über Ionenaustauscher- und Elektrophorese-Chromatographie orientiere man sich bei BAILYE [6], SMYTH und ELLIOT [397], über Gelfiltration finden sich Angaben bei DETERMANN [92] und GELOTTE [135]; die Elektrophorese-Chromatographie auf dünnen Schichten wird auf S. 139 beschrieben.

Aus den Teilsequenzen, die durch Hydrolyse, Endgruppenbestimmung und Abbau der aus dem Partialhydrolysat isolierten Peptide resultieren, läßt sich die Aminosäure-Sequenz des Gesamtmoleküls ermitteln.

I. Dünnschichtchromatographische Analyse von Protein- und Peptidhydrolysaten

A. Aminosäuren in Totalhydrolysaten

Eine vollständige Spaltung aller Peptidbindungen kann man durch saure, alkalische und enzymatische Hydrolyse oder durch Einwirkung von stark sauren Ionenaustauschern erreichen. Abgesehen von den enzymatischen Methoden, muß bei allen Hydrolysierverfahren mit gewissen Veränderungen, unter Umständen sogar mit der Zersetzung einiger Aminosäuren, gerechnet werden. Asparagin und Glutamin lassen sich in unveränderter Form, nur enzymatisch freisetzen. Angaben über die enzymatische Hydrolyse finden sich bei HILL und SCHMID [159], TOWER und Mitarb. [425], BARRY [16] und bei NOMOTO und Mitarb. [278]; es ist indessen zu bemerken, daß die Spaltung nicht immer vollständig ist. Der qualitative Nachweis von Aminosäuren in Totalhydrolysaten bereitet keine Schwierigkeiten (S. 136). Zur quantitativen Aminosäure-Bestimmung eignet sich besonders die auf S. 73 dargestellte „Tracer"-Methode von BEALE und WHITEHEAD [19]. Die Genauigkeit beträgt etwa $\pm$ 3%, entspricht also der Ionenaustauscher-Chromatographie.
Um ein zuverlässiges Bild über die Aminosäurezusammensetzung zu erhalten, empfiehlt es sich, mehrere Hydrolyse-Methoden nebeneinander anzuwenden.

1. Saure Hydrolyse

Vor der HCl-Hydrolyse eines Proteins oder Peptids müssen Salze und Kohlenhydrate entfernt werden, weil sonst Serin, Threonin, Cystin und Tyrosin größtenteils zersetzt werden. Methionin wird einerseits in Methioninsulfoxid und in andere ninhydrinpositive Verbindungen umgewandelt [321], andererseits entstehen aus Methioninsulfoxid Methionin, Homocysteinsäure und Homocystin [117]. Tyrosin wird chloriert [264] und sogar bromiert [357]; diese Veränderungen können jedoch vermindert werden, wenn frisch destillierte Salzsäure benutzt wird und zum Reaktionsgemisch kleinere Mengen leicht oxydierbare Substanzen (z.B. Thioglycollsäure) gegeben werden. Tryptophan wird unter den Bedingungen der sauren Hydrolyse vollständig zersetzt und wird deshalb nach alkalischer Hydrolyse chromatographiert. Man kann Tryptophan auch in gebundener Form bestimmen (Opienska-Blauth [286]).

Die Hydrolyse wird in sorgfältig gereinigten Bombenrohren unter Luftausschluß durchgeführt. Die Substanz wird mit einem 200—500fachen Überschuß an 6 N HCl (zwei- oder dreimal destilliert) versetzt und im Bombenrohr tiefgefroren. Nach Verdrängen der überstehenden Luft durch reinen Stickstoff wird auf etwa 1 Torr evakuiert, und die Ampulle wird abgeschmolzen (unteren Teil mit Trockeneis kühlen). Die Hydrolyse erfolgt bei $110 \pm 1\,°C$ während 18—72 Stdn. in einem Thermostaten.

Die Entfernung der Salzsäure durch Stehenlassen über NaOH in einem evakuierten Exsiccator verursacht Verluste an Serin und Threonin und ist daher nicht zu empfehlen [397]: HCl wird am besten in einem Rotationsverdampfer entfernt.

Auch unter diesen verbesserten Arbeitsbedingungen gibt es unvermeidliche Serin- und Threonin-Verluste. Der ursprüngliche Gehalt an Hydroxy-Aminosäuren läßt sich bei quantitativen Bestimmungen durch Vergleich von 24- und 72stg. Hydrolysaten annähernd ermitteln. Leucin, Isoleucin und Valin erfordern, sofern sie miteinander peptidartig verbunden sind, etwa 72 Stdn. Hydrolysenzeit. Cystin wird mehr oder weniger zersetzt und sollte deshalb nach Perameisensäureoxydation als Cysteinsäure bestimmt werden [258, 277]. Methionin geht hierbei in Methioninsulfon über, Histidin und Threonin werden z. T. zersetzt. Schließlich sei erwähnt, daß aus Glutaminsäure, in einer Gleichgewichtsreaktion (Verhältnis 98 : 2), Pyrrolidoncarbonsäure entsteht.

Für die oxydative Spaltung von Disulfidbrücken müssen mildere Bedingungen gewählt werden. Hierzu eignet sich, das Verfahren nach Hirs [160]: Tryptophan wird teilweise zerstört, Cystin verwandelt sich in Cysteinsäure, und Methionin geht in Methioninsulfon über. Verbindungen, die Tryptophan enthalten, können deshalb, nach Perameisensäureoxydation, nur beschränkt zur weiteren Sequenzanalyse verwendet werden.

2. Alkalische Hydrolyse

Wie bereits erwähnt, zersetzt sich Tryptophan während der HCl-Hydrolyse. Will man diese Verbindung chromatographisch nachweisen, so muß die Spaltung mit Basen vorgenommen werden. Auch wenn man α-Aminobuttersäure mit Sicherheit nachweisen will, sollte eine alkalische Hydrolyse durchgeführt werden [51, 138]. Bei der Hydrolyse mit $Ba(OH)_2$ werden Cystin, Cystein, Serin und Threonin größtenteils zerstört.

5—10 mg Material werden in einem zugeschmolzenen Röhrchen mit 1 ml Wasser + 65 mg $Ba(OH)_2 \cdot 8H_2O$ während 24 Stdn. auf 125—130 °C erhitzt. Das erkaltete Reaktionsgemisch wird mit 2 N H_2SO_4 auf pH = 6 gestellt, aufgekocht und zentrifugiert. Das Bariumsulfat wird mit etwas dest. Wasser gewaschen. Man vereinigt Lösung und Waschwasser, verdampft zur Trockne und löst in 0,5—1 ml Wasser bzw. 0,1 N HCl.

3. Hydrolyse mit Ionenaustauschern

Es ist seit einiger Zeit bekannt, daß die Peptidbindung mittels stark saurer Kationenaustauscher quantitativ gespalten werden kann [218, 276, 316, 249]. Hydrolysierversuche mit Dowex-50(H) haben ergeben, daß Asparaginsäure, Serin und Threonin sehr rasch, Valin und Isoleucin hingegen, im Vergleich zur salzsauren Hydrolyse, nur langsam frei werden [316]. Indolkörper werden weitgehend zerstört, und Glutaminsäure wird zum Teil in Pyrrolidoncarbonsäure verwandelt. Die Spaltung von Cystin- und Cysteinsäure-Peptiden verläuft unvollständig. Die meisten Nachteile werden weitgehend behoben, wenn man die Reaktion in 70—90proz. Äthanol unter Luftausschluß durchführt [324]; unter diesen Bedingungen wird auch die Huminbildung völlig ausgeschaltet.

Nach Pöhm [324] werden 0,05—2 g Peptid mit 1 g Amberlite IR-112(H) pro Millival Amidstickstoff in 3—10 ml 80proz. Äthanol unter Stickstoff in einer Ampulle eingeschmolzen und 6—10 Stdn. auf 90—95 °C erhitzt. Nach dem Erkalten werden die Aminosäuren mit einer 10proz. Ammoniaklösung aus dem Harz eluiert. Die Methode bewährte sich zur Spaltung von peptidartig aufgebauten Mutterkornalkaloiden und bei der Hydrolyse von Di- und Tri-Peptiden. Auch in Gegenwart von Kohlenhydraten und Fetten konnten die erwarteten Aminosäuren, wie z. B. Tryptophan, Phenylalanin, quantitativ aufgefunden werden.

4. *Anwendungen*

Die Dünnschichtchromatographie eignet sich vorzüglich zur qualitativen Analyse von Peptid- und Protein-Hydrolysaten, und zwar auch dann, wenn einzelne Aminosäuren in großem Überschuß vorliegen [45, 109]. Es ist empfehlenswert, vor dem Chromatographieren routinemäßig mit Perameisensäure zu oxydieren (S. 134), um Cystein und Cystin in die beständigere Cysteinsäure überzuführen. Beim Verzicht auf die Oxydation geben Cystein und Cystin mehrere Nebenflecke. Aus Methionin entsteht unter den Bedingungen der Perameisensäureoxydation Methioninsulfon. Dieses stört weder im zweidimensionalen *(Abb. 61a)* noch im Durchlaufchromatogramm *(Abb. 60)*. Größere Mengen von Salzsäure stören die Chromatographie: das Hydrolysat wird deshalb unter wiederholtem Wasserzusatz öfters im Vakuum zur Trockne eingedunstet. *Abbildung 69a* zeigt die Aminosäuren in einem salzsaueren Hydrolysat von Elastin [45, 109].

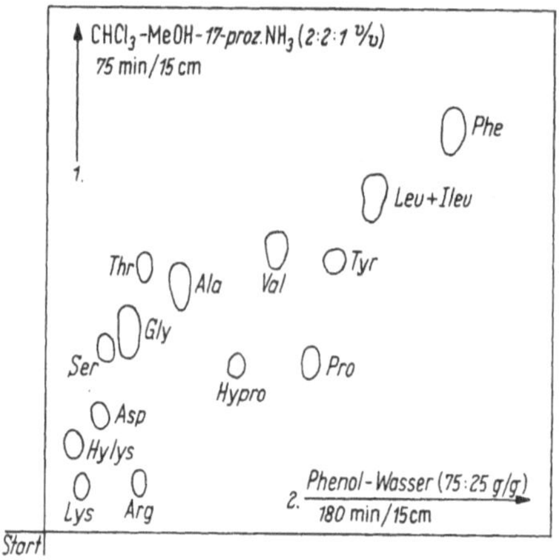

Abbildung 69a. Hydrolysat von 14,6 mg präpariertem, getrocknetem Elastin (ligumentum nuchae, Kalb, Alter 3 Monate), gelöst in 2 ml 0,2 N NaCl-HCl (PH ~ 2). Die optimale Beladung (1 μl) wurde durch einen Reihenversuch ermittelt. Die Zusammensetzung dieser Lösung (quantitative Ionenaustauscher-Chromatographie) ist aus *Tabelle 35* ersichtlich. Schicht: Kieselgel-G. Aus: FAHMY und Mitarb. [45, 109]

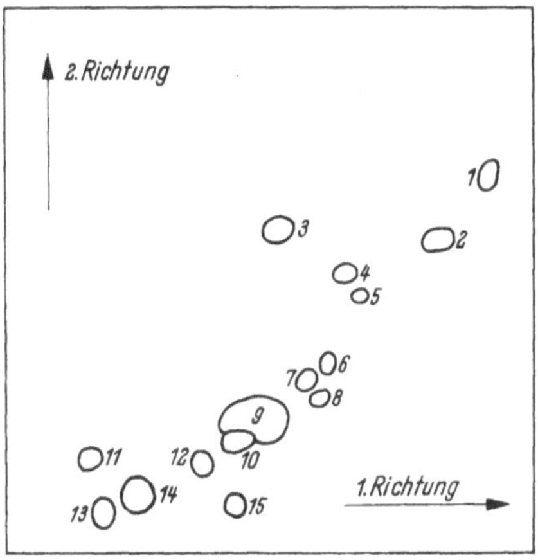

b

1. Phenylalanin
2. Leucin + Isoleucin
3. Prolin
4. Tyrosin
5. Valin
6. Histidin
7. Alanin
8. Threonin
9. Glykokoll
10. Serin
11. Arginin
12. Glutaminsäure
13. Lysin
14. Asparaginsäure
15. ?

Abbildung 69b. Dünnschichtchromatogramm des Hydrolysats der eosinophilen Substanz [20, 271]. Versuchsbedingungen wie in *Abbildung 69a.* Die Auftrennung der Leucine erfolgte nach *Abbildung 60.* Aus: NEU [271]

Man vergleiche dazu *Tabelle 35*, in der die quantitative Aminosäurezusammensetzung angegeben ist. *Abbildung 69a* und *Tabelle 35* stimmen sehr gut überein, wenn man die Erfassungsgrenzen der einzelnen Aminosäuren auf Kieselgel-Schichten *(Tab. 25)* berücksichtigt. Besonders bemerkenswert ist die beträchtliche Salztoleranz: das Elastinhydrolysat *(Abb. 69a)* konnte in Gegenwart von rund 4 Äquivalenten Na^+ pro Äquivalent Aminosäure chromatographiert werden [45].

BEHRENS und NEU [20, 271] haben im HCl-Hydrolysat der eosinophilen Substanz des Pferdeblutes 16 ninhydrinpositive Substanzen nachgewiesen, wovon 15 identifiziert werden konnten *(Abb. 69b)*. Mit der gleichen Fließmittelkombination ließen sich alle erwarteten Aminosäuren im Hydrolysat der B-Kette des Insulins nachweisen [45]. HOFMANN [161] chromatographierte Proteine auf Hydroxylapatit-Schichten; zum Beweis, daß die ninhydrinpositiven Zonen wirklich Proteine waren, wurden die Flecken aus einem unbesprühten Chromatogramm eluiert und nach Hydrolyse, wie oben angegeben, chromatographiert. GORCHEIN [139] konnte aus den Lipiden von Rhodopseudomonas spheroides, nach salzsaurer

Tabelle 35. Vergleich zwischen quantitativer Ionenaustauscher-Chromatographie und Dünnschichtchromatographie. Man beachte das Mengenverhältnis von rund 25 : 1 zwischen Lysin und Hydroxylysin (vgl. *Abb. 69a*). Aus: FAHMY und Mitarb. [45, 109]

Aminosäure	μg/1 μl	Sichtbarkeit im Dünnschicht-chromatogramm
Alanin	0,7	+
Arginin	0,1	+
Asparaginsäure	0,1	+
Glutaminsäure	0,4	—
Glycin	1,1	+
Histidin	0,03	—
Hydroxylysin	0,04	+
Hydroxyprolin	0,4	+
Isoleucin	0,1	+
Leucin	0,4	+
Lysin	0,1	+
Methionin	0,02	—
Phenylalanin	0,2	+
Prolin	0,6	+
Serin	0,1	+
Threonin	0,1	+
Tyrosin	0,1	+
Valin	0,6	+

Hydrolyse, Ornithin nachweisen. Die Identifizierung erfolgte durch simultane Chromatographie mit 5-^{14}C-Ornithin auf MN-300-Cellulose-Schichten und durch Ionenaustauscherchromatographie. OFFER [283] gelang es, nach proteolytischen Abbau und säulenchromatographischer Fraktionierung, u.a. mit Hilfe der DC zu beweisen, daß Myosin ein N-acetyliertes Protein ist (Chromatographie der Abbaupeptide und deren Hydrolysenprodukte auf Kieselgel-H-Schichten mit den Fließmitteln: Butanol/Chloroform/Ameisensäure 5 : 5 : 1 und Isopropylalkohol/0,880 Ammoniak/Wasser 4 : 1 : 2 und Phenol-Ameisensäure/Wasser 15 : 1 : 4). KÜNDIG und NEUKOM [213] trennten auf DEAE-Cellulose-Säulen die Glycoproteine aus den wasserlöslichen Schleimstoffen des Weizenmehls; eine der Glycoproteinfraktionen lieferte nach Abbau mit *Pronease P* zahlreiche Aminosäuren, die in Chromatogrammen nach *Abbildung 59b* getrennt und identifiziert werden konnten.

Über den dünnschichtchromatographischen Nachweis der Hydrolysenprodukte von Phosphatiden berichteten KAUFMANN und Mitarb. [192]. Als besonders geeignet zur Trennung dieser Substan-

zen erwies sich Kieselgel-G mit 96proz. Äthanol/7proz. Ammoniak 1 : 2 als Fließmittel. Zur Revelation dieser chemisch sehr unterschiedlichen Verbindungen müssen verschiedene Farbreaktionen kombiniert werden. Im oberen Teil des Chromatogramms ließen sich zwei Substanzen erkennen, die ähnliche *Rf*-Werte wie Serin und Threonin und einige andere Aminosäuren aufwiesen. Da die Hydrolyse durch 24stdg. Kochen am Rückfluß mit 6 N HCl erfolgte, ist indessen mit beträchtlichen Aminosäure-Verlusten zu rechnen (S. 134).
Auch die Ionophorese-Chromatographie (S. 101) kann zum Nachweis von Aminosäuren in Proteinhydrolysaten verwendet werden. Auf diese Weise bestimmte NYBOM [281] die Zusammensetzung des Casein-Hydrolysats. *Abbildung 70* zeigt das Resultat.

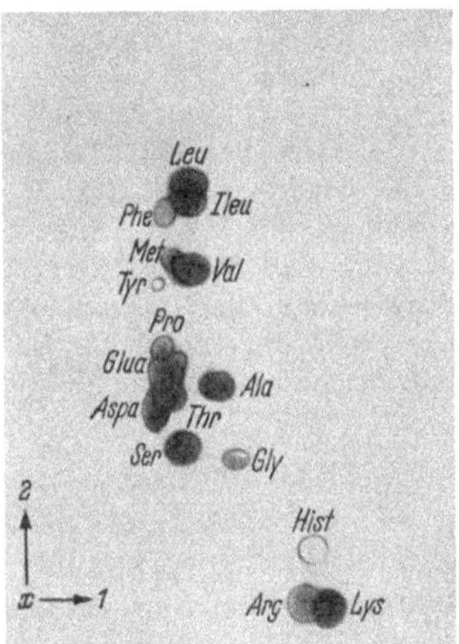

Abbildung 70
Dünnschicht - Elektrophorese - Chromatographie eines Casein-Hydrolysats nach NYBOM [281]. 1. Elektrophorese (vgl. *Tab. 23* Nr. II) 15 Min., 2. Chromatographie (Propanol/Pyridin/Wasser 5 : 1 : 2) 2 Stdn. Aspa = Asparaginsäure; Glua = Glutaminsäure. Aus: NYBOM [281]

In den bisherigen Beispielen wurden die freien Aminosäuren chromatographisch oder elektrochromatographisch getrennt. Es ist oft vorteilhaft, besonders im Hinblick auf eine quantitative Bestimmung (S. 67), die Hydrolysate mit Dinitrofluorbenzol oder mit Phenylisothiocyanat umzusetzen und die Aminosäure in dinitrophenylierter Form bzw. als Thiohydantoine zu chromatographieren. Die quantitative Umwandlung eines Aminosäuregemisches in die Dinitrophenyl(DNP)-Derivate bzw. in Phenylthiohydantoine wird auf S. 149 und 175 beschrieben.

Keller-Schierlein und Deer [197] bestimmten und isolierten in größeren Mengen DNP-Glycin, DNP-Ornithin und DNP-Serin aus dem mit Dinitrofluorbenzol (DNFB) umgesetzten Hydrolysat des Desferri-ferrichrysins.

Die direkte Hydrolyse der Sideramine mit HCl führt zu unübersichtlichen Resultaten. Durch katalytische Hydrierung entstehen die Desferri-Verbindungen, die mit HCl oder HJ gespalten werden können. Es hat sich gezeigt, daß besonders die HJ-Hydrolyse gut reproduzierbare Ergebnisse liefert. Aus dem Hydrolysat können die DNP-Aminosäuren auf die übliche Weise isoliert (S. 151) und danach chromatographiert werden (S. 152 ff.). In diesem Zusammenhang sei erwähnt, daß die Sequenzanalyse dieser Cyclopeptide erhebliche Schwierigkeiten bereitet, da man bei der partiellen Hydrolyse nur Aminosäuren erfassen kann [197].

Zur Bestimmung der Aminosäurezusammensetzung und Konfiguration in Gramicidin A verwenden Ishii und Witkop [178] die Dünnschicht- und die Gaschromatographie.

Gramicidin A wird mit Eisessig/Salzsäure hydrolysiert. Je einen Teil des Hydrolysats behandelt man mit D-Aminosäure-Oxydase bzw. mit L-Aminosäure-Oxydase. In einem Kontrollversuch werden jeweils die Enzyme mit Wasser inkubiert. Nach beendeter Reaktion setzt man das Gemisch mit DNFB um und isoliert anschließend die DNP-Aminosäuren. Zur Dünnschichtchromatographie werden die DNP-Aminosäuren direkt verwendet, zur Gaschromatographie verwandelt man sie, mittels Diazomethan, in ihre Methylester.

Abbildung 71 zeigt die DNP-Aminosäuren aus dem Hydrolysat von Gramicidin A mit und ohne Behandlung mit den Aminosäure-Oxydasen. Tryptophan und Alanin wurden vollständig, oder nahezu vollständig, durch L-Aminosäure-Oxydase verdaut, sie müssen deshalb die L-Konfiguration besitzen. Da in eindimensionalen Chromatogrammen *(Abb. 71)* Valin, Leucin und Isoleucin nur unvollständig aufgetrennt werden, muß man zur Bestimmung der Konfiguration dieser Verbindungen die Gaschromatographie benutzen. Gegebenenfalls kann man die dünnschichtchromatographische Trennung dadurch verbessern, daß man den Flecken eluiert und in einem zweiten Fließmittel die DNP-Aminosäuren rechromatographiert. Bei zweidimensionaler Entwicklung bereitet die Trennung der genannten Substanzen keine Schwierigkeiten. Gas- und Dünnschichtchromatographie müssen auf jeden Fall

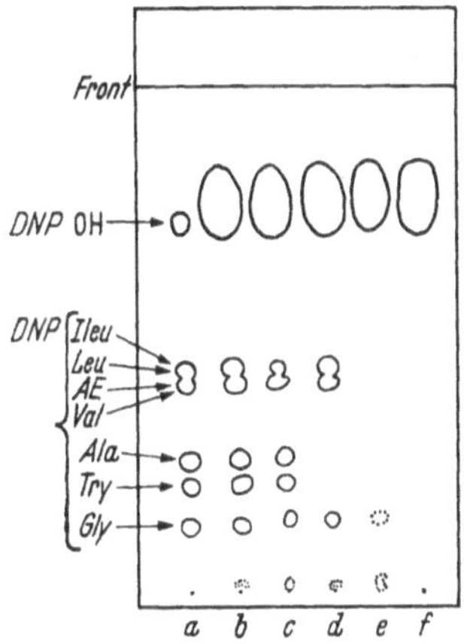

Abbildung 71
Dünnschichtchromatogramm der dinitrophenylierten Aminosäuren aus dem Hydrolysat von Gramicidin A nach ISHII und WITKOP [178]. Schicht: Kiselegel-G; AE = Äthanolamin; Fließmittel: Chloroform/Methanol/Eisessig (95 : 5 : 1)
a) Modellmischung, *b)* Hydrolysat, *c)* Hydrolysat inkubiert mit D-Aminosäureoxydase, *d)* Hydrolysat inkubiert mit L-Aminosäureoxydase, *e)* Enzymblank inkubiert mit D-Aminosäureoxydase, *f)* Enzymblank inkubiert mit L-Aminosäureoxydase. Aus: ISHII und WITKOP [178]

kombiniert werden, da DNP-Tryptophanmethylester mit der angewandten gaschromatographischen Methode nicht bestimmt werden kann [178]. Ein großer Vorteil der Gaschromatographie ist die Möglichkeit der direkten quantitativen Auswertung. Wie auf S. 167 gezeigt wurde, lassen sich auch Dünnschichtchromatogramme relativ einfach quantitativ auswerten.

B. Dünnschicht-Fingerprinttechnik

Proteine und Peptide können, durch Einwirkung von Säuren oder von Enzymen, in kleinere Bruckstücke gespalten werden. Die partielle enzymatische ist allgemein der salzsauren Spaltung vorzuziehen, da letztere die Aminosäure-Sequenz unter Umständen verändern kann. Über die partielle Hydrolyse geben SANGER [356], SMYTH und ELLIOT [397], BAILEY [6] und ZUBER [457] zusammenfassende Darstellungen.
Die proteolytischen Spaltprodukte müssen fraktioniert werden, hierzu dient z.B. die Ionenaustauscherchromatographie [6, 356, 397]. Eine andere Möglichkeit bietet die zweidimensionale ionophoretisch-chromatographische Trennung auf Papier oder auf dünnen Schichten. Diese als „Fingerprint-Technik" bezeichnete Methode

wurde von Ingram eingeführt und in der Folge von Anfinsen und Mitarb. [191] weiter ausgebaut. Ingram [177] und Anfinsen [191] trennen die Peptide aus Partialhydrolysaten auf Papier. Wieland und Georgopoulos [440] haben gezeigt, daß die Übertragung der „Fingerprint-Technik" auf dünne Silicagel-Schichten, zahlreiche Vorteile, wie z. B. Abkürzung der Analysenzeit und Materialersparnis, mit sich bringt. Zur Herstellung von „Fingerprints" dienen Kieselgel-S-Schichten; die zweidimensionale Entwicklung erfolgt entweder chromatographisch oder ionophoretisch-chromatographisch.

Für 5 Platten (20×20 cm) rühre man 25 g Kieselgel-S[32]) in 70 ml siedend heißes destilliertes Wasser ein. Die Platten werden ohne Abkühlung der Suspension (Schichtdickeeinstellung: 0,375 mm) beschichtet. Nach 20 Min. an der Luft erhitzt man sie, in senkrechter Stellung, 30 Min. auf 110 °C. Die abgekühlten Platten sind gebrauchsfertig. Sie werden, wenn erforderlich, in einem geschlossenen Exsiccator (ohne Trocknungsmittel) aufbewahrt.
Nach Wieland [440] entwickelt man mit Chloroform/Methanol/25proz. Ammoniak (2 : 2 : 1) in der ersten und, nach Zwischentrocknung (30 Min. bei 110 °C), mit Pyridin/Eisessig/Butanol/Wasser (40 : 14 : 68 : 25) in der zweiten Dimension. Nach erneuter Zwischentrocknung (40 Min. bei 110 °C) wird mit dem zweiten Fließmittel noch einmal in der zweiten Richtung entwickelt. Schon auf rein chromatographischem Wege kann man recht brauchbare Peptidtrennung erreichen [440].

Zur Herstellung von „Fingerprints" eignet sich besonders gut die Elektrophorese-Chromatographie auf Kieselgel-S-Schichten [440, 441]. *Abbildung 72* zeigt die tryptischen Peptide aus perameisensäureoxydierter Ribonuclease(a) und aus perameisensäureoxydierter Lactatdehydrogenase-I(b).

Elektrophorese erfolgt mit dem Pherograph „Original-Frankfurt" (vgl. auch S. 39) nach Auflegen der Platte auf die gekühlte Fläche (Innentemperatur: —5 °C) bei etwa 40 mA, d. h. etwa 1000 V an den beiden Enden. Die Substanzprobe wird 2 cm von der Unterkante und 7 cm von der Anodenseite entfernt aufgetragen (etwa 250—300 μg Substanz in 0,01 ml Lösung). Fleckendurchmesser etwa 3—4 mm. Hierzu fügt man, nach Verdampfen des Lösungsmittels, ein kleines Tröpfchen einer wäßrigen 1 proz. Ammoniumpikratlösung. Nach Trocknung wird die Platte mit dem Puffer (100 ml Pyridin + 10 ml Eisessig + 890 ml Wasser; pH = 6,5) vorsichtig und nicht zu stark besprüht und mit der Schichtseite nach oben auf die Kühlfläche aufgelegt. Vor Anlegen der Elektroden muß der Pufferüberschuß durch Auflegen eines

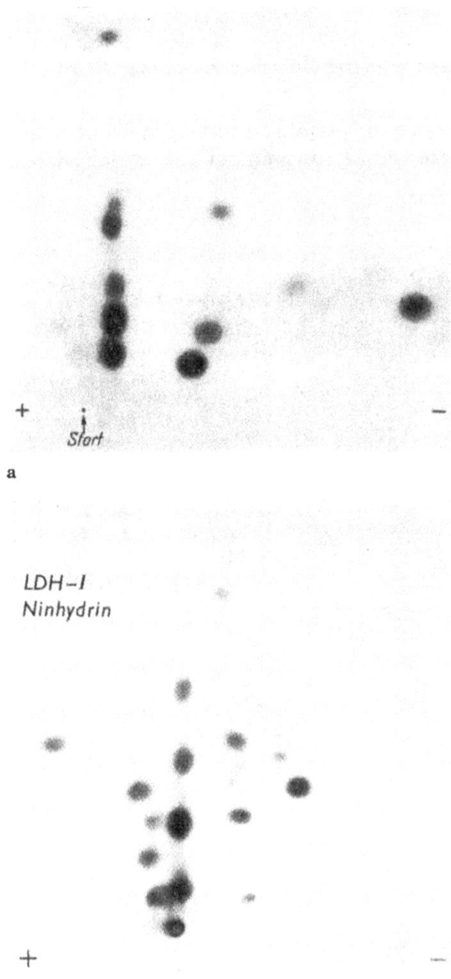

Abbildung 72

Dünnschicht-Fingerprint nach Wieland und Mitarb. [440, 441]. Erste Dimension: Elektrophorese bei pH = 6,5; zweite Dimension: Chromatographie (Pyridin/Eisessig/Butanol/Wasser 40 : 14 : 68 : 25). Für Einzelheiten vgl. Text S. 142.

a) Tryptische Peptide aus perameisensäureoxydierter Ribonuclease;

b) Tryptische Peptide aus perameisensäureoxydierter LDH-Isozym I. (Herz)

Aus: Wieland und Mitarb. [440, 441]

Filterpapiers und Überwalzen, unter Aussparung der Auftragsstelle, entfernt werden. Die Elektrophorese ist beendet, wenn der gelbe Pikratfleck 5 cm weit gewandert ist (etwa 40 Min.). Nach Zwischentrocknung (30 Min.

bei 110 °C) entwickelt man mit Pyridin/Eisessig/Butanol/Wasser (40 : 14 : 68 : 25) in der zweiten Dimension. Im Falle der Ribonuclease ist es vorteilhaft, die Chromatographie, nach erneuter Zwischentrocknung (40 Min. bei 110 °C), zu wiederholen.

Mit Hilfe der oben beschriebenen Verfahren haben WIELAND und Mitarb. [441] die Hybridnatur von Isozymen der Lactatdehydroge-

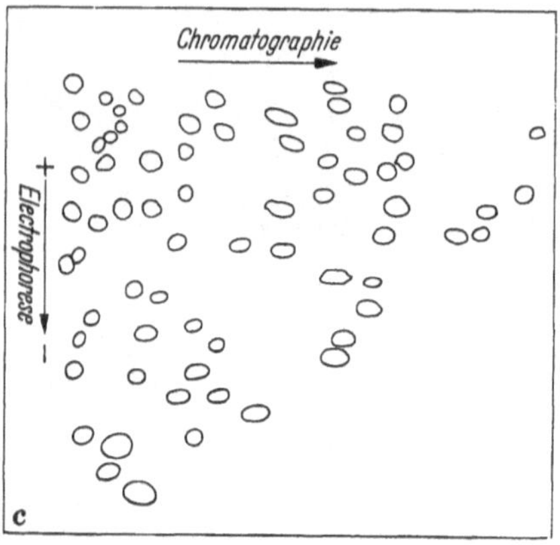

Abbildung 72c
Dünnschicht-Fingerprint der tryptischen Peptide aus Myosin nach RITSCHARD [343]. Kieselgel-G; 1. Dimension: Chromatographie (Chloroform / Methanol / 34 proz. Ammoniak 2 : 2 : 1) 1 Std.; 2. Dimension: Elektrophorese bei 980 V, 30 mA, 1 Std., im übrigen vgl. Text S. 145.
Aus: RITSCHARD [343]

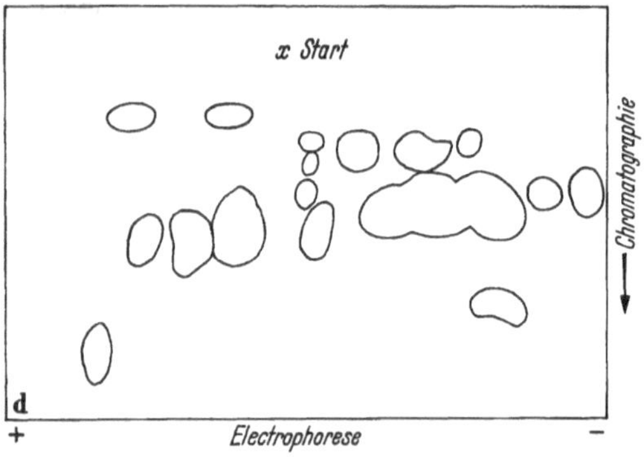

Abbildung 72d. Dünnschicht-Fingerprint der tryptischen Peptide des menschlichen Hämoglobins nach FASELLE und Mitarb. [110]. Sephadex-G-25 fine äquilibriert und in der ersten Dimension entwickelt mit 0,02 M Phosphatpuffer (2½ Stdn.), zweite Dimension: Elektrophorese bei 460 V und 25 mA (7 Stdn.). Aus: FASELLA und Mitarb. [110]

nase bewiesen: Die „Fingerprints" der Partialhydrolysate von LDH-I und V zeigten eineseits, daß diese beiden Verbindungen verschiedene Primärstruktur besitzen, anderseits war das Peptidmuster von LDH-II mit dem einer Mischung von I und V (3 : 1) identisch.

RITSCHARD [343] verwendet Kieselgel-G-Schichten (20 g Kieselgel-G+80 ml Wasser für fünf 20×20-cm-Platten; luftgetrocknet) und führt die Chromatographie in der ersten, die Elektrophorese in der zweiten Dimension durch. In *Abbildung 72c* werden die tryptischen Peptide aus Myosin dargestellt.

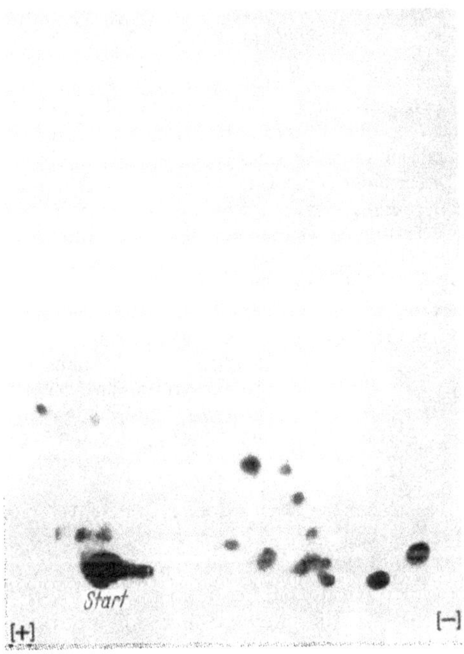

Abbilding 72e
Fingerprint der tryptischen Peptide von Pferd-Hämoglobin nach STEGEMANN und LERCH [414]; Kieselgel-H (vgl. Text)-erste Dimension: Elektro, phorese bei 950 V, 32 mA. 40 Min., im übrigen vgl. Text S. 146.
Aus: STEGEMANN und LERCH [414]

Die Probe wird, links oben *(Abbildung 72c)* aufgetragen (0,05—0,5 mg; Fleckendurchmesser: 4 mm) und mit Chloroform/Methanol/34proz. Ammoniak (2 : 2 : 1) entwickelt. Nach Zwischentrocknung (10 Min. bei 110°C) wird die abgekühlte Platte vorsichtig mit der Pufferlösung besprüht (Pyridin/Eisessig/Wasser 1 : 10 : 489). Die Elektrophorese erfolgt bei 950—1000 V und

30 mA in der zweiten Dimension (Laufzeit: 1 Std.). Mit dieser Methode kann man etwa 8 Peptidkarten am Tage anfertigen. RITSCHARD [343] betont die Bedeutung des Verfahrens zur Reinheitskontrolle von säulenchromatographisch isolierten Peptiden und zur Charakterisierung von Partialhydrolysaten.

DETERMANN [442] sowie JOHANSSON und RYMO [185] haben gezeigt, daß Peptide auf Sephadex-Schichten getrennt werden können. FASELLA und Mitarb. [110] trennen die tryptischen Peptide des menschlichen Hämoglobins auf Sephadex-G-25-Schichten. In der ersten Dimension erfolgt die Gelfiltration, in der zweiten die Elektrophorese. Ein Fingerprint auf Sephadex-Schichten wird in *Abbildung 72d* wiedergegeben.

Sephadex-G-25 fine[36]) wird mit 0,02 M Phosphatpuffer (pH = 6,8) aufgeschlämmt (50—100 ml Puffer pro 1 g Sephadex). Man rührt 30 Min., läßt das Gel sedimentieren und dekantiert die Flüssigkeit. Diese Vorbehandlung wird 5—6mal wiederholt: Das Gel soll insgesamt etwa 48 Stdn. mit dem Puffer äquilibriert werden. Die italienischen Autoren [110] bereiten 1 mm dicke Schichten durch Aufschlämmung des äquilibrierten Gels mit der doppelten Puffermenge. Unserer Meinung nach eignet sich die von MORRIS [259] angegebene Schichtbereitung (mit einem Streichgerät) eher zur Herstellung von einheitlichen Schichten als diejenige von FASELLA und Mitarb. [110] (ohne Streichgerät). In der ersten Dimension wird mit dem genannten Puffer entwickelt; FASELLA und Mitarb. [110] verwenden eine Art absteigende Entwicklung (etwa 20° Neigung der Platte), nach DETERMANN [442] kann man auch aufsteigend entwickeln. Die Durchlaufchromatographie in der BN-Kammer dürfte sich zur Chromatographie (horizontale Durchlaufentwicklung: S. 24) besonders gut eignen. Die Elektrophorese erfolgt bei 460 V und 25 mA in der zweiten Dimension (7 Stdn.).

STEGEMANN und LERCH [414] benutzen Kieselgel-H-Schichten von 0,25 mm Dicke (30 g Kieselgel-H[31])+75 ml Pyridin/Eisessig/Wasser 20 : 9,5 : 970), in der ersten Dimension erfolgt die Ionophorese (Pyridin/Eisessig/Wasser 3 : 12 : 485; 40 Min., pH = 3,9, 950 V, 32 mA) in der zweiten Richtung die Chromatographie (Butanol/Eisessig/Wasser 4 : 1 : 1; 2½ Stdn.). *Abbildung 72e* zeigt das Fingerprint der tryptischen Peptide von Pferd-Hämoglobin.

II. N-(2.4-Dinitrophenyl)-Aminosäuren

Zum Nachweis der N-endständigen Aminosäure eines Proteins oder Peptids eignet sich die Dinitrophenyl-Methode von SANGER [355]. Schon im Jahre 1923 verwendete ABDERHALDEN [1] 2,4-Dinitrochlorbenzol zum Nachweis der freien Aminogruppen des Seidenfibroins. Da die Reaktionsfähigkeit dieser Verbindung sehr gering war, ersetzte sie SANGER [355] durch 2,4-Dinitrofluorbenzol (DNFB): Proteine und Peptide reagieren mit DNFB unter Bildung von Dinitrophenyl(DNP)-Derivaten (Schema II: vgl. Klapptafel).

Die Umsetzung der freien Aminosäuren mit diesem Reagens besitzt für ihre Bestimmung in biologischem Material erhebliche praktische Bedeutung, weil die DNP-Aminosäuren von den störenden Salzen leicht abgetrennt werden können (S. 211).

A. Dinitrophenylierung

Die Reaktion von Aminosäuren, Peptiden und von Proteinen mit DNFB geht aus Schema II (vgl. Klapptafel) hervor; sie wird in alkalischer Lösung durchgeführt. Die entstandenen DNP-Aminosäuren sind in gelöster Form besonders lichtempfindlich [2, 194, 325, 351, 352, 353]. POLLARA und VON KORFF [325] fanden, daß manche DNP-Aminosäuren unter Lichteinwirkung decarboxyliert werden und in die entsprechenden DNP-Alkylamine übergehen. RUSSEL [351, 352, 353] beobachtete, daß die DNP-Derivate der meisten Aminosäuren in $NaHCO_3$-Lösung, unter starker Beleuchtung, zersetzt werden. Bei der provozierten Photolyse [353] entsteht 4-Nitro-2-nitrosoanilin. DNP-Tryptophan wird nicht verändert; die DNP-Derivate von Asparagin, Cystin, Cysteinsäure und Prolin werden zwar zersetzt, das Zersetzungsprodukt konnte jedoch nicht identifiziert werden. β-, δ- und ε-DNP-Aminosäuren sind photostabil, DNP-Peptide sind beständiger als α-DNP-Aminosäuren. Extraktion und

Chromatographie der DNP-Aminosäuren sollte deshalb unter Vermeidung von direktem Licht durchgeführt werden [352]. Schließlich sei erwähnt, daß lange Reaktionszeit und zu hohe Temperatur die Bildung von unerwünschten Reaktionsprodukten intermediär entstehender DNP-Aminosäuredinitrophenylester fördern kann (TONGE [424]).

1. Aminosäuren

a) Herstellung der Dinitrophenyl-Aminosäuren[37])

Nach LEVY und CHUNG [223] wird die Reaktion in wäßriger Lösung durchgeführt: 10 mMol Aminosäure und 2 g Na_2CO_3 (wasserfrei) werden bei 40 °C in 40 ml Wasser gelöst. Hierzu gibt man 10 mMole DNFB in Form einer 10proz. acetonischen Lösung. Aminosäuren mit zwei reaktionsfähigen Gruppen erfordern die doppelte, Histidin die 2½fache Menge DNFB. Die Suspension wird 30—90 Min. bei 40 °C im Dunkeln kräftig geschüttelt, wobei die DNFB-Tröpfchen langsam verschwinden. Nach beendeter Reaktion schüttelt man mit Äther aus, um evtl. noch vorhandenes DNFB zu entfernen. Die Lösung wird nun mit etwa 3 ml konz. Salzsäure vorsichtig angesäuert, die ausgefallenen DNP-Aminosäuren werden filtriert oder gegebenenfalls mit Äther extrahiert.

Nach RAO und SOBER [332] erfolgt die Umsetzung in äthanolischer Lösung: Aminosäure und DNFB (s. o.) werden in Gegenwart von überschüssigem Natriumbicarbonat 2—5 Stdn. in 50proz. Äthanol geschüttelt (Reaktionsbedingungen: oben). Nachdem Äthanol bei Zimmertemperatur entfernt wurde, schüttelt man dreimal mit Äther aus. Die wäßrige Lösung wird mit 6 N HCl angesäuert, und die ausgefallene DNP-Aminosäure wird öfters mit kleineren Mengen eisgekühlten Wassers gewaschen.

Zur Reinigung (für beide Methoden) werden die ausgefallenen DNP-Aminosäuren in Äther gelöst; meistens kristallisieren sie schon beim Eindampfen der ätherischen Lösung. Das Umkristallisieren gelingt durch Aufnehmen in Benzol, dem etwas Äthanol zugesetzt wird, und Zufügen von Petroläther zur heißen Lösung. Sehr polare DNP-Aminosäuren werden aus wäßrigem Methanol umkristallisiert; ätherunlösliche Derivate durch Aufnehmen in verdünnter Salzsäure und Neutralisieren (z.B. Pyridin) umgefällt. DNP-Glutaminsäure kristallisiert in der Regel nicht: ihre Herstellung erfolgt am besten aus DNP-Glutamin durch Hydrolyse [31]. Zur Bereitung von DNP-Arginin, DNP-Cysteinsäure, α-Mono- und Di-DNP-Histidin und der verschiedenen Monoderivate von Cystein, Cystin, Lysin, Ornithin und Tyrosin vgl.

[37]) Kollektionen sind erhältlich z. B. bei MANN RESEARCH LABOR. INC., New York, oder bei SERVA[35]).

BISERTE und Mitarb. [31]; für $N_{Imidazolyl}$-DNP-Histidin vgl. SIEPMANN und ZAHN [389] und für O-DNP-Serin und O-DNP-Threonin vgl. ZAHN und SIEPMANN [454].
Tabelle 36 enthält die wichtigsten wasserlöslichen DNP-Aminosäuren, *Tabelle 38* die wichtigsten ätherlöslichen DNP-Aminosäuren.

b) Dinitrophenylierung einer Aminosäure-Mischung

Die Umsetzung einer Aminosäure-Mischung (z.B. Proteinhydrolysat) mit DNFB kann in wäßriger oder in äthanolischer Lösung durchgeführt werden (zur Umsetzung der freien Aminosäuren in biologischem Material: S. 210).
Dinitrophenylierung in wäßrigem Milieu: Nach WALLENFELS [433] wird der trockene Hydrolysenrückstand von 2—5 mg an der Luft getrocknetem perameisensäureoxydiertem (S. 134) Protein unter kräftigem Rühren in 2 ml CO_2-freiem Wasser bei Zimmertemperatur gelöst. Man pipettiert einen aliquoten Teil (1,2 ml) in ein kleines Reaktionsgefäß mit Magnetrührer, verdünnt mit 1,8 ml CO_2-freiem Wasser, setzt 0,1 ml 3,1 N KCl zu und erwärmt auf $40 \pm 0{,}1\,°C$. Unter kräftigem Rühren wird nunmehr durch Zugabe von 0,2 N NaOH das pH auf 8,9 eingestellt. Man versetzt im Dunkeln, entsprechend einem leichten Überschuß, mit etwa 0,1 ml DNFB und hält das pH auf 8,9 während 100 Min. mit Hilfe eines Autotitrators. Die Kinetik der Reaktion läßt sich durch automatische Registrierung der Alkaliaufnahme verfolgen. Nach beendeter Reaktion wird das überschüssige DNFB durch zweimalige Extraktion mit je 5 ml peroxydfreiem Äther entfernt. Arbeitet man mit peroxydhaltigem Äther, so entsteht DNP-Methioninsulfon aus DNP-Methionin. Man säuert nun das Reaktionsgemisch an (0,5 ml einer Lösung von 1 Teil HCl $d_4^{20} = 1{,}19 + 1$ Teil Wasser) und extrahiert die ätherlöslichen DNP-Aminosäuren durch fünfmaliges Ausschütteln mit je 4 ml peroxydfreiem Äther. Die Extrakte werden vereinigt und mit Äther auf 25 ml gebracht. Zur quantitativen Chromatographie (S. 67) entnimmt man 1 ml, engt etwas ein und trägt quantitativ auf die Schicht auf. Während der Reaktion entsteht aus DNFB 2,4-Dinitrophenol (DNP-OH). Wenn diese Verbindung in größeren Mengen anwesend ist, so kann sie unter Umständen einige DNP-Aminosäuren überdecken (S. 159). In solchen Fällen empfiehlt es sich, Dinitrophenol zu entfernen (S. 151). Die wäßrige Phase enthält α-Mono-DNP-Arginin, α-Mono-DNP-Histidin, DNP-Cysteinsäure und einen Teil von Di-DNP-Histidin (vgl. dazu S. 153). Sie wird, nach Entfernung des gelösten Äthers, mit CO_2-freiem Wasser auf 10 ml aufgefüllt: Zur Chromatographie entnimmt man 0,5 ml, verdampft im Vakuum zur Trockne, nimmt in möglichst wenig Aceton auf (evtl. Aceton/6 N HCl 2 : 25) und trägt quantitativ auf.
BISERTE und Mitarb. [31] bevorzugen folgende Arbeitsweise: Man extrahiert öfters die Lösung der wasserlöslichen DNP-Aminosäuren mit sec. Butanol/Essigester (1 : 1), vereinigt die Extrakte, verdampft zur Trockne und nimmt,

wie oben angegeben, in Aceton auf. Die acetonische Lösung enthält die erwähnten wasserlöslichen DNP-Aminosäuren.

Dinitrophenylierung in alkoholischer Lösung: Nach LUCAS und Mitarb. [232] wird der trockene Hydrolysenrückstand von 2—5 mg über P_2O_5 getrocknetem evtl. perameisensäureoxydiertem Protein in 5 ml Wasser gelöst. Zu dieser Lösung gibt man 100 mg $NaHCO_3$ und eine Lösung von 100 mg DNFB in 8 ml Äthanol. Man läßt das entstandene Einphasengemisch 3 Stdn. bei Zimmertemperatur im Dunkeln stehen. Nach beendeter Reaktion wird Äthanol im Vakuum abgedampft: die Temperatur soll dabei 40 °C nicht übersteigen. Man gibt nun 50 mg $NaHCO_3$ zu und extrahiert dreimal mit Äther. Die wäßrige Phase wird mit konz. HCl derart angesäuert, daß die HCl-Konzentration etwa 1—2 Molar beträgt. Anschließend schüttelt man fünfmal mit Äther, vereinigt die Extrakte, verdampft sie im Vakuum zur Trockne und löst in Aceton oder Essigester. Unter diesen Bedingungen bleiben Di-DNP-Histidin, DNP-Arginin und DNP-Cysteinsäure in der wäßrigen Phase. Diese Verbindungen werden, wie auf S. 152 beschrieben, direkt chromatographiert oder mit sec. Butanol/Essigester (1 : 1) extrahiert.

Obschon Histidin nach den Literaturangaben [31] in alkoholischer Lösung nur Di-DNP-Histidin liefern soll, fanden LUCAS und Mitarb. [232], daß zur vollständigen Umsetzung eine 16stdge. Reaktion erforderlich ist. Die amerikanischen Autoren empfehlen die gleichzeitige Ausführung zweier Umsetzungen: die eine zur Bestimmung aller Aminosäuren — ohne Histidin — und die andere zur Bestimmung von Histidin.

2. *Peptide*

a) Umsetzung mit Dinitrofluorbenzol

Dinitrophenylierung nach SANGER und THOMPSON [358]: Zu einer Lösung von 0,2 μM Peptid in 0,1 proz. Trimethylamin gibt man 10 μl DNFB, gelöst in 0,2 ml Äthanol. Nach 2 Stdn. im Dunkeln fügt man einige Tropfen Wasser und Trimethylaminlösung zu und extrahiert dreimal mit Äther (verwerfen). Die Lösung wird im Vakuum zur Trockne eingedampft.

Dinitrophenylierung nach LOCKHART und ABRAHAM [231]: Man löst 50 bis 150 μg Peptid in 0,1 ml 1,5 proz. (g/v) Trimethylammoniumcarbonat-Lösung (pH $\sim$ 9,3), setzt 0,2 ml einer 5 proz. alkoholischen Lösung von DNFB zu, läßt 2½ Stdn. im Dunkeln stehen, verdampft das Äthanol im Vakuum, versetzt mit 0,24 ml Trimethylammoniumcarbonat-Lösung und 1 ml Äther, durchmischt mit einem Vibromischer, zentrifugiert zwecks Phasentrennung, trennt den Äther ab (verwerfen) und verdampft die wäßrige Lösung im Vakuum zur Trockne.

b) Totalhydrolyse eines Dinitrophenyl-Peptids

Das DNP-Peptid wird in 0,1 ml 6 N HCl aufgenommen und während 9 Stdn. — im Bombenrohr unter Stickstoff — auf 105 °C erhitzt (über die Verluste während der Hydrolyse s. unten). Man verdünnt das Hydrolysat mit 2 Vol. Wasser und extrahiert mit Äther (ätherlösliche DNP-Aminosäuren). Die wasserlöslichen DNP-Aminosäuren werden entweder direkt aufgetragen oder zuerst mit sec. Butanol/Essigester extrahiert in Aceton aufgenommen (S. 152) und chromatographiert.

3. *Polypeptide und Proteine*

a) Umsetzung mit Dinitrofluorbenzol

Nach LEVY und LI [225] löst man 0,2 μMol Substanz bei 40°C in 30 ml 0,05 N wäßriger KCl, stellt den pH auf 8 (Zugabe von 0,05 N KOH mittels eines Autotitrators), setzt etwa 0,1 ml DNFB zu und rührt im Dunkeln kräftig durch, wobei pH und Temperatur konstant gehalten werden. Die Reaktion ist abgeschlossen, wenn keine NaOH mehr verbraucht wird. Die Lösung wird dreimal mit Äther extrahiert und anschließend angesäuert. Die ausgefallenen DNP-Verbindungen werden abzentrifugiert, mit Wasser, Aceton, Äther gewaschen und über P_2O_5 getrocknet.

b) Totalhydrolyse eines Dinitrophenyl-Proteins

Zur qualitativen Endgruppenbestimmung wird das DNP-Protein mit der 100fachen Menge zweimal destillierter 5,7 N Salzsäure 16 Stdn. bei 105°C (unter Stickstoff im Bombenrohr) hydrolysiert. Unter diesen Bedingungen werden manche DNP-Aminosäuren, wie z.B. die DNP-Derivate von Glycin, Prolin, Tyrosin und Cystin (letztere wird am besten als Cysteinsäure umgesetzt), größtenteils zerstört [31]. Nach FITTKAU und Mitarb. [114] werden DNP-Glycin und DNP-Prolin, in Modellexperimenten, nicht merklich verändert. DNP-Glycin, DNP-Prolin und andere säurenempfindliche DNP-Derivate werden bedeutend weniger zersetzt, wenn die Hydrolyse mit Dowex-50(H) vorgenommen wird (STEVEN [416]). Will man nun die Endgruppen quantitativ bestimmen, so sollten mehrere Hydrolysen (Änderung der Zeit, HCl-Konzentration und Reagens) nebeneinander durchgeführt werden.

Das Hydrolysat wird derart verdünnt, daß die HCl-Konzentration etwa 1 N beträgt. Man extrahiert dreimal mit peroxydfreiem Äther und, zur Isolierung von Di-DNP-Histidin, fünfmal mit Essigester. Die Extrakte werden mit 0,1 N HCl gewaschen: Man kombiniert einerseits die Äther- und Essigester-Extrakte und anderseits die wäßrige Phase mit dem Waschwasser.

Ätherlösliche DNP-*Aminosäuren*: Größere Mengen von Dinitrophenol können unter Umständen die Trennung beeinträchtigen (S. 150). DNP-OH kann mittels Sublimation [31] (hierbei geht teilweise Methionin und auch Cystein verloren) oder durch Adsorption auf Aluminiumoxid [427] bzw. auf Kieselsäure [417] entfernt werden.

5 g Kieselsäure (Mallinkrodt 100 mesh) werden sorgfältig mit 2,5 ml 0,067 M Na_2HPO_4 durchmischt, mit Chloroform aufgeschlämmt und in eine 30×1-cm-Säule gefüllt. Die ätherlöslichen DNP-Verbindungen werden am besten in Chloroform auf die Säule gebracht. Zuerst wird mit Chloroform, ges. mit 0,067 M Na_2HPO_4, eluiert; Dinitrophenol und Dinitranilin sind in diesem alkalischen Milieu nur z.T. ionisiert und werden deshalb eluiert. Die ionisierten DNP-Aminosäuren bleiben hingegen auf der Säule haften. Sie werden mit Chloroform, enthaltend 1% Eisessig, eluiert. Das Eluat wird schließlich eingedampft und in Aceton oder Essigester aufgenommen.

Wasserlösliche DNP-*Aminosäuren*: In dieser Fraktion können folgende Verbindungen anwesend sein: DNP-Arginin, DNP-Cysteinsäure, Mono-DNP-Derivate von Cystein, Cystin, Histidin, Lysin, Ornithin und Tyrosin, ferner etwas Di-DNP-Histidin. Diese Verbindungen können, trotz der Anwesenheit der freien Aminosäuren, chromatographisch direkt identifiziert werden (Vorsicht bei der Ninhydrin-Anfärbung): Man verdampft die wäßrige Lösung unter wiederholtem Wasserzusatz öfters zur Trockne und nimmt in 0,5 N HCl, in Eisessig oder in Aceton/Eisessig auf (etwa 1 ml pro 10 μM Protein; Auftragmenge etwa 1 μl; man beachte, daß das sauere Lösungsmittel vor der Chromatographie vollständig verdampft werden muß). Die wasserlöslichen DNP-Aminosäuren können im übrigen mit sec. Butanol-Essigester (1 : 1) extrahiert werden (S. 150). Eine andere Möglichkeit bietet die selektive Adsorption der DNP-Aminosäuren (außer DNP-Cysteinsäure) auf Hyflo-Super-Cel-Talk [31].

c) Partielle Hydrolyse eines Dinitrophenyl-Proteins

Die saure oder enzymatische partielle Hydrolyse eines DNP-Proteins besitzt für die Sequenzanalyse erhebliche praktische Bedeutung. In Chromatogrammen oder in „Fingerprints“ erkennt man die N-terminalen Teile durch ihre gelbe Farbe, wobei nicht N-terminale Teile farblos sind (Ausnahme: nicht N-terminale Lysin-Peptide enthalten ε-DNP-Gruppen und sind deshalb ebenfalls gelbgefärbt).

Peptide, welche ε-DNP-Lysin enthalten, können leicht von den freien Peptiden und Aminosäuren getrennt werden [31]. Die Fraktionierung der α- bzw. ε-DNP-Peptide, zumindest durch Extraktion, ist oft schwierig. Für weitere Angaben vgl. KEIL [193].

B. Dünnschichtchromatographie der wasserlöslichen Dinitrophenyl-Aminosäuren

Die relativ wenigen wasserlöslichen DNP-Aminosäuren lassen sich am besten mit Fließmitteln chromatographieren, die aus Mischung eines Alkohols (n-Propanol oder n-Butanol) mit Ammoniaklösung bestehen.

DNP-Arginin, DNP-Cysteinsäure, Mono-DNP-Cystin, α-DNP-Histidin, Di-DNP-Histidin, ε-DNP-Lysin und 0-DNP-Tyrosin können auf Kieselgel-G-Schichten mit dem Fließmittel n-Propanol/34proz. Ammoniak (7 : 3) chromatographiert werden. In *Tabelle 36* sind die *Rf*-Werte angegeben [44].

Tabelle 36. Identifizierung der wasserlöslichen Dinitrophenyl-Aminosäuren[1]) auf Kieselgel-G-Schichten [44] (s. Text S. 77 und *Tab. 14*). Aus: BRENNER und Mitarb. [44]

Substanz	*hRf*[2])	Farbe	Farbe mit Ninhydrin
Mono-DNP-$(Cys)_2$	29	gelb	braun
DNP-$CySO_3H$	29	gelb	gelb
α-DNP-Arg	43	gelb	gelb
ε-DNP-Lys	44	gelb	braun
O-DNP-Tyr	49	farblos	violett
α-DNP-His[3])	57	gelb	gelb
Di-DNP-His[3])	65	gelb	gelb

[1]) Zur Chromatographie der wasserlöslichen DNP-Aminosäuren aus biologischem Material vgl. S. 215.

[2]) Mittelwerte aus je 6 Einzelbestimmungen; Fließmittel: n-Propanol/34proz. Ammoniak (7 : 3); aufsteigende Technik; Laufstrecke: 10 cm; Beladung: 0,5—1 µg.

[3]) Das im-DNP-Histidin gehört auch zur Gruppe der wasserlöslichen DNP-Aminosäuren. Diese Verbindung sollte nach ZAHN und PFANNMÜLLER [453] ihrer Unbeständigkeit wegen in Hydrolysaten von DNP-Proteinen und DNP-Peptiden nicht nachweisbar sein und wurde daher von BRENNER und Mitarb. [44] nicht näher untersucht. Neuere Untersuchungen von ZAHN [389] haben jedoch ergeben, daß im-DNP-Histidin auf einfache Weise hergestellt werden kann und auch in DNP-Protein bzw. DNP-Peptidhydrolysaten nachgewiesen werden kann.

ε-DNP-Lysin und DNP-Arginin werden in diesem chromatographischen System nicht getrennt; die beiden Verbindungen können dennoch auf Grund ihrer Unterschiede bei der Ninhydrin-Reaktion (*Tab. 36*) nebeneinander nachgewiesen werden. DNP-Cysteinsäure und Mono-DNP-Cystin dürften praktisch nie nebeneinander vorkommen. α-DNP-Lysin (*Rf* = 0,1) und ε-DNP-Lysin (*Rf* = 0,2) lassen sich auf Kieselgel-G-Schichten mit Essigester/Pyridin/Eisessig/Wasser (60 : 20 : 6 : 11) trennen [378].
Zur Chromatographie der wasserlöslichen DNP-Aminosäuren, welche bei der Dinitrophenylierung der Urin-, Blut-, Sperma-Aminosäuren, usw. entstehen, vgl. S. 215.
Die Probe (1 µg) wird z. B. in 1 µl Eisessig oder 0,5 N HCl aufgetragen. Es ist wichtig, daß überschüssige Säure vor der Chromato-

graphie von der Schicht entfernt wird. Hierzu muß die Platte nach dem Auftragen der Lösung etwa 10 Min. bei gutem Luftzug auf etwa 60 °C erwärmt werden.

C. Dünnschichtchromatographie der ätherlöslichen Dinitrophenyl-Aminosäuren

1. *Fließmittel und Rf-Werte*

Zur Chromatographie der ätherlöslichen DNP-Aminosäuren eignen sich nach BRENNER und Mitarb. [44, 45, 434] Kieselgel-G-Schichten und die Fließmittel Nr. 66—72 *(Tab. 37)*.

Tabelle 37. Fließmittel zur Trennung der ätherlöslichen Dinitrophenyl-Aminosäuren

Nr.	Fließmittel		Autor
66[1])[2])	Toluol/Pyridin/2-Chloräthanol/0,8 N Ammoniak-Lösung	100 : 30 : 60 : 60	BRENNER und Mitarb. [44, 45, 434]
67[2])	Toluol/Pyridin/2-Chlorähtanol/25 proz. Ammoniak	50 : 15 : 35 : 7	
68[2])	Chloroform[8])/Benzylalkohol/Eisessig	70 : 30 : 3	
69[2])	Chloroform[8])/t-Amylalkohol/Eisessig	70 : 30 : 3	
70[2])	Benzol/Pyridin[8])/Eisessig	80 : 20 : 2	
71[2])[3])	Chloroform[8])/Methanol/Eisessig	95 : 5 : 1	
72[2])	Chloroform[8])/Methanol/Eisessig	70 : 30 : 5	
73[2])[3])	Chloroform[8])/Methanol/Eisessig	98 : 2 : 1	KELLER und PATAKI [196]
74[2])	n-Butanol/ges. mit 0,1 proz. Ammoniak		VOGLER und Mitarb. [432]
75[4])	1 M NaH_2PO_4 + 0,5 M Na_2HPO_4		BRANDNER und VIRTANEN [39]
76[5])	Chloroform/Methanol/Eisessig/Petroläther	70 : 10 : 5 : 5—10	FITTKAU und Mitarb. [114]
77[5])	Benzol/Pyridin/Eisessig	70 : 30 : 3	
78[6])	80—90 proz. Äthanol		WOHLLEBEN [446]
79[6])	Dimethylformamid/Eisessig/Äthanol/Wasser	5 : 10 : 20 : 30	
80[2])	Toluol/Pyridin/Eisessig[7])	80 : 10 : 1	WITKOP [444]
81[2])	Benzol/Eisessig[7])	3 : 1	

[1]) Zweiphasiges Fließmittel: die untere Phase dient zur Vorbehandlung der Schicht (vgl. Text).
[2]) Kieselgel-G (s. Text S. 77).
[3]) Die Trennung ist stark von der Luftfeuchtigkeit abhängig [196].
[4]) MN-300-Cellulose (s. Text S. 91).
[5]) Supergel (s. Text S. 78).
[6]) Polyamid-WOELM.
[7]) Für die Trennung von DNP-Aminosäure-methylester.
[8]) enthaltend etwa 1,5 % Alkohol.

Einige spezielle Hinweise erfordert die Anwendung des Fließmittels Nr. 66: Eine mit Filterpapier ausgeschlagene Trennkammer (S. 16) wird mit der unteren Phase des Fließmittels beschickt. Auf den Boden der Kammer legt man als Rost einen dicken gebogenen Glasstab. Zwei mit Kieselgel-G beschichtete Platten werden mit der Schichtseite nach außen auf die Mitte des Rostes gestellt, und jede wird mit der oberen Kante an eine Kammerwand gelehnt. Um zu vermeiden, daß Lösungsmittel auf die Schicht gelangt, trennt man diese durch einen Strich parallel zur Oberkante entzwei. Man läßt über Nacht stehen. Das Kieselgel nimmt dabei viel Feuchtigkeit auf, was man daran erkennt, daß auf die Platte gebrachte Substanzen während der Vorbehandlung erheblich diffundieren können. Die Chromatographie auf einer derart vorbehandelten Schicht beruht wahrscheinlich auf einer „echten" Verteilung zwischen zwei flüssigen Phasen. Jedenfalls geht die Wirkung der Äquilibrierung an Platten, die ungeschützt an der Luft verweilen, schon nach 45 Min. praktisch verloren. Dieser Effekt ist bei der Benützung der Platten zu beachten.

Läßt man die Platte zwischen Vorbehandlung und Chromatographie ungeschützt an der Luft liegen, so zeigt sich, daß die *Rf*-Werte schon nach 2 Min. vermindert werden. Die Schicht muß deshalb nach Entfernung aus der Kammer sofort mit einer zweiten Glasplatte bedeckt werden, wobei nur ein etwa 1,5 cm breiter Streifen an der unteren Kante freibleiben darf. Hier werden nun die Substanzen aufgetragen. Benötigt man dazu nicht mehr als etwa 5 Min., so ist die Störung unbedeutend. Das Auftragen läßt sich im übrigen beschleunigen, wenn man relativ konzentrierte Lösungen verwendet. *Das Auftragsvolumen sollte 1 μl nicht übersteigen*! Die Platte wird nun unverzüglich zur Chromatographie angesetzt: Man entwickelt mit 120 ml der oberen Phase.

Tabelle 38 orientiert über die *Rf*-Werte in einigen der genannten Fließmittel.

Neben den bei eindimensionaler Chromatographie erhaltenen *Rf*-Werten sind auch diejenigen Werte angegeben, welche man in der zweiten Dimension nach vorheriger Chromatographie mit Fließmittel Nr. 66 erhält („indirekt erzielte *Rf*-Werte"). Sie sind nur dann reproduzierbar, wenn die Vorschrift zur Anwendung von Fließmittel Nr. 66 (s. o.) und zur Zwischentrocknung (S. 158) genau beachtet wird. FITTKAU und Mitarb. [114] benutzen Supergel-Schichten und die Fließmittel Nr. 76, 77 und 67. WOHLLEBEN [446] verwendet Polyamid-WOELM-Schichten[33]) und die Fließmittel Nr. 78 und 79. Für spezielle Trennungen bewährten sich Kieselgel-G-Schichten und Fließmittel Nr. 74 (VOGLER und

Tabelle 38. *hRf*-Werte[1]) und Kennziffer der ätherlöslichen Dinitrophenyl-Aminosäuren bei eindimensionaler, aufsteigender bzw. horizontaler Chromatographie auf Kieselgel-G-Schichten [44] (s. Text S. 77).
Aus: BRENNER und Mitarb. [44]

Kennziffer	Verbindung	Fließmittel Nr.										
		66[2])	68[3]) aufsteigend		69[3]) aufsteigend		70[5]) horizontal[6])			71[5]) horizontal[6])		
		aufsteigend		indirekt[4])		indirekt[4])	aufsteigend[2])		indirekt[4])	aufsteigend[7])		indirekt[4])
1	DNP-Ala	34	54	35	60	34	32	33	38	59	66	58
2	DNP-β-Ala	27	71	57	73	50	189	98	100	99	95	102
3	DNP-Aad[7])	—	—	—	—	—	—	—	—	—	—	—
4	DNP-Abut	46	72	44	73	42	52	52	55	79	85	75
5	DNP-γ-Abut	—	—	—	—	—	—	—	—	—	—	—
6	DNP-Acy	79	92	66	83	57	105	108	109	108	101	106
7	DNP-β-Aib	—	—	—	—	—	—	—	—	—	—	—
8	DNP-Asp(NH_2)	—	—	—	—	—	—	—	—	—	—	—
9	DNP-Asp	02	13	08	09	13	06	05	11	07	06	06
10	Di-DNP-Cys	—	—	—	—	—	—	—	—	—	—	—
11	Di-DNP-$(Cys)_2$	—	03	02	01	01	00	00	02	00	02	02
12	DNP-Glu(NH_2)	—	—	—	—	—	—	—	—	—	—	—
13	DNP-Glu	01	26	17	31	21	12	12	23	12	12	14
14	DNP-Gly	27	32	22	40	23	17	18	22	31	38	31
15	Di-DNP-His	53	11	09	08	04	05	04	08	12	16	14
16	Di-DNP-Hylys	—	—	—	—	—	—	—	—	—	—	—
17	DNP-Hypro	—	—	—	—	—	—	—	—	—	—	—
18	DNP-Ile	64	83	63	81	57	107	107	107	100	101	104
19	DNP-Leu	66	82	62	80	54	100	100	100	100	100	100
—	DNP-Nleu	69	82	60	80	52	86	90	88	101	100	98
20	Di-DNP-Lys	74	56	35	60	30	12	13	19	66	73	65
21	DNP-Met	55	70	39	69	38	43	43	47	72	81	74
22	DNP-$MetO_2$	17	—	—	—	04	03	03	02	10	10	07
23	Di-DNP-Orn	70	34	23	40	20	06	06	10	39	46	39
24	DNP-Phe	67	75	46	74	41	44	46	52	81	86	76
25	DNP-Pro	29	65	41	67	38	58	59	62	78	84	75
26	DNP-Sar	23	56	35	57	32	34	35	41	59	65	60
27	DNP-Ser	15	11	10	11	10	09	10	14	07	08	07
28	DNP-Thr	20	17	13	15	12	12	14	20	09	11	11
29	DNP-Try	65	69	38	69	31	23	25	33	54	61	49
30	Di-DNP-Tyr	76	58	35	60	30	17	16	19	57	65	57
31	DNP-Val	53	79	56	77	51	76	81	85	91	98	86
—	DNP-Nval	56	77	52	76	48	65	70	75	86	95	89
32	DNP-OH[8])	41	100	76	83	55	22	21	23	148	102	111
33	DNP-NH_2[9])	90	90	84	72	63	115	128	129	131	101	115

Anmerkungen [1]) bis [9]) auf S. 157 unten.

Mitarb. [432]) (Trennung von DNP-Leucin und γ-DNP-Diaminobuttersäure) sowie MN-300-Cellulose-Schichten und Fließmittel Nr. 75 (BRANDNER und VIRTANEN [39]) (Trennung und quantitative Bestimmung von DNP-Hydroxyglutamin und DNP-Hydroxyglutaminsäure; die *Rf*-Werte sind 0,3 bzw. 0,4).
Methylester von DNP-Aminosäuren und von DNP-Dipeptiden können nach WITKOP [444] auf Kieselgel-G-Schichten chromatographiert werden (Fließmittel Nr. 80 und 81). *Tabelle 39* enthält die gefundenen *Rf*-Werte.

Tabelle 39. *hRf*-Werte¹) von DNP-Aminosäure- und DNP-Dipeptid-methylester auf Kieselgel-G-Schichten (s. Text S. 77) [444] (aufsteigend)

DNP-Methylester von	Fließmittel Nr. 80	81
Gly	30	50
Try	30	62
Ala	39	58
Val	55	67
Ile	66	70
Leu	66	72
Val-Gly	16	20
Ile-Gly	20	24
Leu-Gly	23	—
Ala-Leu	25	—
Ala-Val	23	—
Gly-Try	07	—
Val-Val	36	—
Leu-Try	25	—

¹) Man beachte, daß der *Rf*-Wert einer Substanz von vielen Faktoren abhängig ist (s. Text S. 47); die Angaben sind deshalb nur als Richtwerte zu betrachten. Abkürzungen nach *Tab. 14*; zur Schreibweise vgl. [189].

2. *Ein- und mehrdimensionale Trennung*

Die Identifizierung einer ätherlöslichen DNP-Aminosäure erfordert in der Regel mehrere Chromatogramme. Über Trenneffekte und

¹) Mittelwerte aus je 6 Einzelmessungen. Man beachte, daß der *Rf*-Wert einer Substanz von vielen Faktoren abhängig ist (S. 47); die Angaben sind deshalb nur als Richtwerte zu betrachten. Abkürzungen der Aminosäuren nach *Tab. 14*.
²) Laufstrecke 15 cm.
³) Laufstrecke 15 cm.
⁴) Nach Chromatographie in Fließmittel Nr. 66 und Zwischentrocknung (vgl. Text).
⁵) *Rf*-Werte auf DNP-Leucin bezogen.
⁶) Laufstrecke von DNP-Leucin: 10 cm.
⁷) α-Amino-adipinsäure.
⁸) 2,4-Dinitrophenol.
⁹) 2,4-Dinitroanilin.

Laufzeiten bei eindimensionaler Chromatographie in einigen Fließmitteln orientiert *Tabelle 40.*

Für die Trennung der wichtigsten ätherlöslichen Derivate dienen drei 2-dimensionale Chromatogramme [44, 45, 434]. Die charakteristischen Fleckenmuster werden durch *Rf*-Schwankungen kaum verfälscht, wenn man die Arbeitsvorschriften genau beachtet. Man kann deshalb eine unbekannte Probe zusammen mit einer Stan-

Tabelle 40. Trenneffekte und Laufzeiten bei eindimensionaler Chromatographie der ätherlöslichen Dinitrophenyl-Aminosäuren auf Kieselgel-G-Schichten [44, 196] (s. Text S. 77)

Fließmittel Nr.	Abtrennung der DNP-Aminosäuren von		Trennung der DNP-Derivate von		Trennung der Di-DNP-Derivate von Tyr und Lys	Laufzeit
	Dinitroanilin[1])	Dinitrophenol[1])	Leu Ile bzw. Nleu	Val Nval		
66	+	—[2])	—	—	—	1 Std./15 cm
68	+	+	—	—	—	1¹/₂ Std./10 cm
69	—[6])	—[3])	—	—	—	1 Std./15 cm
70[7])	+	—[4])	+	+	—	2—3 Stdn.
71[7]) [8])	—[5])	—	—	+	+	2—3 Stdn.

[1]) 2,4-Dinitrophenol und 2,4-Dinitroanilin sind Nebenprodukte bei der Synthese und der sauren Hydrolyse von DNP-Proteinen und Peptiden.
[2]) Dinitrophenol liegt zwischen DNP-Val und DNP-Ala.
[3]) Dinitrophenol liegt bei DNP-Leu.
[4]) Dinitrophenol liegt zwischen DNP-Ala und DNP-Gly.
[5]) Dinitrophenol und Dinitroanilin liegen knapp über DNP-Leu.
[6]) Dinitroanilin liegt zwischen DNP-Phe und DNP-Met.
[7]) Durchlaufchromatographie in der BN-Kammer (s. Text S. 19). DNP-Leu läuft in 2¹/₂ Stdn. etwa 10 cm weit.
[8]) Die Trennung hängt stark von der Luftfeuchtigkeit ab; manchmal besitzt dehalb Fließmittel Nr. 73 bessere Trenneigenschaften. Zur Trennung von Di-DNP-Tyr und -Lys eignet sich ferner Äther/Eisessig 95 : 5 (BRENNER und Mitarb. [45]).

dardmischung chromatographieren, wobei pro Verbindung der Standardlösung etwa 0,2 μg aufgetragen werden soll. Hierbei resultiert ein eben noch sichtbares Fleckenmuster und die in der Probe vorhandenen DNP-Aminosäuren geben sich durch eine Intensitätszunahme der ihnen zukommenden Flecken zu erkennen (S. 26).

Methode A: Man trägt das Gemisch der ätherlöslichen DNP-Aminosäuren auf drei Kieselgel-G-Platten auf. Die Platten werden mit Fließmittel Nr. 66 (für Vorbehandlung S. 155) in der ersten Dimension entwickelt. Nach Zwischentrocknung Z[38]) [39]) (die Zwischentrocknungsbedingungen[38])[39]) sind genau einzuhalten) wird je eine Platte mit Fließmittel Nr. 68 bzw. Nr. 70 bzw. mit Nr. 71 in der zweiten Dimension chromatographiert. *Abbildung 73* zeigt die Verteilung der ätherlöslichen DNP-Aminosäuren.

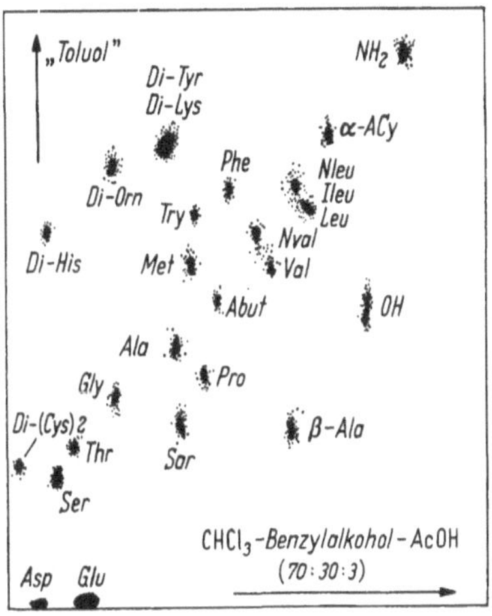

a

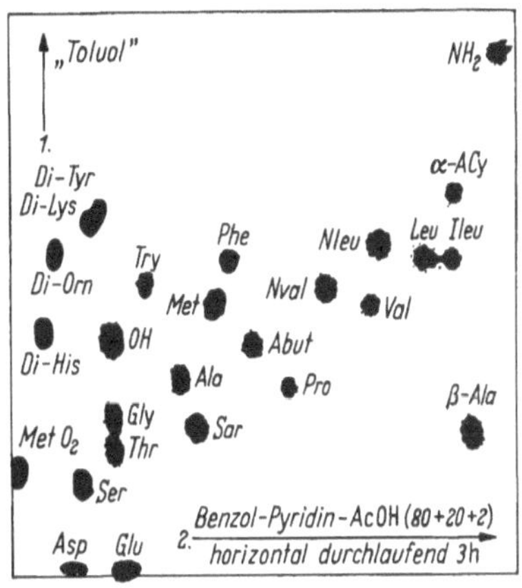

b

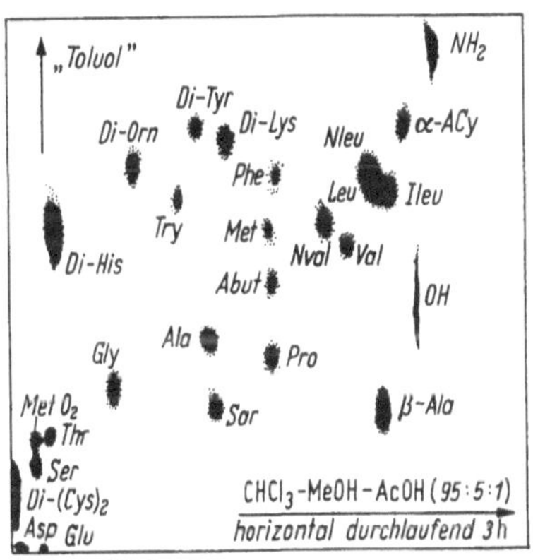

c

Abbildung 73
Zweidimensionale Chromatogramme einer DNP-Aminosäure-Modellmischung [44]. OH = Dinitrophenol; NH_2 = Dinitroanilin; Di = Di-DNP-Derivate. UV-Photokopie vgl. Text S. 164 und *Tabelle 37*. Fortsetzung der Bildunterschrift auf S. 160.

[38]) Zwischentrocknung M (Mehrfachchromatographie, vgl. auch S. 160): Luftzug, Zimmertemperatur (rd. 3 Min.), Schicht wird weiß.

(Fortsetzung der Bildunterschriften zu *Abb. 73* S. 159)

a) Auftragmenge: je 0,2 μg; Laufstrecke 12×10 cm. 1. Dimension: „Toluol" = Fließmittel Nr. 66; 2. Dimension: Fließmittel Nr. 68

b) Auftragmenge: je 1 μg; „Laufstrecke" 15×14 cm. 1. Dimension: Fließmittel Nr. 66; 2. Dimension: Fließmittel Nr. 70 (durchlaufend 3 Stdn. in der BN-Kammer)

c) Auftragmenge: je 1 μg; „Laufstrecke": 13×13 cm. 1. Dimension: Fließmittel Nr. 66; 2. Dimension: Fließmittel Nr. 71 (durchlaufend 3 Stdn. in der BN-Kammer). Die Trennung in der zweiten Richtung ist von der Luftfeuchtigkeit abhängig. Manchmal besitzt Fließmittel Nr. 73 bessere Trenneigenschaften [196]. Zur Trennung von Di-Lys und Di-Tyr vgl. auch *Tabelle 40*

Aus: Brenner und Mitarb. [44]

Diese Methode eignet sich einerseits zum Nachweis und zur Bestimmung der N-endständigen Aminosäure eines Proteins oder Peptids, anderseits zum Nachweis und zur Bestimmung von Aminosäuren in Proteinhydrolysaten (S. 140).

Methode B: Man trennt das Gemisch der ätherlöslichen DNP-Aminosäuren durch zweidimensionale Chromatographie auf Kieselgel-G-Schichten in den Fließmittel Nr. 67 und 68, wobei die Entwicklung mit Fließmittel 67 nach Zwischentrocknung M[38]) in der gleichen Richtung einmal wiederholt und dann eine Zwischentrocknung Z[39]) eingeschaltet wird (die Zwischentrocknungsbedingungen sind sorgfältigst einzuhalten). Die jeweilige Laufstrecke des Fließmittels soll 10—15 cm betragen *(Abb. 74a)*. In Chromatogrammen nach *Abbildung 74a* erscheinen *Di*-DNP-*Tyrosin* und *Di*-DNP-*Lysin* nie getrennt. Die Trenngüte von *Di*-DNP-*Cystin*, DNP-*Asparagin* und DNP-*Glutamin* sowie von DNP-*Asparaginsäure*, DNP-*Glutaminsäure* und DNP-*α-Amino-adipinsäure* bzw. von DNP-*Leucin* und DNP-*Isoleucin* hängt von den relativen Mengen und, im Falle von biologischem Material, von der zufälligen Gegenwart von Begleitstoffen ab. Will man die genannten Verbindungen einzeln erfassen, so verfährt man wie folgt: Zur Trennung der DNP-Derivate von *Lysin*, *Tyrosin*, *Isoleucin* und *Leucin* entwickelt man mit Fließmittel Nr. 67 in der ersten Dimension und nach Zwischentrocknung Z [39]) mit Fließmittel Nr. 71 in der zweiten Richtung (Durchlaufchromatographie in der BN-Kammer, Laufzeit 3 Stdn.)

[39]) Zwischentrocknung Z (Zweidimensionale Chromatographie, vgl. auch S. 159): 10 Min. Luftzug, 10 Min. auf 60 °C erhitzen, 15 Min. im Luftzug abkühlen lassen.

(Abb. 73c). Der Erfolg bei der Auftrennung der *Leucine* hängt sehr stark von der relativen und absoluten Menge ab. Wenn sich nur ein *Leucin/Isoleucin*-Fleck bildet und sich dieser bei Verringerung der Chromatogrammbeladung nicht in zwei separate Flecken auflöst (zur Auflösung dicht beieinander liegender Flecken mittels

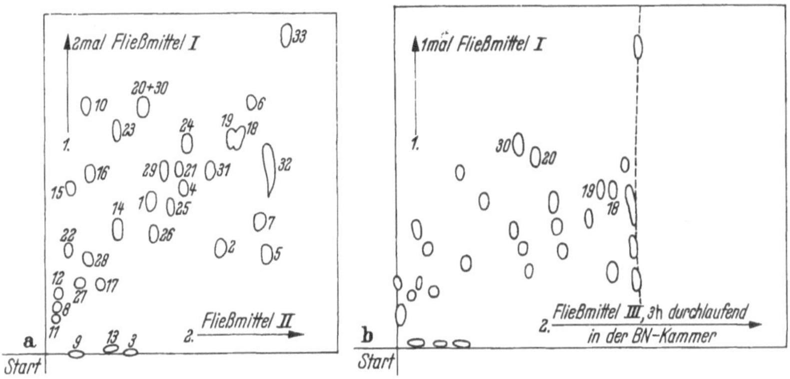

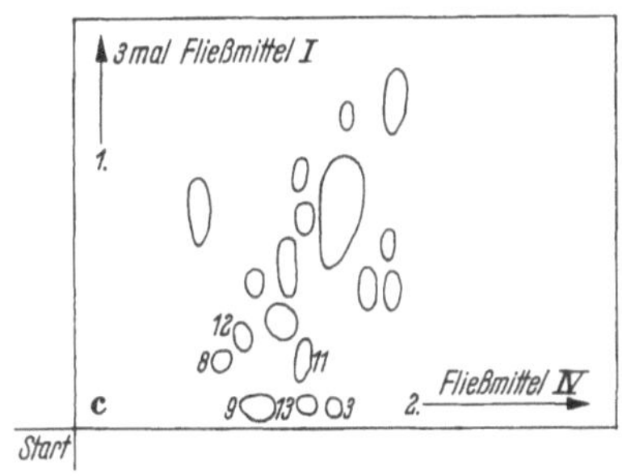

Abbildung 74
Ätherlösliche DNP-Aminosäuren: Fleckenmuster (Auftragmenge je 0,4 μg). Die Zahlen beziehen sich auf die Kennziffer in *Tabelle 38.*

a) 1. Dimension I = Fließmittel Nr. 67 (zweimalige Entwicklung; vgl. Text); 2. Dimension II = Fließmittel Nr. 68
b) 1. Dimension I = Fließmittel Nr. 67; 2. Dimension III = Fließmittel Nr. 71 (durchlaufend 3 Stdn. in der BN-Kammer). Die Trennung in der zweiten Richtung ist von der Luftfeuchtigkeit abhängig. Manchmal besitzt Fließmittel Nr. 73 bessere Trenneigenschaften. Zur Trennung von Di-DNP-Lys und Di-DNP-Tyr vgl. auch *Tabelle 40*
c) 1. Dimension I = Fließmittel Nr. 67 (dreimalige Entwicklung vgl. Text); 2. Dimension IV = Fließmittel Nr. 72
Aus: WALZ und Mitarb. [434]

Photokopie S. 164), so chromatographiert man in der zweiten Dimension mit Fließmittel Nr. 70 *(Abb. 73b)*. Eine vollständige Trennung der DNP-Derivate von *Asparagin*, *Glutamin*, *Asparaginsäure*, *Glutaminsäure*, *α-Amino-adipinsäue* und *Cystin* gelingt, wenn man in der ersten Dimension dreimal (nach jeweiliger Zwischentrocknung M[38])) mit Fließmittel Nr. 67 entwickelt und nach Zwischentrocknung Z[39]) mit Fließmittel Nr. 72 in der zweiten Dimension chromatographiert.

Die Trennung der erwähnten Verbindungen ist aus *Abbildung 74b* und *c* ersichtlich.

Methode B eignet sich zum Nachweis und zur Bestimmung der N-endständigen Aminosäure eines Peptids oder Proteins (vgl. *Methode A*), zum Nachweis und zur Bestimmung von Aminosäuren in Proteinhydrolysaten (vgl. auch *Methode A*) und besonders gut zur qualitativen und quantitativen Bestimmung von Aminosäuren in biologischem Material (S. 212).

Nach WITKOP [444] können die Methylester der DNP-Aminosäuren auf Kieselgel-G-Schichten getrennt werden *(Tab. 39)*. Auch diese Arbeitsweise eignet sich zur Bestimmung der N-endständigen Aminosäure [179].

Behandelt man Gramicidin A mit wasserfreier Salzsäure in abs. Methanol, so entsteht eine Verbindung, die alle Bausteine von Gramiicidin A und zusätzlich eine freie Aminogruppe enthält („seco-Gramicidin A“) [179].

Herstellung und Hydrolyse von DNP-*seco-Gramicidin A*: 90 mg seco-Gramicidin A werden in 4 ml Äthanol gelöst und mit 90 mg Dinitrofluorbenzol (DNFB) und 2 ml 10proz. Triäthylamin versetzt. Man läßt das Gemisch im Dunkeln bei Zimmertemperatur 12 Stdn. stehen und dampft dann Lösungsmittel und Triäthylamin ab. Der Rückstand wird mit 4×5 ml Äther gewaschen (Entfernung von DNFB; Äther verwerfen) und in 3 ml Äthanol gelöst (DNP-seco-Gramicidin A ist unlöslich in Äther). DNP-seco-Gramicidin A wird durch Zugabe von 10 ml 0,1 N Salzlösung gefällt, das Präzipitat wird mit Wasser gewaschen, getrocknet und in Essigester gelöst. Zur Reinigung trägt man die Lösung auf dickere Schichten auf, entwickelt mit Fließmittel Nr. 71 und extrahiert anschließend DNP-seco-Gramicidin A. Zur Abspaltung der N-endständigen Aminosäure versetzt man 3,7 g der Verbindung mit 0,8 ml Eisessig und 0,8 ml 12 N HCl. Die Hydrolyse erfolgt bei 110°C während 18 Stdn. unter Luftausschluß. Man dampft ein und nimmt den Rückstand in 3,5 ml 0,5 N wäßriger $NaHCO_3$-Lösung auf. Die Lösung wird mit 3×2 ml

Äther gewaschen (Äther verwerfen), mit 0,5 ml 6 N HCl angesäuert und mit 3×2 ml Äther extrahiert. Die ätherlöslichen DNP-Derivate löst man in wenig Dimethoxyäthan auf und versetzt die Lösung mit 1 ml Diazomethan in Äther. Nach Entfernung vom überschüssigen Reagens wird der Rückstand in 0,1 ml Dimethoxyäthan aufgelöst. Zur Chromatographie trägt man 2—4 μl auf die Schicht auf. (Kieselget G; S. 77)

Abbildung 75 zeigt die ätherlöslichen DNP-Aminosäuren (in Form ihrer Methylester) aus dem Hydrolysat von DPN-seco-Gramicidin A. Einer der Flecken ist identisch mit DNP-Valin-methylester *(Tab. 39)*, der andere besitzt den gleichen *Rf*-Wert wie DPN-Leucin- bzw. DNP-Isoleucin-methylester *(Tab. 39)*. Letztere Verbindungen können mit Hilfe der Gaschromatographie getrennt werden [179].

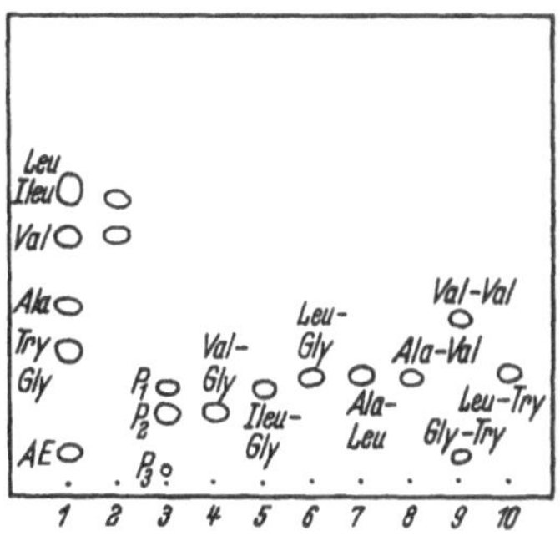

Abbildung 75. Dünnschichtchromatogramm von DNP-Aminosäure und DNP-Peptid-methylester im Hydrolysat (nach Veresterung) bzw. im Methanolysat von DNP-seco-Gramicidin A. Kieselgel-G; Fließmittel Nr. 80 (vgl. auch *Tabelle 39*). 1: DNP-Aminosäure-methylester (AE = Äthanolamin), 2: Hydrolysat verestert mit Diazomethan, 3: Methanolysat, 4: DNP-Val-Gly-methylester, 5: DNP-Ile-Gly-methylester, 6: DNP-Leu-Gly-methylester, 7: DNP-Ala-Leu-methylester, 8: DNP-Ala-Val-methylester, 9: DNP-Gly-Tyr-methylester (unten) und DNP-Val-Val-methylester (oben), 10: DNP-Leu-Try-methylester. Aus: ISHIII und WITKOP [179]

Methanolyse von DNP-seco-Gramicidin A: 4 mg DNP-seco-Gramicidin A wird bei 75°C während 20 Stdn. unter Stickstoff mit 2 ml Methanol halbgesättigt mit HCl bei 0°C, methanolysiert. Das Reaktionsgemisch dampft man ein und verteilt den Rückstand zwischen 3 ml Äther und 4 ml 0,1 N HCl. Die wäßrige Schicht wird mit 2×2 ml Äther extrahiert, die vereinigten Ätherextrakte werden zur Trockne eingedampft.

In *Abbildung 75* sind die ätherlöslichen DNP-Derivate aus methanolysiertem DNP-seco-Gramicidin A abgebildet: Man erkennt drei Flecken, P_1, P_2 und P_3, welche dieselben *Rf*-Werte besitzen wie DNP-Ile-Gly-methylester, DNP-Val-Gly-methylester und DNP-Val-Gly. P_1 und P_2 können mit Hilfe der präparativen Dünnschichtchromatographie isoliert werden: Ihre Struktur wird durch Hydrolyse bestätigt (DNP-Ile bzw. DNP-Val in der ätherischen und Glycin in der wäßrigen Phase). P_3 wird, nach präparativer Isolierung auf dickeren Schichten, mit Diazomethan umgesetzt und erneut chromatographiert. Da aus P_3, nach Veresterung, P_1 und P_2 entstehen, muß P_3 eine Mischung von DNP-Ile-Gly und DNP-Val-Gly sein.

D. Nachweisverfahren

Mit Ausnahme von 0-DNP-Tyrosin sind alle DNP-Derivate gelb. Mengen von 0,1 µg (eindimensionale Chromatographie) oder 0,5 µg (zweidimensionale Chromatographie) sind im durchfallenden Tageslicht gut zu erkennen. Die Chromatogramme sollen innerhalb einiger Stunden abgebildet werden, da die Flecken mit der Zeit allmählich verblassen. Man kann die Chromatogramme im Gegenlicht auf Pergaminpapier kopieren: Bei einiger Übung erkennt man auf der weißen Schicht selbst schwächste, hellgelbe Flecken. Es ist jedoch bequemer und sicherer, die Platte in langwelligem UV-Licht zu betrachten. Hierzu eignet sich besonders gut die UV-Lampe der Firma CAMAG[5]). Die DNP-Aminosäuren sind als tiefdunkle Flecken sichtbar.
Zu Dokumentationszwecken eignen sich *Photokopie* und *Photographie.*

1. *Photokopie* [44, 434]

Röntgenfilm oder Photopapier, z.B. Gevaert Gevacopy-Papier oder Agfa Brovira Normal, wird mit der empfindlichen Seite direkt auf die Dünnschicht gelegt und mit einer Glasplatte angepreßt. Man läßt dann UV-Licht (360 mµ[40])) durch die Schicht hindurch auf das Photopapier fallen und entwickelt in üblicher Weise. Die größte Empfindlichkeit resultiert bei einer

[40]) Uvanalys-Laborgerät 57 US der Firma BÄLZ, Heilbronn.

Belichtungszeit, welche den Hintergrund noch nicht schwarz, sondern erst grau erscheinen läßt. Bei längerer Belichtung wird der Hintergrund zunehmend schwärzer; gleichzeitig vermindern die Flecken ihren Durchmesser. Hiervon läßt sich Gebrauch machen, um große Flecken, die sich teilweise überdecken, in kleinere getrennte Flecken aufzulösen. Die *Abbildungen 73a, b und c* sind auf diese Weise hergestellt worden (Gevaert Gevacopy-Papier). Zum sicheren Nachweis einer DNP-Aminosäure mittels UV-Photokopie genügen noch $2 \cdot 10^{-3}$ μM, bei eindimensionaler Chromatographie sogar 10^{-4} μM, d.h. z.B. 0,02 μg DNP-Serin.

2. Photographie [434]

Zum Nachweis von sehr schwachen neben sehr starken Flecken eignet sich die direkte Photographie. Sehr schwache Flecken kommen bei Photographie in langwelligem UV-Licht besonders deutlich zum Vorschein. Dies kann in Zweifelsfällen nützlich sein, da man auf diese Weise oft sehr schwache Flecken, die sich in unmittelbarer Nähe stärkerer Flecken befinden, mit Sicherheit erkennen kann.

Tageslicht- und UV-Photographie werden oft zur Dokumentation der DNP-Aminosäuren aus biologischem Material (S. 212) verwendet.

Normallichtphotographie: Man beleuchtet das Chromatogramm von links und von rechts durch zwei 8-Watt-Sylvania-Leuchten[41]) (Abstand 30 cm), exponiert etwa $^1/_{15}$ Sek. (Rolleicord Va mit Rollinar Vorsatzlinse Nr. 2, Blende 8, Agfa-Isopan IFF 13/10 DIN) und entwickelt in üblicher Weise.

UV-Photographie (360 mμ): Man beleuchtet das Chromatogramm von links und von rechts durch zwei 8-Watt-Sylvania-UV-Leuchten[41]) (F8T5/BLB; Abstand 30 cm), exponiert 5—10 Sek. (Rolleicord Va mit Rollinar Vorsatzlinse Nr. 2 und UV-Filter, Blende 5,6 bis 8; Agfa Isopan IFF 13/10 DIN) und entwickelt in üblicher Weise.

[41]) DRACO & Co. LTD., Zürich, Schweiz.

III. N-(2,4-Dinitro-5-aminophenyl)- und 1-Dimethylamino-naphthalin-5-sulfonyl-Aminosäuren

Zur Bestimmung der N-endständigen Aminosäure in Proteinen und Peptiden eignen sich 2,4-Dinitro-fluoranilin [27] und 1-Dimethylamino-naphthalin-5-sulfonylchlorid [140] als Reagens.
Über die Umsetzung einiger Aminosäuren mit 2,4-Dinitrofluoranilin (DNFA) berichteten BERGMANN und BENTOV [27]. Bei dieser Reaktion entstehen N-(2,4-Dinitro-5-aminophenyl)-Aminosäuren-(DNAP-Aminosäuren). Die DNAP-Aminosäuren zeigen gegenüber den DNP-Aminosäuren (S. 147) eine *batochrome* Verschiebung (400—410 mμ). Da sie ferner eine aromatische NH_2-Gruppe enthalten, kann man sie diazotieren und zu einem Farbstoff kuppeln.
Die Herstellung von 1-Dimethylamino-naphthalin-5-sulfonyl-Aminosäuren (DNS-Aminosäuren) mittels 1-Dimethylamino-naphthalin-5-sulfonyl-chlorid (DNSCI) und ihre Anwendung zur Sequenzanalyse von Peptiden haben HARTLEY und Mitarb. [140, 155] beschrieben. Die Empfindlichkeit des Aminosäure-Nachweises mit DNSCI ist etwa hundertmal größer als mit Dinitrofluorbenzol [140].

A. Herstellung

1. *Dinitroaminophenyl-Aminosäuren* [27]

0,8 g Phenylalanin, 0,9 g $NaHCO_3$, 1,5 g DNFA und 30 ml Äthanol werden so lange erwärmt, bis eine klare Lösung entsteht. Man läßt das Gemisch 30 Min. bei Zimmertemperatur stehen, filtriert und gibt 20 ml Wasser zu. Die Lösung wird im Vakuum eingeengt und mit verdünnter Salzsäure angesäuert. DNAP-Phenylalanin kann aus Methanol umkristallisiert werden. Die Originalarbeit [27] enthält weitere Angaben über Synthese, Schmelzpunkt und Spektren einiger DNAP-Aminosäuren.

2. *1-Dimethylamino-naphthalin-5-sulfonyl-Aminosäuren* [80]

1 μl einer 10 mM Aminosäurelösung, 1 μl $NaHCO_3$-Lösung (0,1 M) und 2—5 μl DNSCl-Lösung (10 mM in Aceton) werden in einer Kapillaren 2 Stdn. bei Zimmertemperatur inkubiert. Man gibt dann 5—10 Vol. 2proz. Triäthylamin in 10proz. Äthanol zu und verdampft im Vakuum zur Trockne. Zur Herstellung größerer Mengen eignet sich die Originalvorschrift von HARTLEY und MASSEY [155]. Die Synthese von ε-DNS-Lysin, O-DNS-Tyrosin und von im-DNS-Histidin erfordert spezielle Verfahren [155]. Zur Chromatographie trägt man am besten etwa 0,5 μM einer DNS-Aminosäure in Äthanol auf [80], obschon noch wesentlich kleinere Mengen nachgewiesen werden können (S. 172).

B. Bestimmung der N-endständigen Aminosäure eines Peptids [140]

10^{-3} μM eines Peptids werden in 15 μl 0,1 M $NaHCO_3$ gelöst und die Lösung wird mit 15 μl DNSCl in Aceton (1 mg/1ml) versetzt. Man dampft das Reaktionsgemisch am Vakuum zur Trockne ein, nimmt den Rückstand mit 20 μl 6 N HCl auf und erhitzt 6—12 Stdn. auf 105—110°C. DNS-Glycin wird nach 20 Stdn. zerstört [80]. Nach Entfernung der Säure kann man die DNS-Aminosäuren mit organischen Lösungsmitteln aus der noch sauren Lösung extrahieren oder man kann sie direkt chromatographieren. Während der Reaktion entsteht Dimethylamino-naphthalinsulfonsäure (DNS-OH). Obschon DNS-OH im allgemeinen die Chromatographie nicht stört (S. 170), kann diese Verbindung auf einer kurzen Dowex 50(H)-Säule entfernt werden [140].
Die Lösungen der DNS-Aminosäuren müssen vor Licht geschützt werden, da sie allmählich einem photochemischen Zerfall unterliegen (SEILER und WIECHMANN [384]).

C. Chromatographie

1. *Fließmittel und Rf-Werte*

Über die Dünnschichtchromatographie der DNAP-Aminosäuren ist bisher wenig bekannt geworden. Nach RATNEY [335] können die DNAP-Derivate von Alanin, Diaminopimelinsäure und Glutamin-

säure auf luftgetrockneten Kieselgel-G-Schichten mit n-Propanol/Wasser (7 : 3) entwickelt werden.
Zur Chromatographie der DNS-Aminosäuren eignen sich Kieselgel-G-Schichten und die in *Tabelle 41* angegebenen Fließmittel.

Tabelle 41. Fließmittel zur Chromatographie von Dimethylamino-naphthalin-sulfonyl-Aminosäuren auf Kieselgel-G-Schichten, (s. Text S. 77)

Nr.	Fließmittel		Autor
82	Chloroform/Benzylalkohol/Eisessig	100 : 30 : 5	BUCHANAN und Mitarb. [80, 81]
83[1])	2-Butanon/Triäthylamin/Dimethylsulfoxid/Benzol	4 : 2 : 1 : 3	
84[2])	Benzol/Pyridin/Eisessig	80 : 20 : 2	
85	Chloroform/Benzylalkohol/Eisessig	30 : 10 : 1	
86	2-Butanon-Propionsäure/Wasser	15 : 5 : 6	
87	2-Butanon/Eisessig	13 : 5	
88	2-Butanon/Eisessig/Chloroform	13 : 5 : 15	
89	2-Butanon/Propionsäure	2 : 1	
90	2-Butanon/Propionsäure/Wasser	5 : 5 : 1	
91	Methylacetat/Isopropanol/konz. Ammoniak	45 : 35 : 20	SEILER und WIECHMANN [384]
92	Chloroform/Methanol/Eisessig	75 : 20 : 5	
93	Chloroform/Äthylacetat/Methanol/Eisessig	30 : 50 : 20 : 1	

[1]) Chromatographie bei 75 °C.
[2]) Dieses Fließmittel eignet sich nach BRENNER und Mitarb. [434] auch zur Chromatographie der ätherlöslichen DNP-Aminosäuren (s. Text S. 159).

Tabelle 42 enthält die entsprechenden *Rf*-Werte in einigen Fließmitteln.

2. *Ein- und zweidimensionale Trennung*

Über die eindimensionale Chromatographie der DNS-Aminosäuren berichteten BUCHANAN und Mitarb. [80, 81] sowie SEILER und WIECHMANN [384]. Die amerikanischen Autoren benutzten Kieselgel-G-Schichten und die Fließmittel Nr. 82, 83 und 84 zum Nachweis der N-endständigen Aminosäuren von Peptiden bekannter Bruttozusammensetzung [384]. SEILER und WIECHMANN [384] bevorzugen die Keilstreifentechnik (S. 25), da sie schärfere Trennungen ergibt. Die eindimensionale Entwicklung reicht zwar in keinem Fall zur vollständigen Trennung aus, doch genügt sie oft zur Lösung vieler Trennprobleme *(Abb. 76)*.
Eine nahezu vollständige Trennung von 30-DNS-Aminosäuren gelingt nach SEILER und WIECHMANN [384] durch Kombination

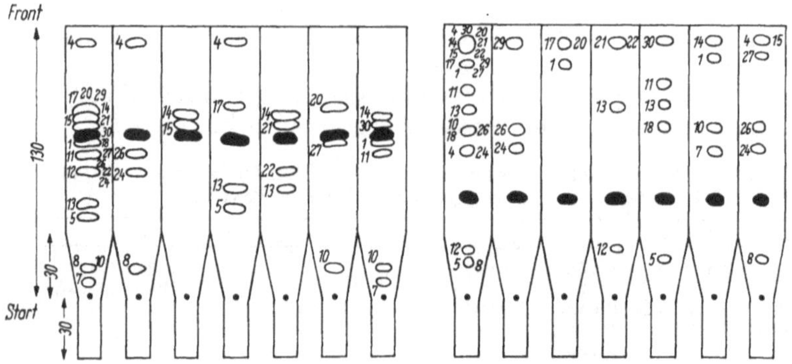

Abbildung 76. Eindimensionale Chromatogramme von DNS-Aminosäuren auf Kieselgel-G-Schichten [384]; Keilstreifenentwicklung (die Dimensionen sind in mm angegeben) mit Fließmittel Nr. 91 (a) bzw. mit Nr. 92 (b). Der ausgefüllte Fleck ist DNS-OH (vgl. Text S. 168). Aus: SEILER und WIECHMANN [384]

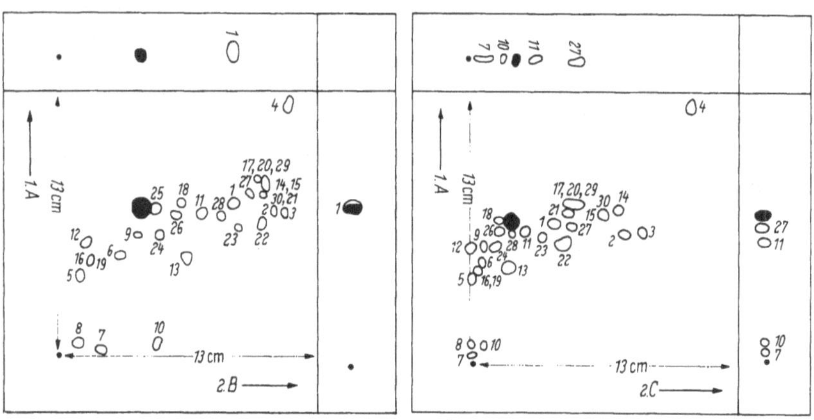

Abbildung 77. Zweidimensionale Dünnschichtchromatogramme von DNS-Aminosäuren auf Kieselgel-G-Schichten [384]

a) 1. Dimension: A = Fließmittel Nr. 91; 2. Dimension B = Fließmittel Nr. 92. Der ausgefüllte Fleck ist DNS-OH (vgl. Text). Für die Kennziffer vgl. *Tabelle 42*

b) 1. Dimension: A = Fließmittel Nr. 91; 2. Dimension: C = Fließmittel Nr. 93. Der ausgefüllte Fleck ist DNS-OH (vgl. Text). Für die Kennziffer vgl. *Tabelle 42.* Aus: SEILER und WICHMANN [384]

Tabelle 42. *hRf*-Werte von DNS-Aminosäuren bei aufsteigender Chromatographie auf Kieselgel-G-Schichten [81] (s. Text S. 77)

Kennziffer	Verbindung[1])	*hRf* in Fließmittel Nr.								
		82	83[2])	84	85	86	87	88	89	90
1	DNS-Ala	48	54	47	39	88	—	60	86	—
2	DNS-β-Ala	—	—	—	—	—	—	—	—	—
3	DNS-γ-Abut	—	—	—	—	—	—	—	—	—
4	„Ammoniak“	—	—	—	—	—	—	—	—	—
5	DNS-Arg	00	00	—	01	58	—	—	—	—
6	DNS-Asp(NH_2)	—	—	—	—	—	—	—	—	—
7	DNS-Asp	03	00	—	—	38	—	—	—	—
8	DNS-$CySO_3H$	—	00	—	—	—	—	—	—	—
9	DNS-Glu(NH_2)	—	—	—	—	—	—	—	—	—
10	DNS-Glu	09	00	—	05	71	—	—	—	—
11	DNS-Gly	28	23	29	22	79	88	46	77	—
12	Di-DNS-His	19	52	—	22	95	—	—	—	—
13	DNS-Hypro	—	—	—	—	—	—	—	—	—
14	DNS-Ile	—	74	73	—	—	82	—	—	—
15	DNS-Leu	73	72	73	67	97	92	70	92	94
16	ε-DNS-Lys	—	—	—	—	—	—	—	—	—
17	Di-DNS-Lys	00	02	—	00	50	—	—	—	—
—	DNS-Met	59	48	—	46	94	—	—	—	—
18	DNS-$MetO_2$	—	—	—	—	—	—	—	—	—
19	δ-DNS-Orn	—	—	—	—	—	—	—	—	—
20	Di-DNS-Orn	—	—	—	—	—	—	—	—	—
21	DNS-Phe	70	50	—	55	96	—	—	—	—
22	DNS-Pro	65	35	—	52	89	—	68	—	—
23	DNS-Sar	—	—	—	—	—	—	—	—	—
24	DNS-Ser	07	36	11	04	70	63	15	59	74
25	DNS-Tau	—	—	—	—	—	—	—	—	—
26	DNS-Thr	06	55	—	07	78	—	—	67	78
27	DNS-Try	41	35	—	33	97	—	—	—	—
28	O-DNS-Tyr	—	—	—	—	—	—	—	—	—
29	Di-DNS-Tyr	62	55	—	60	95	—	—	—	—
30	DNS-Val	70	65	66	54	97	87	67	—	—

[1]) Abkürzungen der Aminosäuren nach *Tabelle 14.*
[2]) Chromatographie bei 75 °C.

der Fließmittel Nr. 91 und 92 bzw. 91 und 93. Man entwickelt zwei Kieselgel-G-Platten senkrecht zur Streichrichtung mit Fließmittel Nr. 91 in der ersten und nach Zwischentrocknung (10 Min. 110 °C) mit den Fließmitteln Nr. 92 bzw. 93 in der zweiten Richtung. Die Zwischentrocknungsbedingung ist sorgfältigst einzuhalten, da sich ansonsten die Substanzen mit größerer Geschwindigkeit bewegen als die Standardsubstanzen am Plattenrand. Sie können sich sogar in der Nähe der Fließmittelfront zusammendrängen. Die Fleckenmuster *(Abb. 77)* sind gut reproduzierbar.

D. Nachweisverfahren

Zum Nachweis der DNAP-*Aminosäuren* werden die Platten mit einer Lösung von N_2O_3 in Toluol (10 ml Toluol über 10 ml 6 N HCl geschichtet; nach Zugabe von 10 ml 3 M $NaNO_2$ entsteht N_2O_3 und geht in die Toluolphase. Die Toluolschicht wird sofort zum Besprühen benutzt und darf nicht aufbewahrt werden) und anschließend mit einer Lösung von Phenol und Diäthylamin besprüht (9,4 g Phenol + 14,6 g Diäthylamin + Toluol ad 100 ml). Die hellgelben DNAP-Aminosäuren geben nach dieser Behandlung rostbraune Flecken. Die Nachweisgrenze liegt bei etwa 10^{-3} μM [334].

10^{-4} μM einer DNS-*Aminosäure* läßt sich erkennen, wenn man die feuchte Platte im UV-Licht (360 mμ) betrachtet. Die Fluoreszenzintensität nimmt nach dem Trocknen stark ab. DNS-Aminosäuren fluoreszieren gelb, DNS-OH fluoresziert grün [384].

IV. 3-Phenyl-2-thiohydantoine

3-Phenyl-2-thiohydantoine(PTH-Aminosäuren) entstehen, wenn man Proteine oder Peptide mit Phenylisothiocyanat (PITC) behandelt und das Kondensationsprodukt in geeigneter Weise abbaut (EDMAN [102]). Die Bildung der PTH-Aminosäuren wird durch Schema III illustriert [103, 104, 175] (vgl. Ausschlagtafel).

Anstelle von Proteinen oder Peptiden können auch freie Aminosäuren mit PITC umgesetzt werden. Da die meisten PTH-Aminosäuren in organischen Lösungsmitteln löslich sind, kann man die Aminosäuren auf diese Weise von den störenden Begleitstoffen (z. B. von den Salzen) abtrennen.

A. Herstellung der PTH-Aminosäuren[37])

Zur Herstellung von PTH-Aminosäuren eignen sich die Verfahren von EDMAN [102] und von CHERBULIEZ [66] bzw. die Mikromethode von SJÖQUIST [391]. Im ersten Reaktionsschritt (Schema III) entstehen die Phenylthiocarbamyl(PTC)-Aminosäuren, welche anschließend in saurer Lösung in die entsprechenden Phenyltiohydantoine übergehen. Neuere Untersuchungen von ILSE und EDMAN [175] haben gezeigt, daß PTC-Aminosäuren zu autoxydativer Entschwefelung neigen. Es empfiehlt sich deshalb, die Ringschlußreaktion in Stickstoffatmosphäre vorzunehmen.
Mit der Kinetik der Bildung von PTH-Aminosäuren aus den PTC-Derivaten haben sich SJÖQUIST [391] sowie ILSE und EDMAN [175] beschäftigt. Die australischen Autoren [175] fanden, daß praktisch alle PTC-Aminosäuren nahezu quantitativ in die entsprechenden Phenylthiohydantoine übergehen, wenn die Reaktion während 60 Min. bei 80 °C und pH = 1 durchgeführt wird. Lediglich die Ausbeute an PTH-Glycin ist etwas erniedrigt (85%). PTH-Serin und

PTH-Threonin bereiten gewisse Schwierigkeiten, da diese Verbindungen durch β-Eliminierung in der Seitenkette in α, β-ungesättigte Produkte übergehen. Zwischen Wasserstoffionenkonzentration und der Geschwindigkeit der β-Eliminierung beobachteten ILSE und EDMAN [175] eine umgekehrte Proportionalität. Bei pH = 3,4 verläuft diese Nebenreaktion rund siebenmal schneller als bei pH = 1. Besonders bemerkenswert ist, daß diese α, β-ungesättigten Verbindungen eine weitere Reaktion eingehen. Hierbei entstehen Verbindungen mit einem Adsorptionsmaximum von 272 mμ; sie sind vermutlich Polymerisationsprodukte [175] und stören im allgemeinen kaum bei der Chromatographie.

Für die Synthese von PTH-Tryptophan [102], PTH-Serin, PTH-Threonin und PTH-Cystin [176, 224] sowie von PTH-Asp(NH_2) und PTH-Glu(NH_2) [331] sind spezielle Verfahren entwickelt worden. Alle PTH-Aminosäuren sind lichtempfindlich. Optisch aktive Derivate racemisieren leicht, sie sind aber doch genügend stabil, um eine Ermittlung der Konfiguration durch Messung der Rotationsdispersion zu gestatten [99].

1. Mikrosynthese nach Sjöquist [391]

Zu der Lösung von 0,5 μM Aminosäure in 50 μl Puffer (2 ml 2 N Essigsäure + 1,2 ml Triäthylamin + dest. Wasser ad 25 ml + 25 ml Aceton: pH 10,1) gibt man 50 μl PITC-Lösung (6 μl PITC in 1 ml Aceton) und inkubiert 2½ Stdn. bei 25 °C. Man dampft ein und trocknet anschließend über P_2O_5. Der Rückstand wird in 100 μl dest. Wasser und 200 μl Eisessig ges. mit HCl aufgenommen. Man läßt die Lösung 6 Stdn. bei 25 °C stehen, dampft ein und trocknet die PTH-Aminosäure über P_2O_5. Zur Chromatographie trägt man 0,5 μg Substanz in 0,5 μl Aceton oder Methanol auf.

2. Synthese nach Edman [102]

Man löst 10 mM Aminosäure in 25 ml Wasser und 25 ml Pyridin, stellt die Lösung durch Zusatz von 1 N NaOH auf pH = 9, erwärmt auf 40 °C, setzt 2,4 ml PITC zu und hält bei pH 9 unter ständigem Rühren durch Zusatz von 1 N NaOH. Nach etwa 30 Min. ist die Reaktion beendet, und der NaOH-Verbrauch hört auf. Man extrahiert mehrmals mit Benzol, neutralisiert die wäßrige Lösung mit HCl, engt etwas ein und filtriert die ausgefallene Phenylthiocarbamyl(PTC)-Aminosäure ab. PTC-Arginin und PTC-Histidin erfordern zur Ausfällung pH 7 bzw. pH 3,5. Die PTC-Aminosäure wird in 30 ml 1 N HCl gelöst oder suspendiert. Man kocht 2 Stdn. am Rückfluß, verdampft wiederholt unter wiederholtem Wasserzusatz zur Trockne und kristallisiert die rohe Verbindung aus Eisessig/Wasser oder Äthanol. Zur Reinigung mittels Sublimation siehe unter 3).

3. *Synthese nach Cherbuliez* [66]

Man löst in 100 ml Wasser + 100 ml Dioxan + 0,06 Mol PITC 0,05 Mol einer Aminosäure, erwärmt 4 Stdn. auf 40 °C unter Stickstoffeinleitung, kühlt ab, extrahiert mit 3×100 ml Benzol (verwerfen), mit 3×100 ml Cyclohexan (verwerfen) und entfernt die Kohlenwasserstoffe unter Stickstoff. Die wäßrige Lösung wird langsam mit etwa 28 ml konz. HCl angesäuert (pH = 1) und unter Stickstoff 4 Stdn. auf 40 °C erwärmt. Die meisten PTH-Aminosäuren fallen quantitativ aus; bei PTH-Ile, PTH-Leu und PTH-Phe muß die Lösung etwas konzentriert werden. Die PTH-Aminosäuren werden aus Äthanol umkristallisiert oder mittels Sublimation (170—190°/10 Torr) gereinigt. Mit Ausnahme von PTH-Derivaten, welche freie NH_2-,-CO-NH_2, -COOH oder heterozyklische Gruppen enthalten, sowie von PTH-Serin können alle untersuchten Verbindungen sublimiert werden. Für PTH-Tyrosin und PTH-Serin sind spezielle Methoden erforderlich [66]. Die Originalarbeit enthält Angaben über Ausbeuten, Schmelzpunkte und Sublimierbarkeit. Alle hergestellten PTH-Derivate erwiesen sich als dünnschichtchromatographisch rein.

4. *Quantitative Überführung einer Aminosäuremischung in PTH-Derivate* [393]

0,5—1 mg Peptid oder Protein wird mit 0,3 ml zweimal dest., konstant siedender Salzsäure (5,7 N) unter Stickstoff in ein Quarzröhrchen eingeschmolzen und zur Hydrolyse 22 Stdn. auf 110 °C erhitzt, das erkaltete Hydrolysat am Vakuum unter wiederholtem Wasserzusatz öfters zur Trockne eingedampft, der Rückstand mit 250 μl Puffer (2 ml 2N Essigsäure + 1,2 ml Triäthylamin + dest. Wasser ad 25 ml + 25 ml Aceton; pH = 10,1) und 250 μl acetonischer PITC-Lösung (entsprechend 6 μl PITC) versetzt, die sorgfältig durchmischte Probe unter gutem Verschluß 2½ Stdn. in einem Wasserbad von 25 °C der Reaktion überlassen, das Reaktionsgemisch während 15 Min. an der Wasserstrahlpumpe und anschließend über P_2O_5 am Hochvakuum vom Lösungsmittel befreit. Man löst den Rückstand (PTC-Aminosäuren) in 100 μl dest. Wasser und 200 μl Eisessig/ges. mit HCl und hält die Lösung während 6 Stdn. bei 25 °C. Lösungsmittel und Säure werden, wie oben beschrieben, entfernt. Der Rückstand enthält die PTH-Aminosäuren. Zum chromatographischen Vergleich wird ein Parallelversuch ohne Aminosäurezusatz durchgeführt. Cystein und Cystin müssen vor der Hydrolyse mit Perameisensäure oxydiert werden (S. 134). Zur Chromatographie werden die Phenylthiohydantoine in 90proz. Essigsäure gelöst.

B. Abbau von Peptiden und Proteinen

Der Edman-Abbau [102] eignet sich nicht nur zur Bestimmung der N-endständigen Aminosäure, sondern auch zum stufenweisen Abbau von Peptiden und Proteinen (Schema III: Klapptafel). Obschon die Anzahl der Abbauschritte theoretisch unbegrenzt ist, wird die Identifizierung der abgespaltenen PTH-Aminosäuren nach mehreren Abbauschritten oft schwierig.

Die Umsetzung eines Peptids mit PITC verläuft, wie SJÖQUIST [392] zeigen konnte, keineswegs quantitativ. Beim stufenweisen Abbau von Insulin ließen sich schon im zweiten Abbauschritt „Artefakte" nachweisen [392]; nämlich die PTH-Derivate von Glycin und von Phenylalanin, d.h. der N-endständigen Aminosäuren der unveränderten Insulinmolekel. Setzt man die Insulinmolekel und auch das entstandene Restpeptid dreimal nacheinander mit PITC um, so entstehen ausschließlich die erwarteten Phenylthiohydantoine. Wir konnten nach einmaliger Umsetzung einiger Peptide mit PITC einen Teil der unveränderten Peptide dünnschichtchromatographisch nachweisen [298]. Es wurde deshalb vorgeschlagen [298], die Entstehung von PTC-Peptiden dünnschichtchromatographisch zu überwachen (S. 178).

Wie aus Schema III ersichtlich, wird die N-endständige Aminosäure als Thiazolin abgespalten. Diese schnelle Reaktion ist *nichthydrolytischer* Natur (EDMAN [103]) und erfordert stark saure Bedingungen. Das instabile Thiazolin-Derivat wird in der Wärme oder durch verdünnte Säuren in die PTH-Aminosäure übergeführt. Nach EDMAN [104] sollte das abgespaltene Thiazolin-Derivat vom Restpeptid abgetrennt und in einer separaten Reaktion in die PTH-Aminosäure übergeführt werden. Unter den in der Literatur beschriebenen Verfahren können zwei Gruppen unterschieden

c) Peptidabbau nach Schroeder [369]

Die wäßrige Lösung von 0,4—1 μM Peptid wird auf mehrere Streifen (1×7 cm) Whatman-Nr.-1-Papier aufgetropft, wobei jedes Blatt mit etwa 0,2 μM beladen werden soll. Man trocknet die Streifen 30 Min., tränkt sie mit 0,2 ml einer 20proz. PITC-Lösung in Dioxan und hängt sie paarweise in einer 250-ml-Schraubdeckelflasche über 15 ml Pyridin/Dioxan/Wasser (1 : 1 : 1) auf. Die Flasche wird verschlossen (Öffnung vor Aufschrauben des Deckels mit Alufolie bedecken) und während 3 Stdn. bei 40 °C gehalten. Die Streifen werden so weit getrocknet, daß sie ihre Transluzenz verlieren, und werden dann in ein Kochglas, das mit Benzol gefüllt ist, gebracht. Werden die Streifen ohne Zwischentrocknung mit Benzol behandelt, so können einige PTC-Peptide in Lösung gehen; wenn man jedoch zu gründlich trocknet, so wird DPTH nur unvollständig extrahiert. Die Extraktion erfolgt 2×90 Min. und einmal über Nacht mit Benzol. Die Streifen werden an der Luft in einer *rauchfreien* Kammer getrocknet (1 Std.), in einem Exsiccator (enthaltend 15 ml Eisessig bzw. 15 ml 6 N HCl in separaten Gläsern) 7 Stdn. bei Zimmertemperatur der Reaktion überlassen (Druck = 100 Torr) und in einer *rauchfreien* Kammer (evtl. Exsiccator mit Trocknungsmittel) aufgehängt. Die trockenen Streifen wäscht man je eine Std. zweimal mit Aceton; sie enthalten nach der Extraktion das Restpeptid und sind bereit zum nächsten Abbauschritt. Die vereinigten Acetonextrakte werden eingedampft und die PTH-Aminosäuren z. B. in Aceton aufgenommen.
Zur Extraktion von PTH-Histidin, PTH-Cysteinsäure und PTH-Arginin (diese Verbindungen sind in Aceton unlöslich) wird ein halber Streifen mit einem Wasser/Aceton-Gemisch (5 : 95 g/g) extrahiert. Hierbei geht allerdings auch das abgebaute Peptid in Lösung; es stört jedoch nicht bei der Chromatographie. PTH-Lysin bereitet gewisse Schwierigkeiten, da diese Verbindung mit Aceton nicht immer extrahiert wird.

d) Peptidabbau nach Wieland [439]

1—5 mg einer Peptidmischung werden strichförmig auf eine Kieselgel-G-Platte aufgetragen, mit einem geeigneten Fließmittel (S. 115) entwickelt und an den Plattenrändern mit dem Farbreagens besprüht. Man bringt nun die Peptidzone in das Reaktionsgefäß (dickwandiges Zentrifugenglas mit flachem Boden; 4 cm Durchmesser und 9 cm Länge), schlemmt das Gel mit wenig trockenem Aceton auf, zentrifugiert und dekantiert, wobei ein einheitlicher Gelfilm entsteht. Zur Entfernung von Acetonspuren wird das Rohr umgedreht und geschwenkt und das Gel anschließend mit einer 10proz. Lösung von PITC in 0,1 ml peroxydfreiem Dioxan getränkt. Das Rohr wird nun mit einem Gummizapfen verschlossen (mit Polyäthylen schützen), durch welchen ein Glasstab geht. An der Unterseite des Glasstabes wird ein Gläschen aufgebracht, das 5 ml einer Lösung von Pyridin/Dioxan/Wasser (1 : 1 : 1) enthält: Das Gläschen soll von dem Boden etwa 0,9 cm entfernt sein. Man erwärmt während 3 Stdn. auf 40 °C. Um Überschuß an PITC zu entfernen, wird mit 4×10 ml Benzol extrahiert (zentrifugieren und Benzol dekantieren). Das offene Rohr wird in einem Exsiccator, der in zwei separaten Schalen Eisessig und konstant siedende Salzsäure enthält, 15 Stdn. bei 20 °C gehalten. Die PTH-Aminosäuren extrahiert man mit 4×10 ml trockenem Aceton (jeweils zentrifugieren und dekantieren) und verdampft die vereinigten Extrakte im Vakuum zur Trockne, (vgl. S. 178ff.). Der trockene Gelfilm enthält das abgebaute Peptid und ist bereit zum zweiten Abbauschritt.

e) Radioisotop-Methode von Cherbuliez [63, 67]

In ein Mikrorohr (1,5—2 mm Durchmesser und 40—45 mm Länge) gibt man 1—2 μl einer ^{35}S-PITC-Lösung in Pentan (5 nM/μl; spezifische Aktivität: 30—80 mC/mM), verdampft bei Zimmertemperatur zur Trockne, versetzt sofort mit 2 μl Dimethylformamid, gibt 2 μl Peptidlösung (1—2 nM Peptid in 0,05 M Veronal-Natrium) zu, verschließt das Rohr, schüttelt und inkubiert 2 Stdn. bei 40 °C. Das überschüssige Reagens wird nach Zugabe von 2 μl 0,05 M Veronal-Natrium-Lösung mit 3×5 μl Benzol/Pyridin (9 : 1) extrahiert, und die wäßrige Phase wird bei Zimmertemperatur (1—2 Torr) eingedampft. Den Rückstand nimmt man in 5 μl Eisessig/konz. HCl (4 : 1) auf und überläßt die Lösung in verschlossenem Rohr bei 40 °C 2 Stdn. der Reaktion. Man dampft unter wiederholtem Wasserzusatz (2×2 μl) öfters zur Trockne ein (1—2 Torr bei Zimmertemperatur), löst den Rückstand in 4 μl 0,05 M Veronal-Natrium/0,05 N NaOH (1 : 1) und extrahiert die PTH-Aminosäuren mit 4×5 μl Benzol. Zur Isolierung von PTH-Asparaginsäure wird am besten mit 4×5 μl Methyläthylketon/Benzol (3 : 2) extrahiert. Die wäßrige Lösung wird vor dem nächsten Abbauschritt zur Trockne eingedampft.

2. *Abbau von Proteinen*

Zur Bestimmung der N-endständigen Aminosäuren in Proteinen haben Fraenkel-Conrat [119] (Modifikation S. 179), Ericksson und Sjöquist [107] und Laver [217] ausgezeichnete Methoden ausgearbeitet.
Mit der quantitativen Bestimmung haben sich besonders eingehend von Korff und Mitarb. beschäftigt [207].

a) Proteinabbau nach Ericksson und Sjöquist [107]

5—20 mg eines Proteins + 1 ml Salzlösung + 2 ml Pyridin/Triäthylamin/PITC (100 : 30 : 1) werden 90 Min. bei 40 °C inkubiert. Man extrahiert mit 5×5 ml Benzol/Äthylenchlorid ges. mit 0,1 N NaOH, zentrifugiert, verwirft die organische Phase und dampft die Lösungsmittelreste unter Stickstoff bei 40 °C ab. Zur Abspaltung der N-endständigen Aminosäure wird das PTC-Protein mit 1 ml Wasser und 2 ml Eisessig/ges. mit HCl-Gas während 2 Stdn. bei 40 °C behandelt und liophilisiert. Den Rückstand suspendiert man in 2 ml Essigester/Methyläthylketon (2 : 1) ges. mit Wasser, extrahiert die PTH-Aminosäuren mit der genannten Lösung, verdampft die vereinigten organischen Extrakte am Vakuum unter Stickstoff zur Trockne und nimmt den Rest in 0,1 ml 90proz. Essigsäure auf. Die Genauigkeit der quantitativen Bestimmung (Spektrophotometrie der eluierten PTH-Derivate bei 269 mμ; für PTH-Serin und PTH-Threonin bei 320 mμ) wird erhöht, wenn ^{14}C-Aminosäuren bekannter Aktivität als interner Standard benutzt werden [207] (vgl. auch b)).

b) Radioisotop-Methode nach Laver [217]

1—2 mg Protein löst man in 0,1 ml Wasser, gibt 0,1 ml Puffer (1 g N-Allylpiperidin + 39 ml Pyridin, pH auf 9 stellen mit 1 N Essigsäure) zu, versetzt mit 5 μl ^{35}S-PITC (Spezifische Aktivität: 15 mC/mM), schüttelt das Gemisch bei 40 °C während 1 Std., wäscht das PTC-Protein mit 3×3 ml Benzol, mit 3×3 ml Äthanol, mit 3×3 ml Aceton (organische Phasen verwerfen), löst den Rest in 0,2 ml Ameisensäure und gibt 0,2 ml 6 N HCl zu. Nach 5 Min. bei 20 °C werden 3 ml Aceton zugegeben, das Protein abzentrifugiert, Aceton eingedampft und der Rest mit 2 ml Aceton extrahiert. Man dampft zur Trockne ein, löst den Rückstand in einem Tröpfchen Aceton, gibt 0,2 ml 0,1 N HCl zu und läßt die Lösung bei Zimmertemperatur 15 Stdn. stehen. Es wird eingedampft, und wie unter a) beschrieben, aufgenommen.

C. Chromatographie der PTH-Aminosäuren

1. *Fließmittel und Trenneffekte*

Zur Chromatographie von PTH Aminosäuren eignen sich Kieselgel-Schichten und die Fließmittel Nr. 94—106 [44, 63, 64, 65, 114, 295] sowie Aluminiumoxid-Schichten und die Fließmittel Nr. 107 bis 109 [65] *(Tab. 43)*.

Brenner und Mitarb. [44] und Pataki [295] untersuchten das chromatographische Verhalten von 32 PTH-Aminosäuren auf Kieselgel-G-Schichten. *Tabelle 44* enthält die *Rf*-Werte in den Fließmitteln Nr. 94—98.

Tabelle 43. Fließmittel zur Chromatographie von PTH-Aminosäuren

Nr.	Fließmittel		Autor
94[1])	Chloroform[6])		BRENNER und Mitarb. [44]
95[1])	Chloroform[6])/Methanol	9 : 1	
96[1])	Chloroform[6])/Ameisensäure	100 : 5	
97[1])	Chloroform[6])/Methanol/Ameisensäure	70 : 30 : 2	
98[1])	„Heptan"[7])		PATAKI [295]
99[2])	Chloroform[6])/Petroläther/Eisessig	100 : 4 : 16	FITTKAU und Mitarb. [114]
100[2])	Chloroform[6])/Petroläther/Methanol	100 : 7 : 40	
101[2])	Chloroform[6])/Methanol	10 : 4	
102[4])	Heptan/Pyridin/Essigester	5 : 3 : 2	CHERBULIEZ und Mitarb. [63, 65]
103[4])	Chloroform[8])/Isopropanol/Wasser	28 : 8 : 1	
104[4])	Essigester/Pyridin/Wasser	7 : 2 : 1	
105[4])	Chloroform[8])/Essigester/Wasser	6 : 3 : 1	
106[5])	Chloroform[8])/Essigester	95 : 5	
107[3])	Chloroform[8])		
108[3])	Chloroform[8])/Äthanol	98 : 2	
109[3])	Chloroform[8])/Isopropanol/Ameisensäure	35 : 4 : 1	

[1]) Kieselgel-G luftgetrocknet, s. Text S. 77.
[2]) Kieselgel (AGFA/Woelfen), s. Text S. 78.
[3]) 10 g Aluminiumoxid-Fluka (2 Std. bei 150°C trocknen) + 80 ml Isopropanol (über Na_2SO_4 getrocknet) in einem Erlenmeyer-Kolben kräftig schütteln, 5,5 ml der Suspension auf eine 5 × 20 cm-Platte verteilen. 1—2 Std. trocknen lassen evtl. aktivieren.
[4]) Kieselgel-G; für Fließmittel Nr. 102 und 103 vor der Chromatographie 2 Std. bei 130—140°C trocknen, für Nr. 104 und 105 2 Stdn. bei 40°C trocknen.
[5]) In einen Mörser, der 15 ml Wasser enthält, gibt man in kleinen Portionen 85 g Kieselgel-Woelm[33]); 10 g des desaktivierten Sorptionsmittels werden in einem Erlenmeyer-Kolben mit 30 ml Essigester kräftig geschüttelt; 5 ml dieser Suspension verteilt man auf eine 5 × 20 cm-Platte. Nach 20—30 Min. Trocknen an der Luft werden die Platten sofort verwendet.
[6]) Stabilisiert mit 1,5% Alkohol.
[7]) n-Heptan/Äthylenchlorid/Ameisensäure/Propionsäure (90 : 30 : 21 : 18), man nimmt 100 ml der oberen Phase.
[8]) Ph. H. V.

CHERBULIEZ und Mitarb. [63, 65] benutzten einerseits Kieselgel-G-Schichten und die Fließmittel Nr. 102—106, anderseits Aluminiumoxid-Schichten und die Fließmittel Nr. 107—109. In *Tabelle 45* sind die *Rf*-Werte angegeben.

Erst neuerdings berichteten FITTKAU und Mitarb. [114], jedoch ohne Angabe von Einzelheiten, über die Dünnschichtchromatographie von PTH-Aminosäuren auf Kieselgel(Agfa-Woelfen)-Schichten (S. 78) unter Anwendung der Fließmittel Nr. 94, 99—101.

Wie *Tabelle 45* zeigt, kann man schon in eindimensionalem Verfahren recht brauchbare Trennungen erreichen: In drei gleichzeitig laufenden Chromatogrammen (Kieselgel-G; Fließmittel Nr. 103,

Tabelle 44. *hRf*-Werte[1]) von PTH-Aminosäuren auf Kieselgel-G-Schichten [44, 293] (s. Text S. 77) Aus: BRENNER und Mitarb. [44] und PATAKI [293]

PTH[2])	*hRf in* Fließmittel Nr.				
	94[3])	95[3])	96[3])	97[4])	98[5])
Abut	26	79	54	—	—
Acy	44	84	67	—	—
β-Aib	27	80	56	—	—
Ala	18	77	44	~100	11
Arg	00	01	00	24	00
Asp	00	02	16	70	00
Asp(NH_2)	00	34	09	~100	00
Cit	00	34	08	—	—
$CySO_3H$	00	00	00	—	—
Glu	01	05	18	75	00
Glu(NH_2)	00	40	11	~100	00
Gly	11	68	35	90	05
His	01	40	01	~100	02
Hypro	05	64	28	—	—
Ile	39	83	62	~100	37
Leu	39	84	63	~100	37
Lys	12	78	34	~100	03
Met	34	81	54	~100	13
Me-Glu[6])	23	82	50	—	—
MetO	00	54	15	~100	01
$MetO_2$	02	59	17	—	—
Me-Ser[6])	01	51	18	—	—
Nleu	40	83	62	—	—
Nval	34	81	57	—	—
Orn	07	72	30	—	—
Phe	30	81	54	~100	18
Pro	60	89	70	~100	21
Ser	01	43	10	—	—
Thr	01	58	17	~100	00
Try	14	71	41	~100	10
Tyr	03	59	22	~100	01
Val	33	81	58	~100	23
MPTH	12	65	32	—	03
DPTH	42	82	71	—	22

[1]) Man beachte, daß die *Rf*-Werte von vielen Faktoren abhängig sind (S. 47); die Angaben sind deshalb nur als Richtwerte zu betrachten. Angegeben sind Mittelwerte aus je 6 Einzelbestimmungen; der Mittelwert der Standardabweichungen beträgt 0,015 (s. Text S. 57).
[2]) Abkürzungen der Aminosäuren nach *Tabelle 14.*
[3]) Laufstrecke des Fließmittels: 18 cm.
[4]) Laufstrecke des Fließmittels: 11 cm.
[5]) Laufstrecke des Fließmittels: 15 cm.
[6]) Methylglutaminsäure bzw. Methylserin.

104 und 105) können 15 von 17 PTH-Aminosäuren unterschieden werden (ungetrennt bleiben: PTH-Asparagin und PTH-Glutamin); von 20 Phenylthiohydantoinen werden deren 12 bei gleichzeitiger Anwendung der Fließmittel Nr. 107, 108 und 109 (Aluminiumoxid-

Schicht) in wenigstens einem der drei Chromatogramme aufgetrennt (gemeinsam wandern die PTH-Derivate von Asparagin+Glutaminsäure, Phenylalanin+Methionin, Leucin+Isoleucin; die Laufstrecken von PTH-Serin und PTH-Threonin unterscheiden sich nur wenig).

Nach BRENNER und Mitarb. [44, 295] werden die PTH-Aminosäuren wie folgt getrennt: Man bereitet gleichzeitig zwei 2-dimensionale und ein 1-dimensionales Chromatogramm auf Kieselgel-G-Schichten *(Abb. 78)*. Ungetrennt bleiben PTH-Glycin und Monophenylthioharnstoff (MPTH) sowie PTH-Leucin und PTH-Isolencin; PTH-Serin (in der Abbildung nicht abgebildet) liegt knapp über Glutamin, PTH-Methioninsulfon (ebenfalls nicht abgebildet) wandert gegemeinsam mit Threonin. PTH-Glycin läßt sich neben MPTH mit Hilfe einer spezifischen Farbreaktion (S. 189) nachweisen, PTH-Leucin und PTH-Isoleucin können nach CHERBULIEZ [63] auf Kieselgel-G-Schichten unterschieden werden (Fließmittel Nr. 103 oder 105; *Tab. 45*).

Tabelle 45. *Rf*-Werte[1]) von PTH-Aminosäuren auf Kieselgel- und Aluminiumoxid-Schichten [63, 65] (vgl. *Tab. 43*). Aus: CHERBULIEZ und Mitarb. [63, 65]

PTH[2])	*hRf* in Fließmittel Nr.						
	103[3])	104[3])	105[3])	106[4])	107[5])	108[5])	109[5])
Ala	41	—	45	46	51	66	—
Arg	—	—	—	—	00	00	00
Asp	00	17	00	—	00	00	20
Asp(NH_2) .	03	67	02	—	00	00	32
$(CyS)_2$	—	—	—	—	—	—	69
Glu	01	25	00	—	00	00	32
Glu(NH_2) .	02	65	02	—	00	00	36
Gly	30	—	30	34	28	45	78
His	01	58	00	—	00	00	04
Ile	64	—	66	71	78	80	—
Leu	69	—	70	72	78	80	—
Lys	28	—	25	23	28	62	—
Met	52	—	51	57	58	76	—
Phe	56	—	53	60	60	74	—
Pro	75	—	61	81	91	91	—
Ser	06	79	07	05	00	00	48
Thr	11	83	14	09	00	00	51
Try	—	—	—	—	28	52	—
Tyr	19	—	35	16	00	08	64
Val	59	—	61	61	72	76	—

[1]) Man beachte, daß die *Rf*-Werte von vielen Faktoren abhängig sind (S. 47); die Angaben sind deshalb nur als Richtwerte zu betrachten.

[2]) Abkürzungen der Aminosäuren nach *Tabelle 14*.

[3]) Kieselgel-G (vgl. *Tab. 43*).

[4]) Kieselgel-WOELM (vgl. *Tab. 43*).

[5]) Aluminiumoxid-Fluka (vgl. *Tab. 43*).

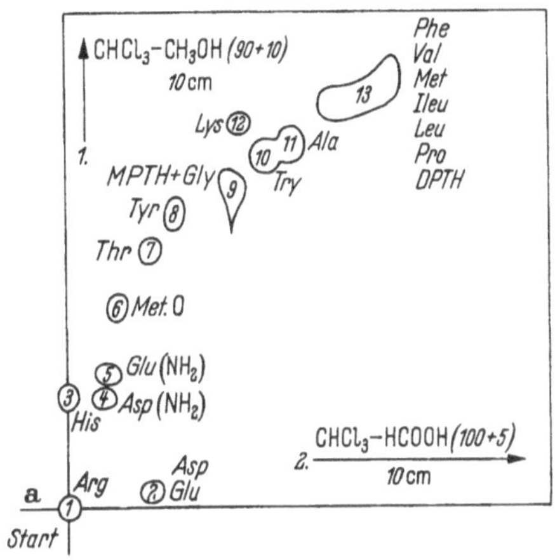

Abbildung 78

Zwei- und eindimensionale Chromatogramme zur Trennung von PTH-Aminosäuren auf Kieselgel-G-Schichten. Auftragmenge je 0,5 μg in 0,5 μl Methanol oder Aceton. Revelation: Chlor/Tolidin-Reaktion oder UV-Licht (s. Text S. 187 ff).

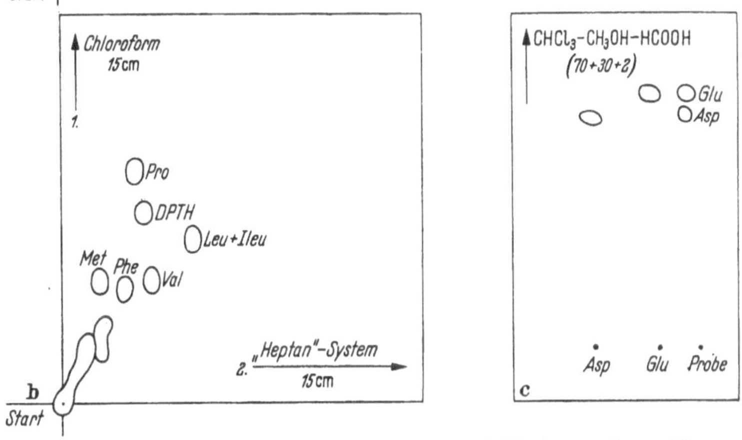

a) Man beachte, daß nur drei von insgesamt 13 Flecken mehrere Komponenten enthalten. Zur Trennung der Flecken 2, 0 und 13 vgl. b und c.
b) Man beachte, daß die Komponenten des Fleckens Nr. 13 bis auf PTH-Leu und PTH-Ileu aufgetrennt sind. Zur Trennung dieser beiden Verbindungen vgl. Text.
c) Trennung von PTH-Asp und PTH-Glu (Laufstrecke: 11 cm). Im Falle komplexer Gemische ist es vorteilhaft, den Flecken Nr. 2 von Chromatogrammen nach *Abbildung 78a* zu eluieren und, wie angegeben, rechromatographieren.

Aus: BRENNER und Mitarb. [44] und PATAKI [295]

2. *Bestimmung der N-endständigen Aminosäure und Abbau von Peptiden*

CHERBULIEZ und Mitarb. [64] benutzten die Dünnschichtchromatographie zum Nachweis der N-endständigen Aminosäuren in einigen Di- und Tripeptiden und fanden zwischen dem *Rf*-Wert der synthetischen PTH-Aminosäure und dem *Rf*-Wert der abgespaltenen PTH-Aminosäure eine gute Übereinstimmung *(Tab. 46)*. Die Dünnschichtchromatographie ermöglicht die Endgruppenbestimmung bei einer Substanzmenge von etwa 0,01 μM eines Di- oder Tripeptids. WIELAND und GEBERT [439] benutzten die Dünnschichtchromatographie zur Prüfung der Sequenz von Desthiosecophalloidin A.

Tabelle 46. Edman-Abbau von Peptiden: Identifizierung der N-endständigen Aminosäure durch Chromatographie auf Kieselgel-G-Schichten [64]. (Fließmittel No. 102, vgl. *Tab. 43*, Abkürzungen nach *Tab. 14*; zur Schreibweise vgl. [189]). Aus: CHERBULIEZ und Mitarb. [64]

Peptid	Menge		PTH-Derivat der N-endständigen Aminosäure					
			1. Schritt		2. Schritt		3. Schritt	
	μM	μg	*Rf*[1])	*Rf*[2])	*Rf*[1])	*Rf*[2])	*Rf*[1])	*Rf*[2])
H-Gly-Pro-OH	0,02	3,44	0,370	0,365	0,515	0,515[3])	—	—
	0,01	1,72	0,375	0,375	0,495	0,495	—	—
H-Pro-Leu-Gly-OH	0,02	6,42	0,490	0,490	0,615	0,615	0,385	0,390
	0,01	3,21	0,480	0,480	0,580	0,585	0,465	0,475

[1]) Vergleichssubstanz.
[2]) PTH-Derivat der abgespaltenen Aminosäure.
[3]) + Spuren von PTH-Glycin.

Phalloidin wurde mit Raney-Nickel desulfuriert und das entstandene Desthiophalloidin wurde in 50proz. wäßr. Trifluoressigsäure 2 Stdn. stehen gelassen. 1 mg Desthiosecophalloidin A löst man in 0,1 ml Methanol und trug die Lösung strichförmig auf eine Kieselgel-G-Platte auf. Das Chromatogramm wurde mit Methanol entwickelt (15 cm Laufstrecke), die Bande 4 cm von der Starlinie entfernt abgekratzt und wie auf S. 179 beschrieben fünfmal nacheinander abgebaut.

Dünnschichtchromatographisch ließen sich die PTH-Derivate von Alanin, Threonin, Alanin, allo-Hydroxyprolin und Alanin, beinahe ohne irgendwelche Verunreinigungen, identifizieren. WIELAND und GEBERT [439] benutzten hierzu Kieselgel-G-Schichten und die Fließmittel Nr. 94—96.

SARGES und WITKOP [359] verwendeten die Abbau-Methode von ERICKSSON und SJÖQUIST [107], in einer etwas modifizierten Form,

zum schrittweisen Abbau von Desformylgramicidin A. Es gelang nach dem neunten Abbauschritt, PTH-Tryptophan noch eindeutig nachzuweisen.
Die Reaktion wurde in Pyridin/Triäthylamin/PITC (100 : 3 : 1; S. 18)0 4 Stdn. bei 40 °C durchgeführt. Überschuß an PITC wurde am Hochvakuum entfernt, der Rest bei Zimmertemperatur 1 Std. mit Trifluoressigsäure behandelt, die PTH-Aminosäure vom Restpeptid säulenchromatographisch getrennt (Dowex 50 × 2, Methanol und 1 M Ammoniak als Elutionsflüssigkeit). Die abgespaltene PTH-Aminosäure wurde jeweils dünnschicht- und gaschromatographisch bestimmt, und das Restpeptid wurde quantitativ analysiert. Unserer Meinung nach bietet diese Arbeitsweise die *höchstmögliche Sicherheit* bei der Sequenzanalyse mittels Edman-Abbau.
Zum Nachweis der nach ^{35}S-PITC-Behandlung entstandenen Abbauprodukte von Peptiden verwenden CHERBULIEZ und Mitarb. [63] Kieselgel-G-Schichten und das Fließmittel Nr. 103. *Abbildung 79a* und *b* zeigen die Aktivitätsverteilung beim Abbau zweier Peptide. Bei dieser Arbeitsweise werden etwa 0,1 nM eines Peptids zur Analyse benötigt.

3. *Nachweisverfahren*

a) Chlor/Tolidin-Reaktion

PTH-Aminosäuren können mit Hilfe der Chlor/Tolidin-Reaktion (Modifizierung nach BRENNER und Mitarb. [44]; S. 125. Die Chlorbehandlung ist auf 25 Min. auszudehnen) nachgewiesen werden. Die Erfassungsgrenze liegt bei etwa 3×10^{-4} μM [44].

b) Butylhypochlorit/KJ/Stärke-Reaktion

Die luftgetrocknete Platte wird mit einer Lösung von 1proz. Stärke in Wasser/0,1 N KJ (1 : 1) und mit einer Butylhypochloritlösung in Cyclohexan besprüht [114].

c) Jodazid-Reaktion

Man besprüht die Schicht mit einer 1 : 1 : 6-Mischung der Lösungen I, II und III. Die Mischung ist in der Kälte einige Tage haltbar [65].
Lösung I: 1,27 g Jod + 8,3 g KJ + Wasser ad 100 ml.
Lösung II: 3,2 g Natriumazid + Wasser ad 100 ml.
Lösung III: 1proz. Stärkelösung in Wasser.

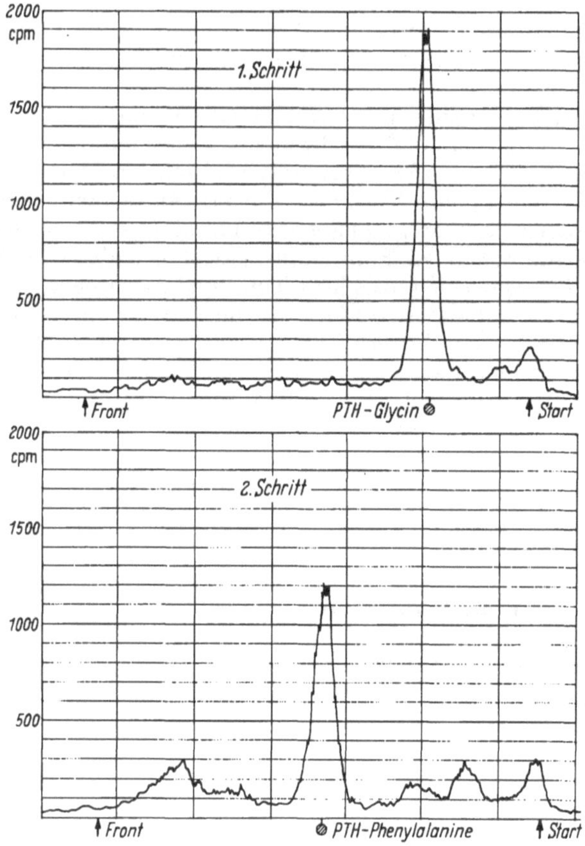

Abbildung 79a

d) UV-Licht

Man chromatographiert die PTH-Aminosäuren auf Kieselgel-G/Zinksilikat-Schichten (30 g Kieselgel-G[31]) + 0,6 g Zinksilikat[42]); im übrigen S. 77) und betrachtet die Platte im kurzwelligen UV-Licht (254 mμ). Phenylthiohydan-

[42]) Mn-aktiviertes Zinksilikat der LEUCHTSTOFFWERKE GMBH, Heidelberg; die Firma MERCK[31]) und die Firma CAMAG[5]) bringen verschiedene leuchtstoffhaltige Sorptionsmittel in den Handel.

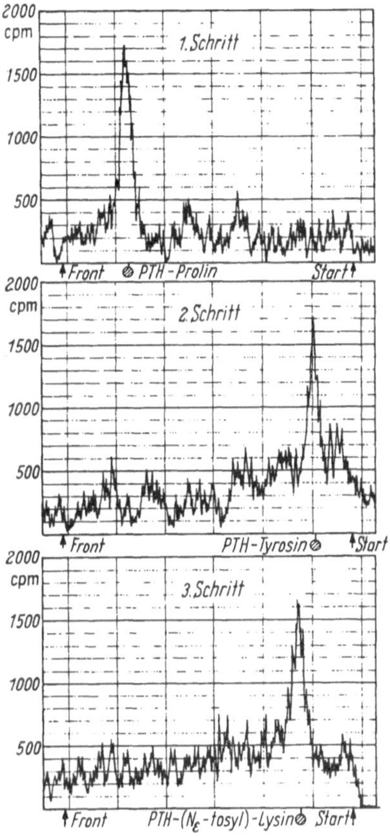

Abbildung 79 b

Abbildung 79 a, b

Edman-Abbau von Peptiden (Substanzmenge je 1 nM): Aktivitätsverteilung auf Dünnschichtchromatogrammen (vgl. Text). Die Lage der PTH-Aminosäuren wurde zusätzlich durch chemische Reaktion ermittelt und ist als schraffierter Kreis angegeben.

a) Abbau von H-Gly-Phe-OH.

b) Abbau von H-Pro-Tyr(N_ε-tosyl)-Lys-OH.

Aus: CHERBULIEZ und Mitarb. [63]

toine erscheinen als dunkle Flecken auf grünlich fluoreszierendem Untergrund. Die Nachweisgrenze liegt bei etwa 6×10^{-4} μM PTH-Aminosäure [295].

c) Radioisotop-Methode

Man reveliert die mitchromatographierten Vergleichssubstanzen, wie oben angegeben, und bestimmt anschließend die Aktivitätsverteilung auf der Platte mit Hilfe eines Dünnschicht-Scanners (S. 43) oder eines anderen geeigneten Verfahrens *(Abb. 76)*.

f) Spezifischer Nachweis von PTH-Glycin

Man besprüht die Schicht bis zu schwacher Befeuchtung mit dest. Wasser; hält man sie nun über eine konzentrierte Ammoniak-Lösung (z. B. eine offene Ammoniak-Flasche), so erscheint ein tiefroter beständiger Fleck. Die Nachweisgrenze liegt bei 0,08 μg PTH-Glycin [295].

V. Trinitrophenyl-Aminoalkohole

Trinitrophenyl-Aminoalkohole (TNP-Aminoalkohole) entstehen, wenn man Proteine, Peptide oder deren Ester mittels $LiBH_4$ reduziert (CHIBNALL und REES [68]) und den hydrolytisch freigesetzten Aminoalkohol mit 2,4,6-Trinitrobenzolsulfonsäure (TNBS) umsetzt (SATAKE und Mitarb. [360]). Die erwähnte Reaktionsfolge ermöglicht die Bestimmung der C-endständigen Aminosäure eines Peptids oder Proteins.

Zur Abspaltung der C-endständigen Aminosäure können enzymatische und chemische Methoden verwendet werden (für Zusammenfassung: BAILEY [6], SMYTH und ELLIOT [397]).
Carboxypeptidase spaltet sowohl aromatische als auch aliphatische Aminosäuren ab. Die Geschwindigkeit der Abbaureaktion ist einerseits von der C-endständigen Aminosäure und anderseits von der vorletzten Aminosäure abhängig; *Prolin* und *Hydroxyprolin* sowie *D-Aminosäuren* werden nicht abgespalten. Die enzymatisch freigesetzten Aminosäuren können in freier oder in dinitrophenylierter Form auf Papier oder auf dünnen Schichten chromatographiert werden. Über die Anwendung der Dünnschichtchromatographie zum Nachweis der C-endständigen Aminosäuren berichteten kurz JUTISZ und Mitarb. [228].
Von den chemischen Verfahren sei, außer der $LiBH_4$-Reduktion, die Hydrazonolyse nach AKABORI und Mitarb. [3] erwähnt. Neuerdings berichteten JUTISZ und Mitarb. [229] über eine modifizierte Arbeitsweise; hierbei wurde u. a. die Dünnschichtchromatographie benützt.

Über die Anwendung der Dünnschichtchromatographie zum Nachweis von TNP-Aminoalkoholen berichteten ISHII und WITKOP [179].

Zu einer Lösung von 8 mg seco-Gramicidin A (oder Gramicidin A) in 1 ml Dimethoxyäthan wurden etwa 50 μM $LiBH_4$ in 50 μl Dimethoxyäthan zugegeben, die trübe Lösung über Nacht (17 Stdn.) bei Zimmertemperatur der Reaktion überlassen, mit 1 ml verdünnter Essigsäure auf pH = 3 gestellt, zur Trockne eingedampft und in 5 ml Butanol + 5 ml Wasser gelöst. Die wäßrige Phase wurde mit 3×3 ml Butanol extrahiert, die vereinigten Extrakte zur Trockne eingedampft und der Rückstand in 2 ml 6 N HCl und 0,4 ml Eisessig in einer evakuierten Ampulle bei 110°C hydrolysiert. Das Hydrolysat wurde eingedampft, in 0,4 ml Wasser gelöst; $^1/_4$ davon wurde mit 5 mg TNBS in 1 ml 0,5 N wäßr. $NaHCO_3$-Lösung bei 40°C während 2 Stdn. trinitrophenyliert, das Reaktionsgemisch mit 2×2 ml Äther extrahiert und die ätherische Lösung auf Kieselgel-G-Schichten chromatographiert. Als Kontrolle ließ man TNP-Aminoalkohole, die wie oben beschrieben bereitet wurden, mitlaufen.

Tabelle 47 enthält die *Rf*-Werte einiger TNP-Aminoalkohole nach WITKOP [444].

Tabelle 47. *hRf*-Werte[1]) von TNP-Aminoalkoholen auf Kieselgel-G-Schichten [444] (s. Text S. 77)

Verbindung	hRf_1[2])	hRf_2[3])	hRf_3[4])
TNP-Alaninol	19	37	45
TNP-Isoleucinol	31	48	60
TNP-Leucinol	30	46	59
TNP-Valinol	28	43	58
TNP-Tryptophanol	14	28	44

[1]) Man beachte, daß die *Rf*-Werte von vielen Faktoren abhängig sind; die Angaben sind deshalb nur als Richtwerte zu betrachten.

[2]) Chloroform/Äthanol 100 : 1.

[3]) Toluol/Pyridin/Eisessig 80 : 10 : 1.

[4]) Benzol/Eisessig 3 : 1.

4. Teil:
Aminosäuren und verwandte Verbindungen in biologischem Material

Seit den grundlegenden Arbeiten von Dent [91] sind zur Trennung von Aminosäuren in Körperflüssigkeiten und in Organextrakten zahlreiche Methoden ausgearbeitet worden (für Zusammenfassung: Bigwood und Mitarb. [30], Smith [396]). Die Aminosäuren können in freier Form oder als Derivate chromatographiert werden. Bevorzugt man die erstere Möglichkeit, so müssen störende Begleitstoffe (z. B. Salze, Eiweiß, Lipide usw.) vor der Chromatographie entfernt werden. Viele Autoren ziehen deshalb der Chromatographie der freien Aminosäuren eine Umwandlung in Derivate vor, welche von den Beimengungen abgetrennt werden können.
Für die Klinik besitzt insbesondere die Bestimmung von Aminosäuren im Urin und im Blut erhebliche Bedeutung (Schreier [367, 368], Berger [23, 24], Opienska-Blauth [288] und Milne [253]). Es ist in den meisten Fällen nicht erforderlich, die Urin- und Blut-Aminosäuren quantitativ zu bestimmen [23, 288]; viele Untersucher führen deshalb qualitative Chromatogramme aus: Die quantitativen Unterschiede werden dann durch die Erhöhung bzw. Erniedrigung des α-Aminostickstoffs angegeben. Für genaue quantitative Bestimmungen eignet sich besonders gut die Doppelmarkierungsmethode von Beale und Whitehead (S. 73).

I. Chromatographie und Elektrochromatographie der freien Aminosäuren

A. Vorbereitungen zur Chromatographie

Körperflüssigkeiten und Organextrakte enthalten neben freien Aminosäuren meistens Peptide, Eiweiß, Kohlenhydrate, Harnstoff, Salze und Lipoide. Während die Entfernung der kleineren Peptide, die allerdings in geringeren Mengen vorliegen, meistens unmöglich ist (vgl. dazu S. 131), lassen sich die übrigen genannten Begleitsubstanzen von den Aminosäuren mehr oder weniger leicht abtrennen.

1. Entfernung der Eiweiß-Stoffe, Polysacharide und Lipoide

Zur Abtrennung der hochmolekularen Begleitstoffe können verschiedene Fällungsverfahren angewandt werden. OEPEN und OEPEN [282] haben viele *Deproteinisierungs*-Methoden miteinander verglichen und fanden, daß die Art der Enteiweißung die Aminosäurezusammensetzung beeinflußt. *Tabelle 48* enthält die Aminosäure-Verluste bei drei verschiedenen Methoden. Die Verlustquoten der zugesetzten Testgemische waren nach Acetonbehandlung am höchsten und nach Trichloressigsäurebehandlung am niedrigsten *(Tab. 48)*.

Nach KRAUT *und* ZIMMERMANN-TELSCHOW [212] wird Blut zentrifugiert, das Serum mit Wasser verdünnt, und die hochmolekularen Beimengungen werden mit 20proz. Trichloressigsäure gefällt (Serum: Wasser: Trichloressigsäure = 1 : 1 : 1). Nach Abzentrifugieren und Nachwaschen des Niederschlages werden die vereinigten Lösungen bis beinahe zur Trockne einge-

Tabelle 48. Verlustquoten der Aminosäurekonzentration nach Zusatz von Testgemisch und Enteiweißung mit Pikrinsäure, 20proz. Trichloressigsäure und Aceton. Mengenangaben in µM/1 ml Serum (282).
Aus: OEPEN und OEPEN [282]

Enteiweißung mit	Pikrinsäure	20proz. Trichloressigsäure	Aceton
Taurin	0,006	0,009	0,026
Glutaminsäure	0,045	0,012	0,013
Prolin	0,015	0,028	0,044
Glycin	0,040	0,005	0,038
Alanin	0,046	0,006	0,033
Valin	0,015	0,001	0,008
Methionin	0,002	0,002	0,022
Isoleucin	0,019	0,017	0,025
Leucin	0,024	0,019	0,007
Tyrosin	0,009	0,036	0,012
Phenylalanin	0,006	0,035	0,000
Ornithin	0,006	0,010	0,029
Lysin	0,006	0,002	0,026
Histidin	0,003	0,002	0,030
Tryptophan	0,018	0,006	0,032
Arginin	0,010	0,013	0,025
Mittelwert	0,017	0,013	0,023

dampft, mit 0,1 N HCl verdünnt, zur Entfernung von Lipoiden mit Äther ausgeschüttelt und der Äther mit 0,1 N HCl dreimal nachgewaschen. Die vereinigten salzsauren Lösungen dampft man im Vakuum zur Trockne ein und nimmt den Rückstand in 2 ml 0,1 N HCl auf. Die hochmolekularen Verbindungen können auch mit Hilfe der *Sephadex-Gelfiltration* (S. 131) schonend und einfach abgetrennt werden. Berger und Mitarb. [25] konnten nach Deproteinisierung mittels Sephadex im Serum keine Cystein/Cystin-Ausscheidung feststellen. Sie führen diese Tatsache auf die schonende Enteiweißung mit Sephadex zurück und sind der Meinung, daß das von anderen Autoren bestimmte *Cystin* (und evtl. auch Cystein) im Serum zum größten Teil bei der sauren Deproteinisierung von den Serumproteinen abgespalten wird.

2. Zerstörung von Harnstoff

Durch Zusatz von einer Spur Urease läßt sich Urin-Harnstoff binnen 24 Stdn. in CO_2 und Ammoniak überführen: Diese entweichen bei anschließender Konzentrierung mit dem Wasserdampf [34].

3. Entsalzung

Körperflüssigkeiten und Organextrakte enthalten oft beträchtliche Salzmengen. Ist die Salzkonzentration im Verhältnis zu den Aminosäuren zu groß, so muß vor der Chromatographie entsalzt werden (S. 195). Bei der *elektrolytischen Entsalzung* [73] wird Arginin zum Teil in Ornithin umgewandelt; Histidin, Lysin, Methionin, Prolin und Tyrosin gehen zu 10—30% verloren. Vergleichende Untersuchungen von Opienska-Blauth [131, 284] haben gezeigt, daß verschiedene Kationenaustauscherharze zur Entsalzung geeignet sind und — vorausgesetzt daß man die geeigneten Elutionsmittel wählt — vergleichbare Resultate liefern. Taurin wird bei der kombinierten Anwendung von Kationen und Anionenaustauscher gewonnen.

Zur Entsalzung von Milch empfiehlt Bujard [55] *folgendes Vorgehen*: Milch wird etwas eingeengt und mit 20proz. Trichloressigsäure (Milch : TCE = 1 : 1) enteiweißt (S. 196). Die überstehende Lösung wird dekantiert und mit Amberlite 120 × 8 (15—30 mesh) während einer Std. geschüttelt. Das Harz wird mehrmals mit Wasser gewaschen (dekantieren) und der Wasserüberschuß mit einer Pipette vorsichtig abgesaugt. Zur Gewinnung der salzfreien Aminosäuren versetzt man das Harz mit wenig 4 N Ammoniak, schüttelt 25 Min., saugt das Ammoniak sorgfältig ab und beendet die Elution mit 0,5 ml 4 N Ammoniak. Die vereinigten Ammoniak-Lösungen werden auf einem Uhrglas über einem Wasserbad verdampft, und der getrocknete Rückstand wird im Wasser aufgenommen.

Die gleichzeitige Entfernung von Salzen, Proteinen und Kohlehydraten gelingt nach der folgenden Vorschrift von Harris *und Mitarb.* [153]: Dowex 50 W (×8, 200—400 mesh, analytische Qualität) wird 2 Min. mit der fünffachen Wassermenge geschüttelt, die überstehende Suspension abgesaugt und die Behandlung zweimal wiederholt. Vor Gebrauch wird das Harz mit 1 N HCl, Wasser, 1 N HCl aufgeschlämmt und schließlich mit Wasser chloridfrei gewaschen. Man trocknet nun auf Filterpapier (Wassergehalt 40%); in diesem Zustand enthält 1 g Harz etwa 3 mÄq. Sulfonsäure-Gruppen. Für 800 μÄq. anorg. Kationen + 20—50 (aber höchstens 100) μM Aminosäure werden etwa 1050 μÄq. Harz benötigt (200 μÄq. Harzüberschuß). Man füllt 350 mg feuchtes Harz (mit 5 Äq. 1 N HCl in die H-Form überführen; die Kapazität wird bestimmt, indem man überschüssige NaCl-Lösung durchlaufen läßt und die gebildete Salzsäure titriert) in eine Säule mit 5 mm innerem Durchmesser. Serum oder Plasma wird mit dem gleichen Volumen Wasser verdünnt, mit 8 N Essigsäure auf pH = 2—2,5 eingestellt (CO_2 entfernen) und auf die Säule gebracht. Nach dem Durchlauf der Analysenlösung wäscht man mit 3 ml 0,5 N Essigsäure und mit 2 ml Wasser. Die Aminosäuren werden mit 2 N Triäthylamin-Lösung eluiert (Triäthylamin in 20proz. Aceton in gut verschlossener Flasche in der Kälte 2 Wochen haltbar).

Das Eluat wird durch Zugabe von Spuren einer Bromkresolgrün-Lösung zu jedem Tropfen geprüft, bis der pH-Wert gerade anzusteigen beginnt („Durchbruchvolumen“ = x). Falls x nicht größer ist als 0,5 ml, muß es nicht verworfen werden. Meist genügt eine Fließmittelmenge von $x + 1$ ml. Nach dem Durchbruch werden die Fraktionen für die Analyse gesammelt: Sämtliche Aminosäuren sind praktisch in dem ersten 1 ml Anteil enthalten. Die Lösung wird in silikonisierten Porzellantiegeln über Schwefelsäure bei Zimmertemperatur eingedampft und in 90—100 μl Wasser gelöst. Die *Rückgewinnung* der Aminosäuren ist annähernd quantitativ. Eine Beschränkung dieser eleganten Methode liegt darin, daß Taurin und Cysteinsäure mit der Waschflüssigkeit (siehe oben) eluiert werden. Falls es erwünscht ist, kann man die basischen Aminosäuren + Tryptophan von den übrigen Aminosäuren abtrennen [153].

4. *Bestimmung von α-Aminostickstoff*

Qualitative Chromatographie vermittelt ein Bild über das Vorkommen von Aminosäuren in Körperflüssigkeiten. Der Grad der *Aminoacidurie* oder *Aminoacidämie* wird z. B. durch Bestimmung des α-Amino-N und des Amino-N-Index $\left(\frac{\alpha\text{-NH}_2\text{-N}}{\text{total N}} \times 100\right)$ ermittelt (Berger [23, 24], Opieńska-Blauth [284]). Zur Bestimmung von α-Amino-N eignet sich nach Berger die etwas modifizierte Methode von Antener [4].

Bestimmung des α-Amino-N im Blut bzw. Serum [24]:
6 ml Wolframsäure (40 ml 10proz. Natriumwolframatlösung werden mit 700—800 ml dest. Wasser verdünnt, 40 ml 2/3 N Schwefelsäure zugefügt und auf 1 l mit Wasser aufgefüllt; die Lösung muß erneuert werden, sobald sich ein weißer Niederschlag bildet) werden in ein Zentrifugenglas (20 ml) gebracht. Man gibt 0,1 ml Blut zu, mischt und schüttelt die Lösung, läßt 5 Min. stehen, zentrifugiert während 5 Min. bei 3600 U/Min. und filtriert durch einen kleinen Wattebausch. 5 ml Filtrat bringt man in ein Gläschen (8 cm hoch und 1,5 cm Durchmesser), welches bei 10 ml eine Marke trägt; für den Blindwert nimmt man 5 ml dest. Wasser. Nun werden 0,05 ml Phenolphtaleinlösung (0,25proz. in Äthanol) zugefügt, worauf aus einer Mikrobürette 0,05 N NaOH zugesetzt wird, bis eine deutliche Rotfärbung den Endpunkt anzeigt. Man fügt 1 ml 2proz. Boraxlösung und 0,4 ml β-Naphtochinonlösung (0,05proz. β-Naphtochinonsulfonsaures Natrium, jedesmal frisch zubereiten) zu und stellt das Gemisch für genau 3 Min. in siedendes Wasser. Die Lösung wird unter fließendem Wasser abgekühlt, mit 1 ml Essigsäure/Natriumacetat-Lösung (100 ml 50proz. Essigsäure + 100 ml 5proz. Natriumacetat) und mit 1 ml 4proz. Natriumthiosulfatlösung gut vermischt, mit dest. Wasser auf 10 ml aufgefüllt und kolorimetriert (z. B. Pulfrich-Photometer, Filter S 50, 1 cm Schichtdicke). Die *Standardlösung* enthält 0,1 mg Aminostickstoff pro 1 ml (187,8 mg Prolin + 412,8 mg Glycin lösen in 1 l 0,07 N HCl enthaltend 0,2% Natriumbenzoat). Man führt am besten Doppelbestimmungen aus und nimmt für jede Versuchsreihe eine Eichkurve auf. Zu beachten ist, daß die Kochzeit (3 Min.) genau eingehalten werden muß; der Zusatz von Essigsäure und Thiosulfat muß ferner sofort nach dem Abkühlen erfolgen, und man liest unmittelbar danach ab (spätestens in 15 Min.).

Bestimmung des α-Amino-N im Urin [24]
24 Stdn. Urin wird mit Thymol stabilisiert und wenn nötig bei 4 °C aufbewahrt. Man filtriert durch ein Faltenfilter (eiweißhaltiger Urin wird mit dem gleichen Volumen 10proz. Sulfosalicylsäure behandelt), entnimmt 10—20 ml, stellt mit 10proz. HCl auf pH = 1 (Indikatorpapier) — für die pH-Einstellung des enteiweißten Harns verwendet man konz. NaOH —, entfernt die Harnsäure durch Zentrifugieren und filtriert (Harnsäure fällt aus, wenn man die Mischung etwa 25 Min. in einem Eis/Kochsalz-Kühlgemisch abkühlen läßt). 1 ml Filtrat bringt man in ein dickwandiges Spezialglas mit Schliffaufsatz, gibt 1 Tropfen konz. NaOH zu und evakuiert im Vakuum bei leichtem Erwärmen (etwa 40 °C) der Flüssigkeitschicht (Achtung: Schaumbildung). Der nahezu trockene Rückstand wird mit dest. Wasser in einen 100 ml Meßzylinder (bei 1 : 1 verdünntem Urin: 50 ml) quantitativ überspült und auf 100 ml aufgefüllt. Man entnimmt 5 ml, stellt auf Phenophtaleinrot und verfährt im übrigen wie beim Serum.

Gewisse Arzneimittel, z.B. *Sulfonamide*, *p-Aminosalicylsäure*, stören die Bestimmung. *Zucker*, *Aceton*, *Harnstoff*, *Kreatin* und *Bilirubin* hingegen stören nicht.
Die von MÜTING und KAISER [269] modifizierte Ninhydrin-Methode eignet sich ebenfalls zur routinemäßigen Bestimmung von α-Amino-N. Hierbei stören *Ammoniak*, *Harnstoff* und *Harnsäure* nur wenig.

B. Trennung der Aminosäuren

1. Aminosäuren im Urin und im Blut

Mit dem dünnschichtchromatographischen Nachweis der Urin-Aminosäuren haben sich OPIENSKA-BLAUTH und Mitarb. [289], BARON und ECONOMIDIS [10], ROKKONES [346] sowie CRAWHALL und Mitarb. [74] beschäftigt.
Werden nicht mehr als 10 µl Urin aufgetragen, so ist eine Entsalzung nicht unbedingt notwendig [10, 289, 346]. Die besten Dünnschichtchromatogramme erhält man, wenn etwa 10 µl nativer Urin oder etwa 50 µl demineralisierter Urin aufgetragen werden (OPIENSKA-BLAUTH [289]). OPIENSKA-BLAUTH und Mitarb. [289] chromatographierten die Urin-Aminosäuren auf Kieselgel-G-Schichten mit den Fließmitteln Nr. 8 und 9 zweidimensional (S. 84 und *Tab. 12*) bzw. auf Whatman-Nr.-3-Papier mit derselben Fließmittelkombination. Trägt man etwa 1—10 µl eines physiologischen Urins auf, so werden nach Ninhydrin-Behandlung auf dem Papier keine, auf der Schicht hingegen 3—6 Flecken sichtbar *(Abb. 80a)*; bei einer Auftragmenge von 100 µl demineralisierten Urins kann man auf Papierchromatogrammen 9—10, auf Dünnschichtchromatogrammen 14—16 Flecken beobachten. BARON und ECONOMIDIS [10] benutzten die gleiche Fließmittelkombination und konnten in 10 µl eines normalen Urins, ohne Entsalzung, 8 Aminosäuren nachweisen *(Abb. 80b)*. ROKKONES [346] zieht die Kombination der Fließmittel Nr. 13 und 9 vor (S. 94 und *Tab. 12*) und trägt jeweils eine Urinmenge (mit oder ohne Demineralisierung; ersteres Vorgehen ergibt bessere Chromatogramme) entsprechend 20 µg Kreatinin auf Kieselgel-G-Schichten auf. Es werden bei 2—3jährigen gesunden Kindern 9—12 ninhydrinpositive Verbindungen sichtbar *(Abb. 80c)*. *Abbildung 80d* zeigt die Aminosäuren in 25 µl entsalztem Urin nach OPIENSKA-BLAUTH [289].

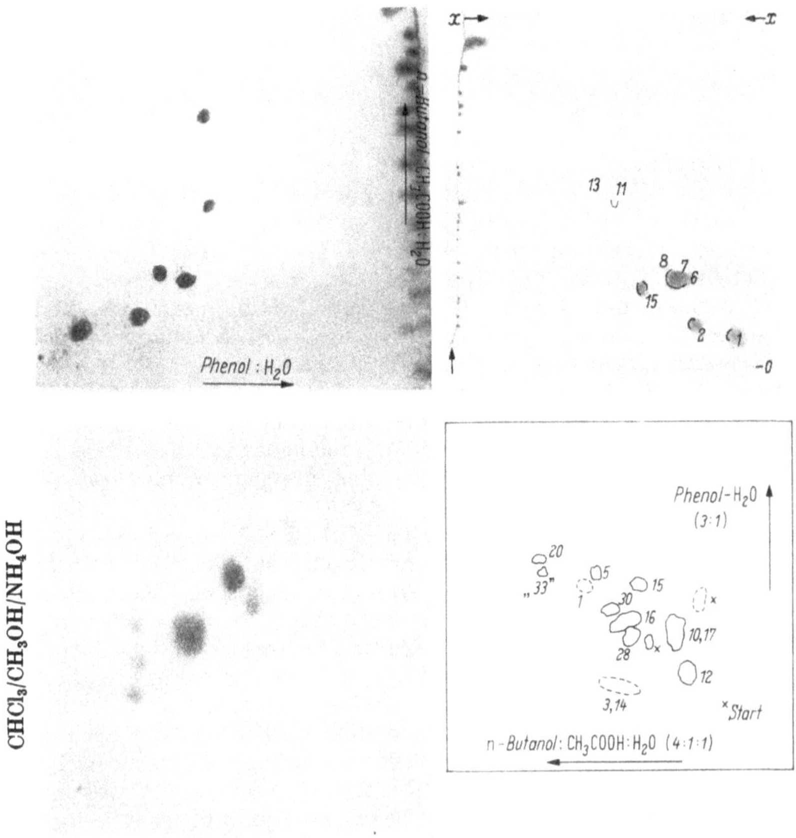

c Phenol / Wasser

Abbildung 80. Dünnschichtchromatographischer Nachweis der Aminosäuren im Urin. 1. Dimension: n-Butanol/Eisessig/Wasser 1 : 1 : 1 (*a*, *b* und *d*) bzw. Chloroform/Methanol/Ammoniak 17proz. 2 : 2 : 1 (c); 2. Dimension: Phenol/Wasser 75 : 25 g/g (vgl. S. 84, 89), Schicht: Kieselgel-G.

a) Auftragmenge: 10 μl nativer Urin. Aus: Opienska-Blauth [289]

b) Auftragmenge: 10 μl nativer Urin; 1 = Lys, 2 = His, 6 = Ser, 7 = Gly, 8 = Ala, 11 = Tyr, 13 = Phe, 15 = Glu(NH_2).
Aus: Baron und Economidis [10]

c) Demineralisierter Urin entsprechend 20 μg Kreatinin.
Aus: Rokkones [346].

Fortsetzung der Bildunterschrift zu *Abb. 80*

d) Auftragmenge: 25 μl entsalzter Urin; 3 + 14 = Asp + Glu, 12 = $(Cys)_2$, 10 + 17 = Arg + His, 28 = Ser, 16 = Gly, 30 = Thr, 15 = Glu (NH_2), 1 = Ala, 5 = Abu, (?) „33" = Val (vgl. S. 85), 20 = Leu + Ile. Aus: OPIENSKA-BLAUTH [289]

Die Ergebnisse von ROKKONES [346] einerseits und von OPIENSKA-BLAUTH [289] anderseits kann man nur mit Vorbehalt vergleichen, da verschiedene Entsalzungs-Verfahren angewandt wurden (elektrolytische Entsalzung bzw. Amberlite IR 120). Bei Cystinuria-Patienten (Cystin und Lysin-Erhöhung im Urin) untersuchten CRAWHALL und Mitarb. [74] einerseits Cystin quantitativ, und anderseits chromatographierten sie die Urin-Aminosäuren auf Kieselgel-G-Schichten (Chloroform/Methanol/17 proz. Ammoniak 2 : 2 : 1 und Phenol-wäßrige Ameisensäurelösung 15 proz., 75 : 25). Die genannte Fließmittelkombination erlaubt eine gute Trennung von Ornithin, Lysin und Arginin untereinander und trennt die genannten Verbindungen auch von den übrigen Aminosäuren ab (S. 88).

Zur *semiquantitativen Bestimmung* der Urin-Aminosäuren gibt ROKKONES [347] folgende Vorschrift an: Man bereitet von 18 Aminosäuren 20 Mischungen (Zusammensetzung und Konzentration sind in der *Tab. 49* angegeben), trägt von jeder Mischung 5 μl auf Kieselgel-G-Schichten auf und entwickelt eindimensional mit Fließmittel Nr. 9 *(Tab. 12)*; von jeder Aminosäure enthält dann die Platte vier Flecken verschiedener Konzentration und Intensität. Ein solches Chromatogramm wird mit einer Versuchsreihe gemeinsam ausgeführt: Man chromatographiert die Urin-Aminosäuren zweidimensional (Kieselgel-G; Fließmittel Nr. 13 und 14; S. 94 und *Tab. 12*) und vergleicht die Intensität der Flecken. Für komparative Untersuchungen, und zwar für qualitative bzw. semiquantitative bzw. quantitative Versuche, müssen entweder gleiche aliquote Teile des 24-Stdn.-Urins oder aber jene Urinmengen, welche einer bestimmten α-Amino-N- bzw. Kreatinin-Konzentration entsprechen, aufgetragen werden (Bestimmung von α-Amino-N: S. 198; Kreatinin: S. 206). ROKKONES [347] untersuchte, mit der angegebenen semiquantitativen Methode, die Ausscheidung der Urin-Aminosäuren bei *verschiedenen Altersgruppen* (Auftragmenge: Urin entsprechend 20 μg Kreatinin) und fand, daß

Tabelle 49. Testgemische[1]) zur semiquantitativen Bestimmung der Urin-Aminosäuren [347]. Von jedem Gemisch werden 5 µl aufgetragen.

	Gemisch I_1 mg/100 ml	Gemisch I_2 mg/100 ml	Gemisch I_3 mg/100 ml	Gemisch I_4 mg/100 ml
Phosphoäthanolamin	20	50	100	200
Glutamin	20	50	100	200
Phenylalanin	4	10	20	50
Leucin	4	10	20	50
	Gemisch II_1	Gemisch II_2	Gemisch II_3	Gemisch II_4
Hydroxyprolin	10	20	50	100
Cystein	4	10	20	50
Taurin	20	50	100	200
Tryptophan	2	4	10	20
	Gemisch III_1	Gemisch III_2	Gemisch III_3	Gemisch III_4
Serin	10	20	50	100
Alanin	10	20	50	100
Valin	20	50	100	200
	Gemisch IV_1	Gemisch IV_2	Gemisch IV_3	Gemisch IV_4
Lysin	10	20	50	100
Glycin	10	20	50	100
Histidin	10	20	50	100
3-Methylhistidin	4	10	20	50
	Gemisch V_1	Gemisch V_2	Gemisch V_3	Gemisch V_4
Prolin	10	20	50	100
β-Aminoisobuttersäure	10	20	50	100
Tyrosin	4	10	20	50

[1]) Die Aminosäuren werden in 10proz. Isopropanol gelöst.

manche ninhydrinpositive Substanzen eine Altersabhängigkeit zeigen. *Glycin, Cystin, Histidin, Alanin, Lysin, Serin, Glutamin, Phenylalanin* und *Tryptophan* sowie einige nichtidentifizierte Verbindungen werden oft in den ersten Lebensmonaten (unter $^1/_2$ Jahr) in maximalen Mengen pro g Kreatinin ausgeschieden. Diese Aminosäuren erreichen in 2—4 Jahren einen „*erwachsenen Wert*". Die *3-Methylhistidin-* und *Taurin*-Excretion ist, abgesehen von den ersten Tagen nach der Geburt, vom Alter unabhängig. In den ersten Lebenstagen sind die ausgeschiedenen *Prolin-* und *Hydroxyprolin*-Mengen kaum meßbar; die maximale Konzentration pro g Kreatinin wird vor dem ersten Lebensmonat erreicht und nimmt etwa in 4—5 Monaten zu nichtmeßbaren Konzentrationen ab. Höhere *Cystin*-Ausscheidung ist gewöhnlich der *Lysin*-Excretion proportional; größere *Phenylalanin-*, *Tyrosin-* und *Tryptophan*-Ausscheidungen sind im allgemeinen auf ähnliche Weise untereinander kombiniert. Ein Vergleich der Aminosäure-Konzentration im Urin von jüngeren und älteren Erwachsenen zeigte keine nennenswerten Unterschiede, lediglich die Histidin-Ausscheidung scheint bei älteren Patienten etwas abzunehmen; es sind jedoch einige nicht identifizierte Verbindungen nachgewiesen worden, deren Ausscheidung pro g Kreatinin eine ausgesprochene Altersabhängigkeit aufwies. Die Befunde von ROKKONES [347] dürften die Interpretation chromatographischer Ergebnisse, auch für weniger geübte Untersucher, erleichtern.

Über den dünnschichtchromatographischen Nachweis der Aminosäuren im Blut ist bisher wenig bekanntgeworden. OPIENSKA-BLAUTH [285] konnte in 20 μl Plasma 14 ninhydrinpositive Flecken nachweisen (Chromatographie auf MN-300-Cellulose-Schichten mit den Fließmitteln Nr. 8 und 9; S. 84 und *Tab. 12*). *Abbildung 81a* zeigt die Fleckenverteilung.

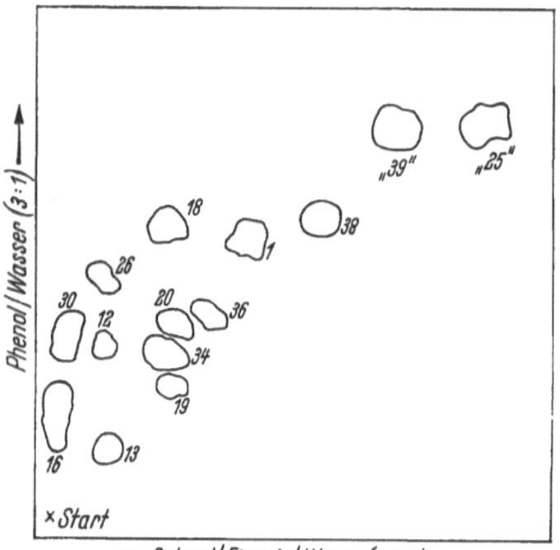

Abbildung 81
Dünnschicht-chromatographischer Nachweis der Aminosäuren im Serum bzw. Plasma [285, 108].
a) Schicht: MN-300-Cellulose; Auftragmenge 20 μl Plasma; 13 = Asp, 16 = (Cys)$_2$, 30 = Orn, 12 = Asp (NH$_2$), 19 = Glu, 34 = Ser, 20 = Gly, 26 = Lys, 36 = Thr, 18 = Glu (NH$_2$), 1 = Ala, 38 = Tyr, „39" = „Val" (vgl. S. 85), „25" = Leu + Ile.
Aus: PATAKI [305]

VON EULER und Mitarb. [108] chromatographierten Normal- und Tumor-Serum der Ratte, nach Deproteinisierung mit Methanol, auf Kieselgel-G-Schichten mit n-Butanol/Eisessig/Wasser (4:1:1) als Fließmittel und fanden, daß ein Fleck mit $Rf = 0{,}23$ im Tumor-Serum in bedeutend höherer Konzentration vorkommt. Man trug nun auf eine Platte vom enteiweißten Tumorserum ein Volumen entsprechend 40 µl Serum sowie verschiedene Mengen der beiden Sera und Vergleichssubstanzen auf und eluierte die fragliche Zone — nach Entwicklung des Chromatogramms — mit 2 ml Wasser (20 Min. bei 80°C); *Abb. 81b*).

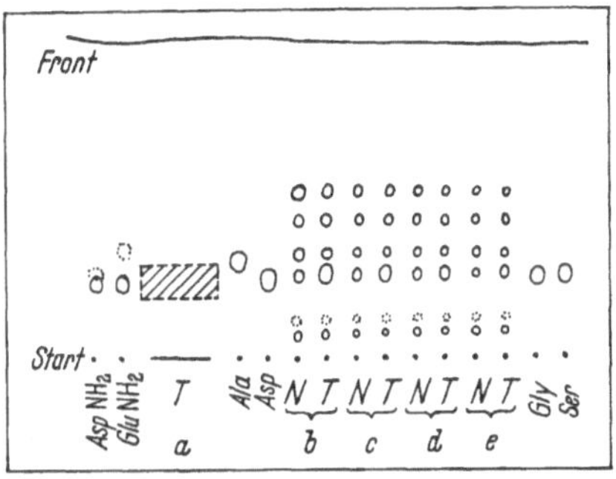

Abbildung 81b (vgl. S. 204)

b) Schicht: n-Butanol/Eisessig/Wasser 3 : 1 : 1; Schicht: Kieselgel-G; a = 40 µl Serum, b = 2 µl, c = 1,6 µl, d = 1,2 µl, e = 0,8 µl. Die schraffierte Fläche wurde nicht angefärbt (vgl. Text). *T* = Tumorserum, *N* = Normalserum. Aus: von Euler und Mitarb. [108]

Die eluierte Aminosäure konnte nach *Rechromatographie* in zwei verschiedenen chromatographischen Systemen als Glycin identifiziert werden. Dimililer und Trout [96] untersuchten die Änderung der Blut-Aminosäuren während *extracorporealer Recirculation* des Blutes (ein- und zweidimensionale Chromatographie auf Kieselgel-G-Schichten) und beobachteten, daß die Konzentration vieler Aminosäuren, wie z. B. von *Histidin, Prolin, Hydroxyprolin, Serin, Threonin, Asparaginsäure, Glutaminsäure* und von *Tryptophan*, in Abhängigkeit von der Zeit des Pumpens zunimmt. Eine wesentlich geringere Konzentrationszunahme erfuhren *Lysin* und *Arginin*; bei *Leucin, Isoleucin* und *Methionin* ließ sich keine nennenswerte Änderung feststellen. Da man weiß, daß *Hyperaminoacidämie* toxisch ist, dürfte diesem Befund sowohl klinisch als auch biochemisch eine Bedeutung zukommen.

Es ist bereits darauf hingewiesen worden, daß die Aminosäureausscheidung oft auf die Kreatinin-Konzentration bezogen wird. Die zum Nachweis und zur quantitativen Bestimmung von Kreatinin übliche *Jaffe-Reaktion* ist unspezifisch. Man beobachtet im Urin z. B. außer Kreatinin mehrere Jaffe-positive Substanzen (Pataki [304]) *Abb. 82)*. Die spezifische Bestimmung von Kreatinin im Urin und im Blut besitzt auch für die *Prüfung der Nierenfunktion* eine erhebliche diagnostische Bedeutung.

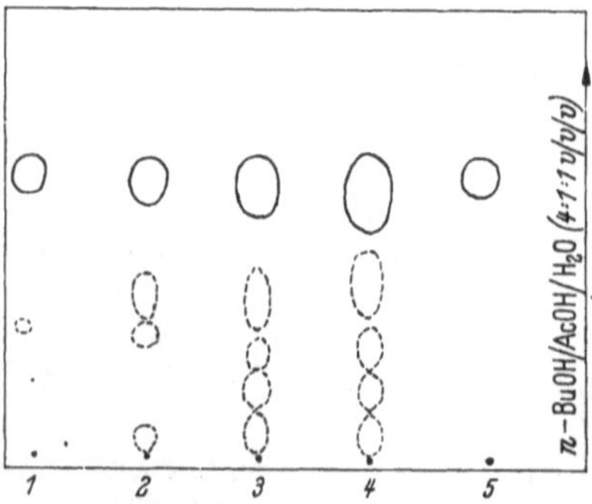

Abbildung 82. Dünnschichtchromatographischer Nachweis von Kreatinin im Urin auf Cellulos-D-Schichten (vgl. S. 92); 1 = 5 μl, 2 = 10 μl, 3 = 15 μl, 4 = 20 μl Urin, 5 = 5 μg Kreatinin. Man beachte die Nebenflecken unterhalb von Kreatinin; die Intensität dieser Flecken variiert stark von Urin zu Urin: In einigen Urinproben fehlen sie ganz oder teilweise.
Aus: PATAKI [304]

Zur quantitativen Bestimmung von Kreatinin im Urin eignet sich folgende Arbeitsweise (PATAKI und KELLER [310]): Auf eine Cellulose-D-Platte (S. 92) trägt man 10 μl Urin (A), 10 μl Urin/dest. Wasser 1 : 1 (B) und 10 μl Kreatininstandard enthaltend 10 μg Kreatinin (S) auf. Nach Chromatographie mit n-Butanol/Wasser/Eisessig (4 : 1 : 1) (*Abb. 82*) wird die Platte getrocknet, mit 5proz. äthanolischer Pikrinsäurelösung und mit 10proz. Natronlauge (wäßrig) besprüht. Die Kreatininflecken werden, nach voller Entwicklung der Farbe, auf Pergamentpapier kopiert; die Fleckenfläche und die Kreatininkonzentration bestimmt man nach den Angaben auf S. 69. Die gleichzeitige quantitative Bestimmung von Kreatinin im Urin und im Blut erfolgt nach Elution mittels Kolorimetrie: Hierzu trägt man etwa 10 μl Urin oder 300 μl Serum (Serum wird mit dem gleichen Volumen Aceton deproteinisiert) punkt- bzw. strichförmig auf die Schicht auf, läßt gleichzeitig eine Standardlösung mitchromatographieren, färbt zwei Leitsubstanzen an den Plattenrändern vorsichtig an, schabt die Kreatininzonen (Analyse, Standard und eine gleich große Fläche als Blindwert) ab und eluiert Kreatinin aus der Schicht. Man kann mit 2 ml 0,1 N HCl eluieren (3 Std. schütteln), mit 2 ml 0,1 N NaOH neutralisieren und 2 ml Farbreagenz (100 ml 1 proz(g/v) Pikrinsäure wird mit 40 ml 10proz.(g/v) Natronlauge gemischt und mit dest. Wasser auf 1000 ml aufgefüllt) zugeben. Die Farbe ist etwa 1 Std. stabil. Man mißt die Extinktion bei 490 mμ (2 cm Schichtdicke).

2. *Weitere Anwendungen*

Die Dünnschichtchromatographie kann auch dem Pharmakologen als wertvolles Hilfsmittel dienen: MARQUARD und Mitarb. [244] konnten in verschiedenen Weinsorten und in Bier, jedoch nicht in

Traubensaft, erkleckliche Mengen von *Histamin* dünnschichtchromatographisch nachweisen. Dieser Befund erklärt die nach Weingenuß gelegentlich auftretenden Beschwerden (z. B. Kopfschmerzen, Atemnot, Herzklopfen und Hyperacidität).

CARISANO [60] verwendet Kieselgel-G-Schichten zum Nachweis von 3-Methylhistidin neben größeren Mengen von Histidin zur Unterscheidung von Walfisch- und Rindfleischextrakten. In zweidimensionalen Chromatogrammen (1. Methanol/Pyridin/Wasser/Eisessig 6 : 6 : 4 : 1; 2. Phenol/Äthanol/Wasser/Ammoniak 3 : 1 : 1 : 0,1) kann man noch 1 μg 3-Methylhistidin neben 15 μg Histidin nachweisen (Revelation nach MOFFAT und LYTLE, S. 107; Histidin und 3-Methylhistidin werden verschiedenartig angefärbt). Die freien Aminosäuren in der Milch können nach BUJARD [55] auf MN-300-Cellulose-Schichten in zweidimensionalen Chromatogrammen (vgl. *Abb. 63)* nachgewiesen werden (zur Vorbereitung für die Chromatographie vgl. S. 197). BRIESKORN und GLASZ [52, 138] isolierten aus den Samen von *Salvia officinalis L* Hydroxylysin als freie Aminosäure und α-Aminobuttersäure als Baustein der Eiweißstoffe. Diese beiden Verbindungen konnten u. a. mit Hilfe der Dünnschichtchromatographie identifiziert werden (Kieselgel-G-Schichten; Tetrahydrofuran/Pyridin/Wasser 3 : 1 : 1 als Fließmittel; $Rf_{\mathrm{Hylys}} = 0{,}06$, $Rf_{\mathrm{Abut}} = 0{,}65$). HUBER und Mitarb. [173] bestimmten die freien Aminosäuren und die Gesamtaminosäuren in verschiedenen Maisquellwasserchargen und fanden z. T. größere Unterschiede: Die Chromatographie erfolgte auf *Supergel*-Schichten (S. 78) mit den Fließmitteln Nr. 13 und 9. *Abbildung 83* zeigt die Fleckenverteilung.

MICHL und BACHMAYER [251] verwendeten Kieselgel-G-Schichten (1. Chloroform/Methanol/17proz. Ammoniak 2 : 2 : 1; 2. Phenol/Wasser 3 : 1 g/v) zur zweidimensionalen Trennung der freien Aminosäuren im *Gifte der Gelbbauchunke* und konnten 13 Aminosäuren und 5-Hydroxy-Tryptamin nachweisen. Die Fleckenverteilung wurde bereits auf S. 87 in der *Abbildung 61c* angegeben. Die direkte Chromatographie des enteiweißten Unkengiftes gab keine verläßlichen Ergebnisse, da niedermolekulare Peptide mit den Aminosäuren z. T. interferierten. Die Aminosäuren mußten daher angereichert werden [251]. Über die quantitative Bestimmung von freien Aminosäuren in Leberextrakten berichtete

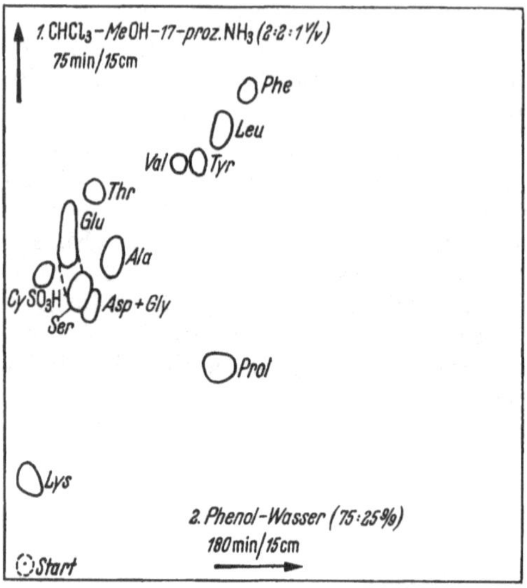

Abbildung 83
Dünnschicht-Chromatographischer Nachweis der Aminosäuren im Maisquellwasser auf Supergel-Schichten (vgl. S. 78). Man beachte, daß das Fleckenmuster teilweise von den Angaben in *Abbildung 61* abweicht.
Aus: HUBER und Mitarb. [173]

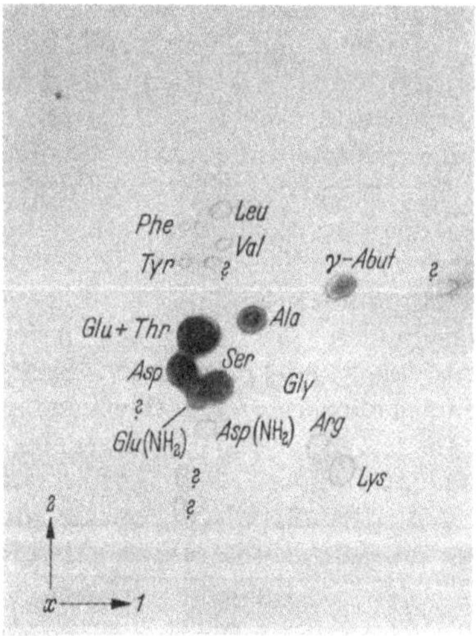

Abbildung 84a
Elektrophorese-Chromatographie: Aminosäuren aus den Blättern von FRAGARIA; Schicht: MN-300-Cellulose; 1. Dimension: Elektrophorese (vgl. *Tab. 23*, Nr. II, Laufzeit: 15 Min.), 2. Dimension: Chromatographie mit n-Butanol/Eisessig/Wasser 4 : 1 : 2 (2 Stdn.)
Aus: NYBOM [281]

Squibb [400, 401]; diese densitometrische Arbeitsweise wurde schon auf S. 70 und 83 besprochen.

Nybom [281] trennt die Aminosäuren aus den Preßsäften der Blätter von *Fragaria* durch zweidimensionale Ionophorese-Chromatographie auf MN-300-Cellulose-Schichten: In der ersten Dimension erfolgt die Elektrophorese (*Tab. 23*, Nr. II), in der zweiten Richtung die Chromatographie (Butanol/Eisessig/Wasser 4 : 1 : 2). In *Abbildung 84* ist das Fleckenmuster dargestellt. Die Auftrennung gelang ohne vorherige Reinigung.

Stegemann und Lerch [414] trennen die Aminosäuren aus Zuckerrüben-Blattsäften mit Hilfe der Ionophorese-Chromatographie (Elektrophorese bei pH = 3,9, 1200 V/20 cm, während 25 Min. in der ersten und Durchlaufchromatographie mit Butanol/Eisessig/Wasser 4 : 1 : 1 während 15 Stdn. in der zweiten Dimension). *Abbildung 84b* zeigt die Fleckenverteilung.

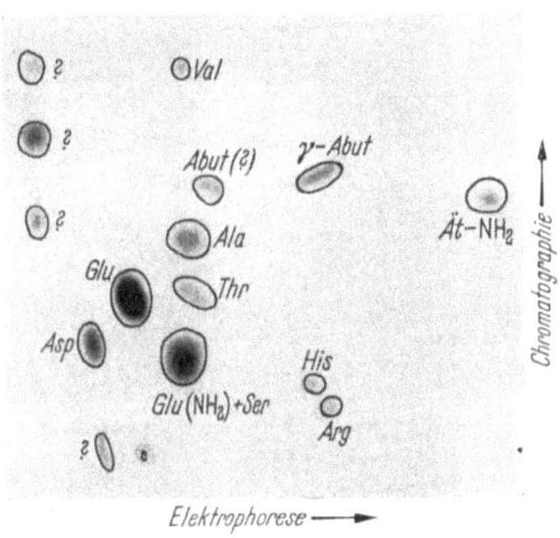

Abbildung 84b
Elektrophorese - Chromatographie: Aminosäuren aus Zuckerrüben - Blattsaft [413]; Schicht: MN-300-Cellulose; 1. Dimension: Elektrophorese (1200 V/20 cm, 25 Min, pH = 3,9; Puffer = 240 ml Eisessig + 60 ml Pyridin + Wasser ad 5 l); 2. Dimension: Chromatographie mit n-Butanol / Eisessig / Wasser 4 : 1 : 1 (Durchlaufentwicklung: 15 Stdn.; aufsteigende Durchlaufchromatographie vgl. dazu S. 24).

II. Chromatographie der Dinitrophenyl-Aminosäuren

Die Dünnschichtchromatographie versagt oft, genauso wie die Papierchromatographie, bei der Untersuchung von biologischem Material. Die in solchen Fällen durch den Salzeffekt verursachte Störung läßt sich umgehen, wenn die Aminosäuren in Derivate umgewandelt werden, die sich vor der Chromatographie dank ihrer Löslichkeit in organischen Solventien von den Salzen abtrennen lassen. Geeignete Reagenzien sind 2,4-Dinitrofluorbenzol (S. 147), 2,4-Dinitrofluoranilin (S. 167), 1-Dimethylamino-naphthalin-5-sulfonsäure (S. 167) und Phenylisothiocyanat (S. 173). Die Umwandlung der freien Aminosäuren in Dinitrophenyl (DNP)-Derivate mittels 2,4-Dinitrofluorbenzol (DNFB) ist auch in verdünntesten Lösungen ohne langwierige Vorbereitungen rasch durchführbar. Über die Anwendung der anderen genannten Reagenzien zur Abtrennung der Aminosäuren von den störenden Begleitstoffen sind bisher keine Angaben bekanntgeworden.

A. Vorbereitung zur Chromatographie

DNP-Aminosäuren sind lichtempfindlich (S. 147): alle Operationen sollten deshalb unter Vermeidung vom direkten Licht und, wenn möglich, im Dunkeln ausgeführt werden.

1. Dinitrophenylierung

a) Urin-Aminosäuren (45, 434)

Man versetzt 25 ml frischen Harn tropfenweise mit 5 N NaOH bis zur schwachen Rosafärbung von Phenolphtaleinpapier, filtriert durch ein trockenes Faltenfilter, versetzt 20 ml Filtrat mit 5 ml Puffer (8,4 g $NaHCO_3$ in Wasser wird mit 2,5 ml 1 N NaOH und dest.Wasser auf 100 ml aufgefüllt; pH = 8,8) und 2 ml frisch bereiteter absolut alkoholischer 10proz.(g/v) DNFB-Lösung, gibt 40 ml abs. Äthylalkohol zu und schüttelt oder rührt das Gemisch im Dunkeln während 1 Std. bei 40 °C. Das Reaktionsgemisch wird auf Zimmertemperatur gekühlt, auf pH $\sim$ 12 gestellt und mit wenig dest. Wasser sowie etwa 10 ml Äther in einen 100-ml-Scheidetrichter gespült. Man schüttelt kräftig durch, trennt die wäßrige Phase ab und extrahiert sie noch zweimal mit je 10 ml Äther (Ätherextrakte verwerfen). Falls gallertiges, mit Luftblasen beladenes Material im Äther die Phasentrennung erschwert, trennt man zunächst den größeren Teil der wäßrigen Phase ab, gießt die restliche Flüssigkeit durch Glaswatte in einen anderen Scheidetrichter und spült die Watte mit etwas Äther und schwach alkalisiertem (phenolphtaleinrosa) Wasser nach. Die endgültige Phasentrennung bereitet jetzt keine Schwierigkeiten mehr; der wäßrige Teil wird mit der Hauptmenge der Wasserphase vereinigt. Dasselbe Prozedere ist evtl. nötig bei der im folgenden beschriebenen Extraktion der DNP-Aminosäuren (2a)) aus der angesäuerten wäßrigen Lösung (Waschwasser mit Salzsäure kongosauer stellen).

b) Blut-Aminosäuren [306, 311]

2—5 ml Serum werden mit dem zweifachen Volumen Aceton oder mit einem anderen geeigneten Reagens (S. 196) enteiweißt, mit 5 N NaOH phenolphtaleinrosa eingestellt, mit 5 ml Carbonatpuffer (siehe unter α) und mit 0,2 ml DNFB-Lösung (siehe unter a) sowie mit 15 ml abs. Alkohol versetzt. Im übrigen verfährt man nach den Angaben unter a.

c) Sperma-Aminosäuren [196, 306]

2 ml Ejakulat werden mit 2 ml Aceton geschüttelt und 15 Min. zentrifugiert. Die klare Lösung wird mit 5 N NaOH phenolphtaleinrosa eingestellt; man gibt 3 ml Carbonatpuffer (vgl. a), 1 ml DNFB-Lösung (vgl. a) sowie 8 ml abs. Alkohol zu und verfährt nach den Angaben bei a.

2. *Extraktion der DNP-Aminosäuren* [196, 311, 434, 45]

a) Ätherlösliche DNP-Aminosäuren

Man versetzt die alkalische ätherextrahierte Reaktionslösung (1a, 1b oder 1c) vorsichtig mit 6 N HCl bis zur deutlichen Blaufärbung von Kongopapier, extrahiert sechsmal mit je 10 ml Äther und verdampft die vereinigten Ätherlösungen im Vakuum zur Trockne. Der Rückstand wird in etwa 1 ml Aceton oder Essigester gelöst.

b) Wasserlösliche DNP-Aminosäuren

Die nach erfolgter Extraktion der ätherlöslichen DNP-Verbindungen verbleibende saure Lösung wird sechsmal mit 10 ml-n-Butanol/Essigester (1:1) ausgeschüttelt, die vereinigten organischen Lösungen werden zur Trockne eingedampft, und der Rückstand wird am besten in 1—2 ml Essigester/Eisessig/n-Butanol (100:1:99) aufgenommen. Nach Auftragen der Lösung auf die Schicht muß die Säure, vor Beginn der Chromatographie, vollständig verdampft werden.

B. Trennung der DNP-Aminosäuren

1. Aminosäuren im Urin, Blut und Sperma

Mit der dünnschichtchromatographischen Trennung der Urin-Aminosäuren haben sich BRENNER und Mitarb. [45, 434] beschäftigt. Die Trennung der ätherlöslichen DNP-Derivate (S. 160: *Methode* B) aus normalem Urin wird in *Abbildung 85* dargestellt.

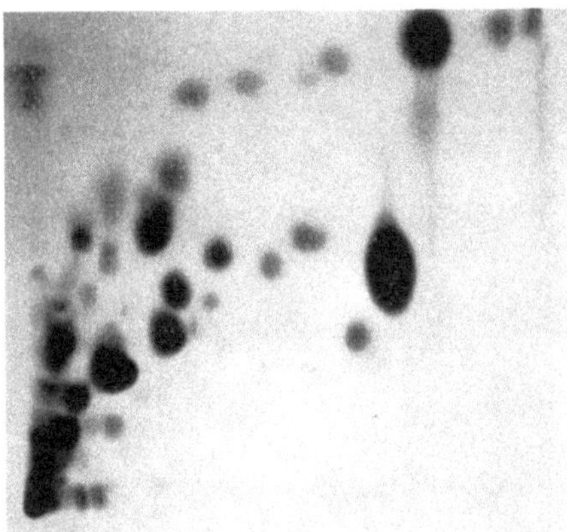

Abbildung 85a (vgl. S. 212)
Auftragmenge entsprechend 80 μl Morgenurin; „UV-Photographie"; Versuchsbedingungen nach *Abbildung 74a*; zur Interpretation der Flekken vgl. *Abbildung 74a* und auch *Abbildung 86* (vgl. *Tab. 50*).
Aus: BRENNER und Mitarb. [434]

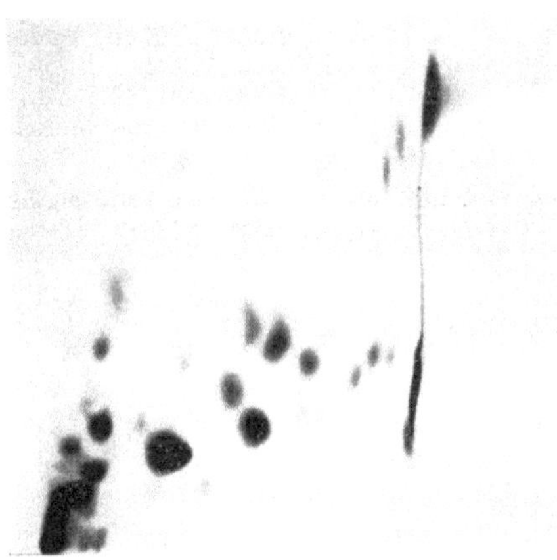

Abbildung 85b (vgl. S. 212)
Auftragmenge entsprechend 80 μl Morgenurin; „UV-Photographie"; Versuchsbedingungen nach *Abbildung 74b*; man beachte die Trennung von Di-DNP-Tyr und -Lys; zur Interpretation der Flecken vgl. *Abbildung 74b* (vgl. *Tab. 50*) [306].

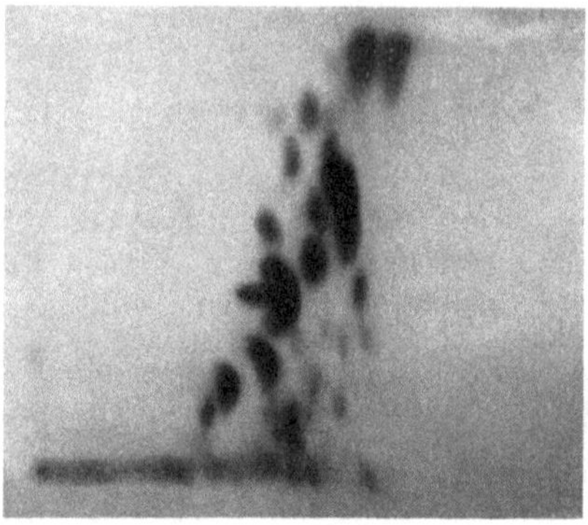

Abbildung 85 c

Auftragmenge entsprechend 80 μl Morgenurin; „UV-Photographie“; Trennung der DNP-Derivate von Cystin, Asparagin, Glutamin bzw. von Asparaginsäure, Glutaminsäure und α-Aminoadipinsäure nach *Abbildung 74c* (vgl. *Tab. 50*) [306].

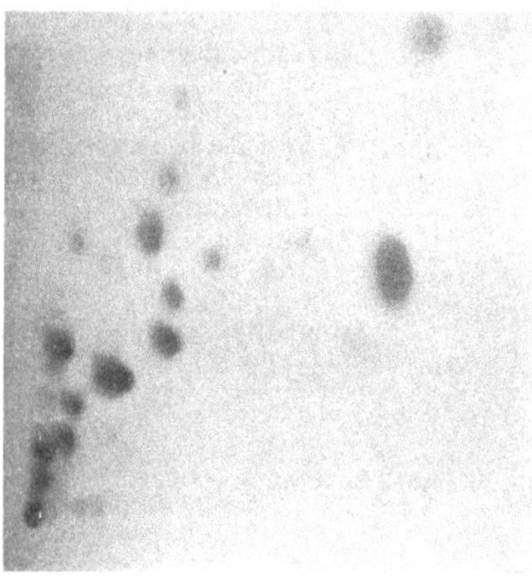

Abbildung 85 d

„Normallicht-Photographie“: Man vergleiche dazu *Abbildung 85a*; es handelt sich in beiden Fällen um dasselbe Chromatogramm.

Aus: BRENNER und Mitarb. [434]

Abbildung 85. a-d. Dünnschichtchromatographischer Nachweis der ätherlöslichen DNP-Aminosäuren aus Urin (vgl. Text) auf Kieselgel-G-Schichten. Zur Photographiertechnik vgl. S 165.

Zur Interpretation von Chromatogrammen nach *Abbildung 85* bereitet man durch Chromatographie einer Standardmischung (je 1 mg DNP-Aminosäure in total 5 ml Essigester oder Aceton; Auftragmenge: 2 μl = 0,4 μg pro Verbindung) verschiedene Fleckenmuster. Zur Zuordnung der Flecken vgl. *Abbildung 74a, b, c* (S. 161). Ein Vergleich der *Abbildungen 85* und *74* ergibt die Aminosäure-Zusammensetzung des untersuchten Urins *(Tab. 50)*.

Tabelle 50. Freie Aminosäuren in Urin, Serum und Sperma [434, 311, 196]. (s. Text S. 213).
+++ = größere Mengen; ++ = mittlere Mengen; + = kleine Mengen; s = Spur

Aminosäure	Urin¹)	Serum²)	Sperma³)
Alanin	+++	+++	++
Cystin	+++	—	—
Glutamin	+++	+++	+++
Glycin	+++	+++	+++
Histidin	+++	—	+++
Serin	+++	++	+++
Lysin	+++	+	s
β-Aminoisobuttersäure	++	—	s⁴)
Asparagin	++	—	—
Phenylalanin	++	+	++
Threonin	++	++	++
Tryptophan	++	—	s⁴)
Tyrosin	++	+	++
Glutaminsäure	+	++	++
Isoleucin	+	+	+++
Leucin	+	+	+++
Methioninsulfon	+	s	s
Ornithin	+	++	s⁴)
Valin	+	+++	+++
α-Aminoadipinsäure	s	—	—
α-Aminobuttersäure	s	s	—
β-Alanin	s	—	s⁴)
Asparaginsäure	s	s	++
Prolin	s	+++	+
Taurin	++	s	+
Arginin	++	s	+++
Cysteinsäure	+	s	+
Citrullin	s	—	—
γ-Aminobuttersäure	—	—	+

¹) In 80 μl Morgenurin (ätherlösliche Derivate) bzw. 50 μl Morgenurin (wasserlösliche Derivate, ²) 60 μl Serum, ³) 50μl Sperma, ⁴) 100 μl Sperma.

Neuere Untersuchungen von PATAKI und KELLER [309] haben ergeben, daß in der ätherlöslichen Fraktion insgesamt 45 DNP-Verbindungen nachweisbar sind (*Abb. 86* und *Tab. 51*). Die mit *X* bezeichneten Flecken konnten keiner der untersuchten DNP-Aminosäuren zugeordnet werden. Bei den meisten dürfte es sich um Peptide handeln[43]). Hydrolisiert man nämlich — vor der Dinitro-

[43]) Eine Zusammenfassung über Peptide im Urin geben SKARZYNSKI und SARNECKA-KELLER [395].

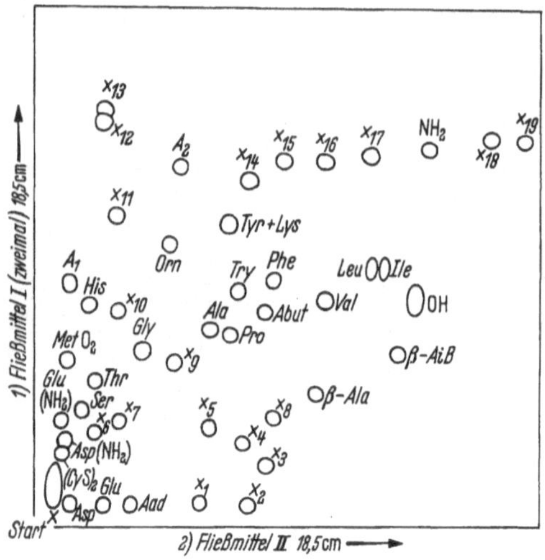

Abbildung 86
Übersichtschromatagramm der im Urin nachgewiesenen ätherlöslichen DNP-Verbindungen (vgl. dazu *Tab. 51*). Versuchsbedingungen nach *Abbildung 74a*; man vergleiche dazu auch *Abbildung 85a*. A_1 und A_2 sind Artefakte.
Aus: PATAKI u. KELLER [309]

phenylierung — den Urin mit 6 N HCl, so verschwinden im Chromatogramm *(Abb. 86)* eine Anzahl der unbekannten Flecken; es ist indessen zu bemerken, daß hierbei auch neue, zum Teil unbekannte „Flecken" entstehen. Neuerdings konnten BÜRGI und Mitard. [57a] zahlreiche weitere unbekannte Verbindungen nachweisen.

Die Trennung der wasserlöslichen DNP-Aminosäuren erfolgt zweidimensional auf Kieselgel-G-Schichten [434]: In der ersten Dimension wird dreimal nacheinander mit reinem Pyridin entwickelt (nach jedem Lauf wird die Schicht 3 Min. an der Luft getrocknet) und in der zweiten Richtung (nach Zwischentrocknung: 10 Min. Luftzug; 10 Min. 60 °C; 15 Min. Luftzug) mit n-Butylalkohol / bei Zimmertemperatur mit 25proz. Ammoniak gesättigt, chromatographiert. *Abbildung 87a* zeigt die wasserlöslichen DNP-Aminosäuren aus normalem Urin; die Zuordnung erfolgt nach *Abbildung 87b (Tab. 50)*. Eine andere Methode hat BÜRGI [57a] beschrieben: In *Abbildung 87c* werden die wasserlöslichen DNP-Verbindungen aus Urin dargestellt [57a]; man beachte die vielen unbekannten Verbindungen.

Tabelle 51. Nachweisbarkeit[1]) der ätherlöslichen Dinitrophenyl-Verbindungen im Urin; (vgl. *Abb. 86*) [309]
+ = nachweisbar; — = nicht nachweisbar; v = verdeckt

µl Urin DNP-	40	80	160	320
Alanin	+	+	+	v
β-Alanin	—	+	+	+
ϰ-Aminoadipinsäure	—	—	+	+
α-Aminobuttersäure	—	—	+	+
β-Aminoisobuttersäure	+	+	+	v
Asparagin	+	v	v	v
Asparaginsäure	—	—	—	+
Cystin	+	v	v	v
Glutamin	+	v	v	v
Glutaminsäure	+	+	+	+
Glycin	+	+	+	+
Histidin	—	—	+	v
Isoleucin	+	+	v	v
Leucin	+	+	v	v
Lysin + Tyrosin[2])	+	+	+	+
Methioninsulfon	—	—	+	+
Ornithin	—	+	+	+
Phenylalanin	+	+	+	+
Prolin	—	—	—	v[2])
Serin	+	+	+	+
Threonin	+	+	+	+
Tryptophan	—	—	—	v[2])
Valin	—	+	+	+
A_1[3])	+	+	+	×
A_2[3])	—	+	+	+

µl Urin DNP-	40	80	160	320
X_1	—	—	+	+
X_2	—	—	—	+
X_3	—	—	—	+
X_4	—	—	—	+
X_5	—	—	—	+
X_6	—	—	—	+
X_7	—	—	—	+
X_8	—	—	+	+
X_9	—	—	—	+
X_{10}	—	—	—	+
X_{11}	—	+	+	+
X_{12}	—	+	+	+
X_{13}	—	—	—	+
X_{14}	+	+	+	+
X_{15}	+	+	+	+
X_{16}	—	—	—	+
X_{17}	—	—	—	+
X_{18}	+	+	+	v
X_{19}	+	+	+	v
Anzahl nachweisbarer DNP-Verbindungen	19	22	26	30

[1]) 24-Stdn.-Urin; Nachweis im UV-Licht.
[2]) Durch Rechromatographie (vgl. Text) nachgewiesen.
[3]) Artefakt.

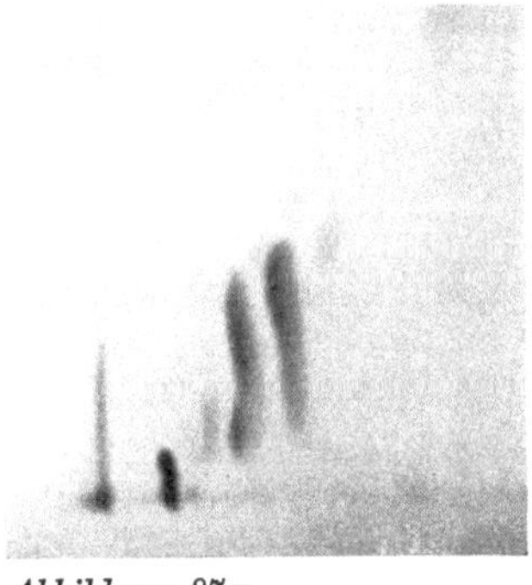

Abbildung 87a

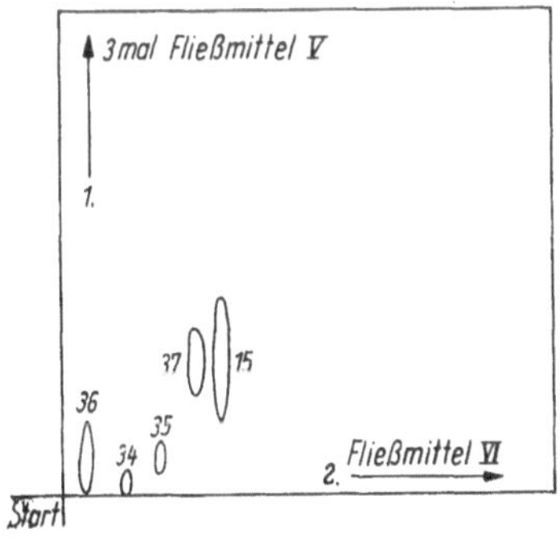

Abbildung 87b

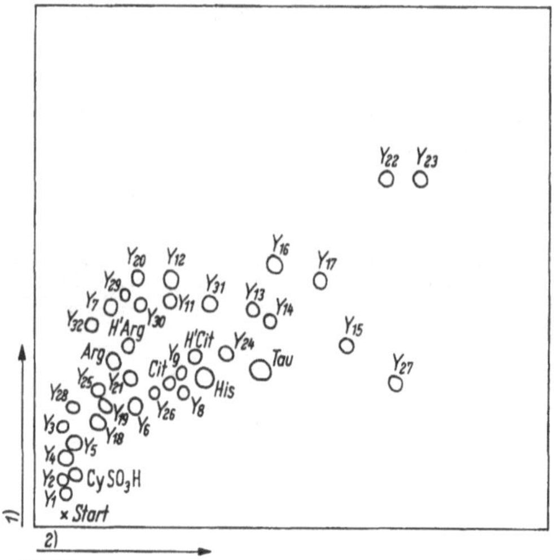

Abbildung 87 a, b, c
Dünnschichtchromatographischer Nachweis der wasserlöslichen DNP-Aminosäuren.

Abbildung 87 c

a) Wasserlösliche DNP-Aminosäuren aus 50 μl Morgenurin (vgl. Text) nach *Abbildung 87 b* „UV-Photographie" (vgl. S. 185) [306].

b) Fleckenmuster der wasserlöslichen DNP-Aminosäuren auf Kieselgel-G-Schichten; 1. Dimension: V = Pyridin, VI = n-Butanol bei Zimmertemperatur mit 25proz. Ammoniak ges. 36 = $CySO_3H$, 34 = Arg, 35 = Cit, 37 = Tau, 15 = Di — His.

Aus: Brenner und Mitarb. [434]

c) Wasserlösliche DNP-Verbindungen aus Urin auf Kieselgel-HF_{254}-Schichten (30 g Kieselgel + 65 — 70 ml Wasser zur Schichtbereitung). 1 = Phenol/Wasser 17% Ammoniak (80: 20: 2); 2 = 2-Chloräthanol/Toluol/Pyridin/ 25% Ammoniak (50: 35: 15: 10). Zwischentrocknung: über Nacht bei Zimmertemperatur und 10 Min. bei 60°C. H'Cit = Homocitrullin, H'Arg = Homoarginin.

Aus: Bürgi und Mitarb. [57 a]

Tancredi und Curtius (422] untersuchten die ätherlöslichen DNP-Aminosäuren aus dem Urin von gesunden und kranken Kindern: Für jeden Urin wurden mehrere Chromatogramme mit verschiedenen Beladungen durchgeführt. *Tabelle 52* enthält die Resultate.

Wir tragen gewöhnlich aus der ätherlöslichen Fraktion ein Volumen entsprechend $10^{-4} \times 24$ Stdn.-Menge bzw. deren mehrfache auf: *Abbildung 88* zeigt die ätherlöslichen DNP-Aminosäuren aus

Tabelle 52. Ätherlösliche Dinitrophenyl-Aminosäuren aus dem Urin von Kindern [422]. Die Zahlen bedeuten Auftragmengen entsprechend µg Gesamtstickstoff.

Aminosäure	A[1])			B[2])				C[3])			D[4])	
	15	37,5	75	5	15	37,5	75	15	37,5	75	15	75
Glycin	+	+	+	+[5])	+[5])	+[5])	+[5])	—	+	+	+	+
Glutamin	+	+	+	+[6])	+	+	+	—	—	—	+	+
Asparagin	+	+	+	—	+	+	+	—	+	+	+	+
Alanin	—	+	+	—	—	+	+	—	+	+	+	+
Histidin[7])	—	+	+	—	+	+	+	—	—	—	—	—
Tyrosin/Lysin	—	—	+[6])	—	—	+	+	—	—	—	+[5])	+[5])
Serin	—	—	—	—	+	+	+	—	—	—	—	—
Cystin	—	—	—	—	+	+	+	—	—	+	—	+
Tryptophan	—	—	—	—	—	+	+	—	—	—	—	+
α-Aminobuttersäure	—	—	—	—	—	—	+	—	—	—	—	—
Prolin	—	—	—	—	—	—	+	—	—	—	+	+
Glutaminsäure	—	—	—	—	—	—	+	—	—	—	—	—
Threonin	—	—	—	—	—	+	+	—	—	+	—	+
Cystein	—	—	-		—	—	—	—	—	+	—	—
Valin	—	—	—	—	—	—	—	—	—	—	+	+
Leucin/Isoleucin	—	—	—	—	—	—	—	—	—	—	+	+
X[8])	—	—	—	—	—	+	+	—	—	—	—	—

[1]) Gesundes dreijähriges Mädchen.
[2]) Hyperglycinämie (fünfjähriger Junge).
[3]) Hypoaminoacidurie bei einem 16 Monate alten Kind mit Nahrungsverweigerung.
[4]) Niereninsuffizienz (siebenjähriges Mädchen)
[5]) Große Menge.
[6]) Spur.
[7]) DNP-Histidin wurde nur in der ätherlöslichen Fraktion bestimmt.
[8]) Unbekannter Fleck zwischen Start und $(CyS)_2$ (vgl. *Abb. 86*).

dem Urin einer 58jährigen Patientin mit unbekannter Stoffwechselstörung; man erkennt, daß Cystin+Asparagin (ungetrennt), Glutamin, Serin, Glycin und β-Aminoisobuttersäure, verglichen mit den übrigen Aminosäuren, in ungewöhnlich hohen Mengen auftreten [306]. Angeborene *Anomalien* des *Proteinmetabolismus* können oft durch Belastungsversuche von anderen Stoffwechselstörungen unterschieden werden. Die Dünnschichtchromatographie ermöglicht in solchen Fällen eine schnelle Orientierung über die Änderungen der Aminosäure-Ausscheidung: In *Abbildung 88b* und *c* zeigen wir die Änderung der Aminosäure-Excretion nach *Lysin-Belastung* (Colombo und Pataki [70]). Auffällig ist, daß nicht nur die Lysin-, sondern u. a. auch die α-Aminoadipinsäure-Konzentration erhöht wird. Über weitere Belastungsversuche orintiere man sich bei Bürgi und Mitarb. [57a].

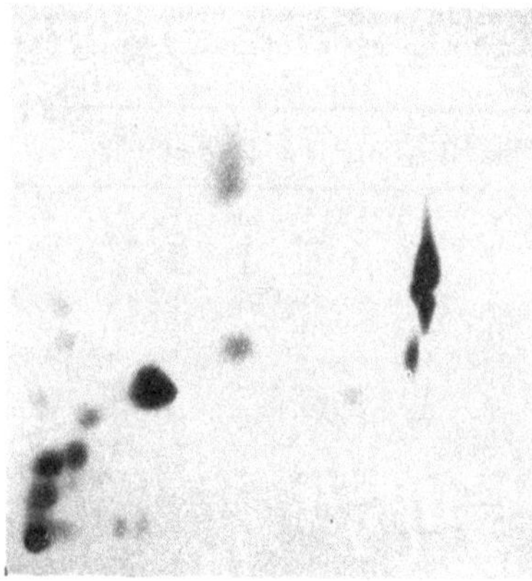

a

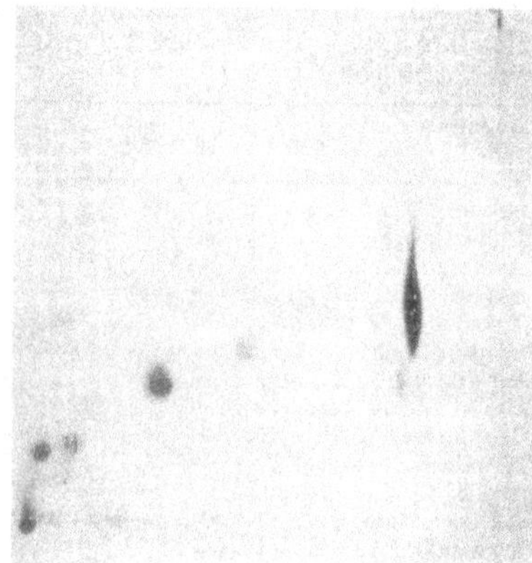

b

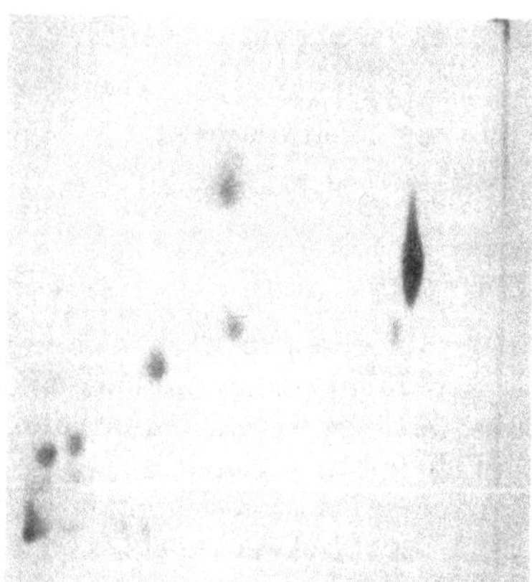

c

Abbildung 88a

Ätherlösliche DNP-Aminosäuren aus dem Urin einer 58jährigen Patientin mit unbekannter Stoffwechselstörung (vgl. dazu *Abb. 85a*); man beachte, daß Cystin + Asparagin (ungetrennt), Glutamin, Serin, Glycin und β-Aminoisobuttersäure in ungewöhnlich hohen Mengen auftreten [306].

Abbildung 88b und c

Ätherlösliche DNP-Aminosäuren aus dem Urin eines stoffwechselgesunden Kindes vor (*b*) und nach (*c*) Lysin-Belastung (vgl. dazu *Abb. 85a*).
Man beachte, daß nicht nur die Lysin-, sondern u. a. auch die α-Aminoadipinsäure-Konzentration unter Lysin-Belastung erhöht wird [70].

Mit der quantitativen Bestimmung von β-Aminoisobuttersäure im Urin haben sich GOEDDE und Mitarb. [53a] beschäftigt. Die Chromatographie erfolgt auf Kieselgel-G-Schichten mit n-Heptan/Pyridin/Eisessig (50:50:0,1; dreimalige Entwicklung) oder mit Pyridin/Chloroform/n-Heptan/Eisessig (50:25:25:1) und nach Zwischentrocknung (3 Std. im Vakuum) mit Chloroform/Eisessig (100: 1; iterierend; zwei- oder dreimalige Entwicklung; vgl. S. 22) in der *gleichen* Richtung. Als Kontrolle trägt man eine β-AiB-Lösung auf. Die Schicht wird abgekratzt und β-AiB wird nach Elution (6 ml 10% Essigsäure; 1 St. schütteln) bei 366 mμ bestimmt. Über die Bedeutung der β-AiB-Ausscheidung vgl. [53a] und weitere Literatur daselbst.

In 60 μl *Serum* haben wir 21 Aminosäuren nachgewiesen (PATAKI und KELLER [311]). Das Ergebnis ist in *Tabelle 50* angegeben (Chromatographie der äther- und wasserlöslichen DNP-Aminosäuren nach den voranstehenden Angaben). Unsere Befunde stimmen mit der Literatur gut überein; bei *Cysteinsäure* bzw. *Methioninsulfon* dürfte es sich um *in vitro* entstandene *Oxydationsprodukte* handeln. Im Gegensatz zu den Angaben der Literatur [339] gelang es uns nicht, *Histidin* nachzuweisen; dieses Resultat stimmt mit dem dünnschichtchromatographischen Ergebnis von OPIENSKA-BLAUTH überein (vgl. *Abb. 81a)*.

Das *menschliche Ejakulat* enthält bekanntlich mehrere proteolytische Enzyme (MANN [240]). KRAMPITZ und DOEPFMER [210]

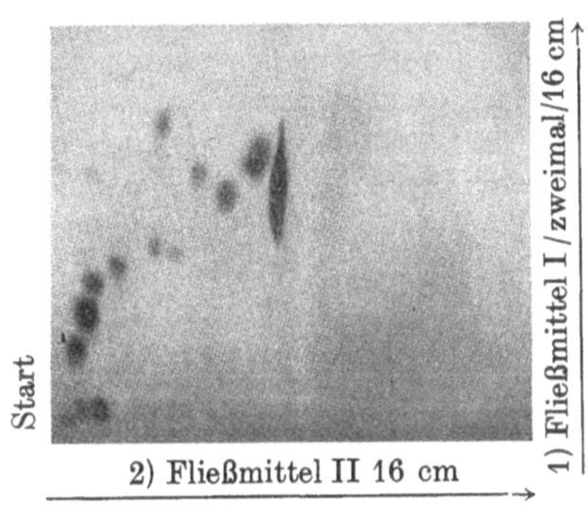

Abbildung 89a

Ätherlösliche DNP-Aminosäuren aus menschlichem Ejakulat (vgl. dazu *Abb. 74a*); Auftragmenge entsprechend 50 μl Sperma; in 100 μl Sperma sind 4 zusätzliche Flecken (vgl. dazu *Tab. 50*) sichtbar; Tageslichtphotographie (S. 184).
Aus: KELLER und PATAKI [196]

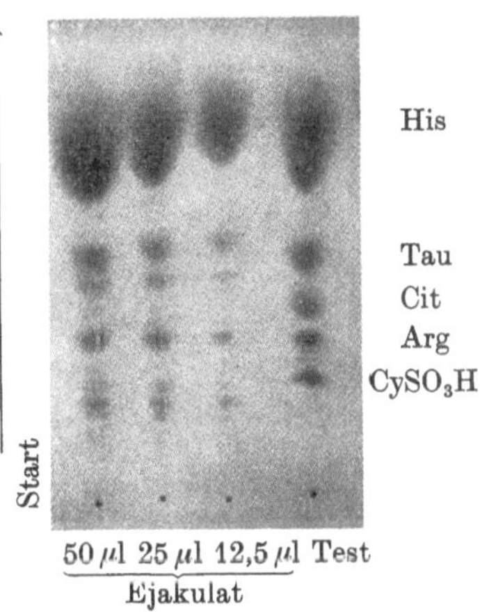

Abbildung 89b

Wasserlösliche DNP-Aminosäuren aus menschlichem Ejakulat; Tageslichtphotographie (S. 184). Fließmittel: n-Butanol bei Zimmertemperatur mit 25% Ammoniak ges.
Aus: KELLER und PATAKI [196]

konnten eine beträchtliche Leucinaminopeptidase-Aktivität nachweisen; wir haben [202] kürzlich eine hohe „Oxytocinase"-Aktivität gefunden. Dünnschichtchromatographisch ließen sich im *Spermaliquor* 24 Aminosäuren, die unserer Meinung nach ein Bild über die proteolytische Aktivität geben, nachweisen *(Tab. 50)* [196]. Die Trennung der *ätherlöslichen* DNP-*Aminosäuren* wurde nach den Angaben auf S. 161 durchgeführt *(Abb. 89a)* — es ist hierbei eine gute Trennung schon in einem zweidimensionalen Chromatogramm zu erreichen [196]; die Entwicklung der *wasserlöslichen* DNP-*Derivate* erfolgte auf Kieselgel-G-Schichten mit n-Butanol/bei Zimmertemperatur mit 25proz. Ammoniak ges., eindimensional *(Abb. 89b)* [196].

2. *Weitere Anwendungen*

Aus *Gäransätzen von Traubenmost* mit Weinhefe unter Zusatz von ^{14}C-Glutaminsäure isolierten DRAWERT und Mitarb. [100] neben ^{14}C-Alkoholen u. a. auch ^{14}C-Aminosäuren. Zur Chromatographie der ätherlöslichen DNP-Derivate diente die Methode von BRENNER und Mitarb. (S. 158: *Methode A*). Aus *Abbildung 90* ist die Trennung ersichtlich. Angegeben sind auch die um den Wert des Untergrundes korrigierten Impulse (zur Bestimmung der Radioaktivität: S. 41).

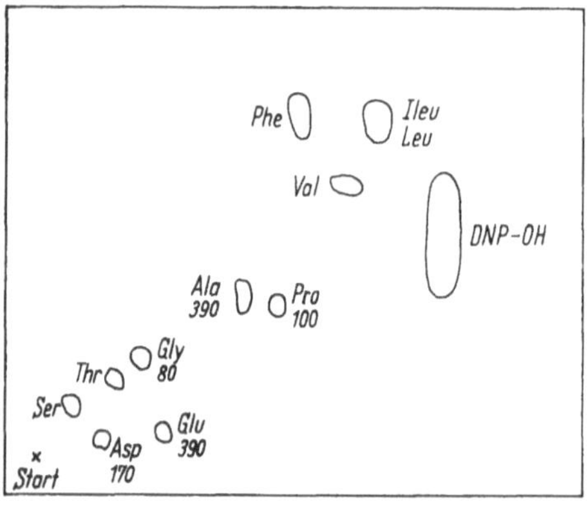

Abbildung 90
Ätherlösliche DNP-Aminosäuren aus Gäransätzen von Traubenmost mit Weinhefe unter Zusatz von ^{14}C-Glutaminsäure; die Zahlen bedeuten um den Untergrund korrigierte Impulswerte. Versuchsbedingungen nach *Abbildung 73a*.
Aus: DRAWERT und Mitarb. [100]

PALMORK [292] setzte die im *Meerwasser* vorhandenen freien Aminosäuren mit DNFB um, isolierte die Äther- bzw. Butanol-löslichen Fraktionen und benutzte zur Trennung die Zirkularchromatographie (S. 19; Kieselgel-G; Benzylalkohol/Eisessig/Chloroform 30 : 3 : 70). Die *ätherische Phase* ergab 12 Zonen, wovon vier identifiziert werden konnten (DNP-Derivate von Glycin, Threonin, Valin und Phenylalanin); in der *Butanol-Phase* konnten drei Zonen erkannt werden.

Literatur

[1] Abderhalden, E., und W. Stix: Hoppe-Seyler's Z. physiol. Chem. **129**, 143 (1923).

[2] Akabori, S., T. Ikenaka, Y. Okada und K. Kohno: Proc. imp. Acad. Japan **29**, 509 (1953); zitiert nach [6].

[3] Akabori, S., K. Ohno und K. Narita: Bull. Chem. Soc. Japan **25**, 214 (1952).

[4] Antener, I.: Exper. Med. Surg. **12**, 57 (1954).

[5] Arx, E. von, und R. Neher: J. Chromatogr. **12**, 329 (1963).

[6] Bailey, J. L.: Techniques in Protein Chemistry, Elsevier, Amsterdam (1962).

[7] Bancher, E., H. Scherz und K. Kaindl: Mikrochim. Acta 652 (1964).

[8] Bancher, E., H. Scherz und V. Prey: Mikrochim. Acta 712 (1963).

[9] Barbier, M., H. Jäger, H. Tobias und E. Wyss: Helv. Chim. Acta **42**, 2440 (1959).

[10] Baron, D. N., und J. Economidis: J. clin. Pathol. **16**, 484 (1963).

[11] Barrolier, J.: Naturwissenschaften **48**, 404 (1961).

[12] Barrolier, J.: Naturwissenschaften **48**, 554 (1961).

[13] Barrolier, J.: Privatmitteilung (1964) Schering AG, Berlin).

[14] Barrolier, J., und J. Heilmann: Hoppe-Seylers Z. physiol. Chem. **304**, 21 (1956).

[15] Barrolier, J., J. Heilmann und E. Watzke: Hoppe-Seyler's Z. physiol. Chem. **309**, 219 (1957).

[16] Barry, J. M.: Biochem. J. **63**, 669 (1956).

[17] Baudet, P., Cl. Otten und E. Cherbuliez: Helv. Chim. Acta **47**, 2430 (1964).

[18] Baxter, C. F., und I. Senoner: Analyt. Biochemistry **7**, 55 (1964).

[19] Beale, D., und J. K. Whitehead: Tritium in the Physical and Biological Sciences (Vienna) **1**, 179 (1962).

[20] Behrens, M., und W. Neu: Biochim. biophys. Acta **78**, 540 (1963).

[21] Behrens, U., M. Ringpfeil und G. Striegler: Monatsberichte Dtsch. Akad. Wiss. Berlin **3**, 635 (1961).

[21a] Bekeresky, J.: Analyt. Chemistry **35**, 261 (1963).

[22] Bennet, R. D., und E. Heftmann: J. Chromatogr. **12**, 245 (1963).

[23] Berger, H.: Schweiz. Med. Wschrift. **83**, 33, 761 (1953); **86**, 711, 729 (1956).

[24] Berger, H.: Aminoaciduric und Hyperaminoacidurie, Karger-Verlag, Basel (1959).

[25] Berger, H., I. Antener, T. Brechbühler und G. Stalder: Ann. paediatr. (Basel) **202**, 465 (1964).

[26] BERGER, J. A., G. MEYNEL, J. PETIT und P. BLANQUET: Bull. Soc. Chim. France 2662 (1963).
[27] BERGMANN, E. D., und M. BENTOV: J. Org. Chemistry **26**, 1480 (1961).
[28] BERNATH, G., und K. KOCZKA: Acta. Chim. Hung. **31**, 443 (1962).
[29] BHANDARI, P. R., B. LERCH und G. WOHLLEBEN: Pharm. Ztg. **107**, 1618 (1962).
[30] BIGWOOD, E. J., R. CROCART, E. SCHRAMM, P. SOUPART und H. VIS: Advanc. Clin. Chem. **2**, 201 (1959).
[31] BISERTE, G., J. W. HOLLEMANN, J. HOLLEMANN-DEHOVE und P. SAUTIERE: Chromatographic Rev. **2**, 59 (1960).
[32] BISERTE, G., M. PAYSANT, F. FERRAZ und M. HALPERN: Arquivos Port. Bioquim. **3**, 360 (1953); vgl. Chem. Abstr. **56**, 1703c (1962).
[33] BISERTE, G., T. PLAQUET-SCHONAERT, P. BOULANGER und P. PAYSANT: J. Chromatogr. **3**, 25 (1960).
[34] BOISSONAS, R. A., und S. LO BIANCO: Experientia (Basel) **8**, 425 (1952).
[35] BOISSONAS, R. A., ST. GUTTMANN, R. L. HUGUENIN, P. A. JAQUENAUD und ED. SANDRIN: Helv. Chim. Acta **46**, 2347 (1963).
[36] BOLLIGER, H. R.: (Hoffmann La Roche AG, Basel), Privatmitteilung (1964).
[37] BONKER, G. J., und B. L. TONGE: J. Chromatogr. **12**, 52 (1963).
[38] BORECKY, J., J. GASPARIC und M. VECERA: Coll. Chech. Chem. Comm. **24**, 1822 (1959).
[39] BRANDNER, G., und A. J. VIRTANEN: Acta Chem. Scand. **17**, 2563 (1963).
[40] BRENNER, M., und W. HOFER: Helv. Chim. Acta **44**, 1794 (1961).
[41] BRENNER, M., H. R. MÜLLER und E. LICHTENBERG: Helv. Chim. Acta **35**, 217 (1952).
[42] BRENNER, M., und A. NIEDERWIESER: Experientia (Basel) **16**, 378 (1960).
[43] BRENNER, M., und A. NIEDERWIESER: Experientia (Basel) **17**, 237 (1961).
[44] BRENNER, M., A. NIEDERWIESER und G. PATAKI: Experientia (Basel) **17**, 145 (1961).
[45] BRENNER, M., A. NIEDERWIESER und G. PATAKI: in A. T. James und L. J. Morris New Biochemical Separations, Van Nostrand Co., London (1964).
[46] BRENNER, M., A. NIEDERWIESER und G. PATAKI: in E. Stahl, Dünnschichtchromatographie, Springer-Verlag (1962).
[47] BRENNER, M., A. NIEDERWIESER, G. PATAKI und A. R. FAHMY: Experientia (Basel) **18**, 101 (1962).
[48] BRENNER, M., A. NIEDERWIESER, G. PATAKI und R. WEBER: in E. Stahl, Dünnschichtchromatographie, Springer-Verlag, Berlin (1962).
[49] BRENNER, M., und G. PATAKI: Helv. Chim. Acta **44**, 1420 (1961).
[50] BRENNER, M., G. PATAKI und A. NIEDERWIESER: in G. B. Marini-Bettolo, Thin Layer Chromatography, Elsevier, Amsterdam (1964).
[51] BRENNER, M. in [168], S. 322 ff
[52] BRIESKORN, C. H., und J. GLASZ: Naturwissenschaften **51**, 216 (1964).

[53] BRODASKY, T. F.: Analyt. Chemistry **36**, 996 (1964).
[53a] BRUNSCHEDE, H., R. HOFBAUER und H. W. GOEDDE: Klin. Wschrift. **43**. 93 (1965); ibid.; Z. analyt. Chem. **212**, 191 (1965).
[54] BUJARD, EL.: in Vorbereitung
[55] BUJARD, EL.: (Afico AG, La-Tour-de-Peilz, Schweiz), Privatmitteilung (1964).
[56] BUNGENBERG DE JONG, H. G., und J. TH. HOOGEVEEN: Procedings (Amsterdam) **63B**, 228, 243, 383 (1960).
[57] BUNGENBERG DE JONG, H. G., und J. TH. HOOGEVEEN: Procedings (Amsterdam) **64B**, 1, 18, 167, 183 (1961).
[57a] BÜRGI, W., J. P. Colombo und R. RICHTERICH: Klin. Wschrift., **43**, 1202 (1965).
[58] BUSH, I. E.: The Chromatography of Steroids, Pergamon Press, London (1961).
[59] CALDIN, D. J. Mc.: Chemical Rev. **60**, 39 (1960).
[60] CARISANO, A.: J. Chromatogr. **13**, 83 (1964).
[61] CERNY, V., J. JOSKA und L. LABLER: Coll. Chech. Chem. Comm. **26**, 1658 (1961).
[62] CHECCHI, I., DE RICHARDI: Bull. Soc. Ital. Farm. Ospital **7**, 165 (1961).
[63] CHERBULIEZ, E., BR. BAEHLER, J. MARSZALEK, A. R. SUSSMANN und J. RABINOWITZ: Helv. Chim. Acta **46**, 2446 (1963).
[64] CHERBULIEZ, E., BR. BAEHLER und J. RABINOWITZ: Helv. Chim. Acta **43**, 187 (1960).
[65] CHERBULIEZ, E., BR. BAEHLER und J. RABINOWITZ: Helv. Chim. Acta **47**, 1350 (1964)
[66] CHERBULIEZ, E., J. MARZSALEK und J. RABINOWITZ: Helv. Chim. Acta **46**, 1445 (1963).
[67] CHERBULIEZ, E., A. R. SUSSMANN und J. RABINOWITZ: Pharm. Acta Helv. **36**, 131 (1961).
[68] CHINBALL, A. C., und M. W. REES: The Chemical Structure of Proteins, Little Brown & Co., Boston (1952).
[69] CODERN, L., J. GADEA, E. GAL und M. MONTAGUT: Afinidad (Barcelona) **20**, 159 (1963).
[70] COLOMBO, J. P., und G. PATAKI: Unveröffentlicht.
[71] CONNORS, W. M., und W. K. BOAK: J. Chromatogr. **16**, 243 (1964).
[72] CONSDEN, R., A. H. GORDON und A. J. P. MARTIN: Biochem. J. **40**, 33 (1946).
[73] CONSDEN, R., A. H. GORDON und A. J. P. MARTIN: Biochem. J. **41**, 590 (1947).
[74] CRAWHALL, J. C., E. SAUNDERS und C. J. THOMPSON: Federation European Biochem. Societies, 1 St. Meeting, London, 23-25 March 1964, Abstr. p. 91.
[75] CROVE, M. O. L.: Analyt. Chemistry **13**, 845 (1941).
[76] CSEH, G. (Institut für Organische Chemie der Universität Basel): Privatmitteilung (1964).
[77] CURTIUS, H. CH.: Dissertation Universität Basel (1961).
[78] DAHN, H., und H. FUCHS: Helv. Chim. Acta **45**, 261 (1962).

[79] DAUVILLIER, P.: J. Chromatogr. **11**, 405 (1963).
[80] DAVID, I. B., T. C. FRENCH und J. M. BUCHANAN: J. biol. Chemistry **238**, 2178 (1963).
[81] DAVID, I. B., T. C. FRENCH und J. M. BUCHANAN (Depart. of Chemistry, Massachusetts Institute of Technology): Privatmitteilung (1964).
[82] DAVIDEK, J., und J. BLATTNA: J. Chromatography **7**, 204 (1962).
[83] DAVIDEK, J., und E. DAVIDKOVA: Pharmazie **16**, 352 (1961).
[84] DAVIES, B. H.: J. Chromatogr. **10**, 518 (1963).
[85] DECKER, P.: Naturwissenschaften **44**, 305 (1957).
[86] DECKER, P.: Naturwissenschaften **45**, 464 (1958).
[87] DECKER, P., und K. KIKODSE: Z. analyt. Chem. **165**, 337 (1959).
[88] DECKER, P., W. RIFFART und G. OBERNEDER: Naturwissenschaften **38**, 288 (1951).
[89] DEMOLE, E.: J. Chromatogr. **1**, 30 (1958).
[90] DENT, C. E.: Biochem. J. **43**, 169 (1948).
[91] DENT, C. E.: Brit. Med. Bull. **10**, 247 (1954).
[92] DETERMANN, H.: Angew. Chem. **76**, 635 (1964).
[93] DETERMANN, H., K. BOHNHARD, R. KÖHLER und TH. WIELAND: Helv. Chim. Acta **46**, 2498 (1963).
[94] DHONT, J. H., und C. DE ROY: Analyst **86**, 74 (1961).
[95] DHONT, J. H., und C. DE ROY: Analyst **86**, 527 (1961).
[96] DIMILLIER, I., und R. G. TROUT: J. Thoracic Cardiovascular Surgery (St. Louis, USA) **48**, 822 (1964).
[97] DITTMANN, J.: Z. klin. Chem. **1**, 190 (1963).
[98] DITTMANN, J.: Z. klin. Chem. im Druck
[99] DJERASSI, C., K. UNDHEIM, R. C. SHEPPARD, G. W. TERRY und B. SJÖBERG: Acta Chem. Scand. **15**, 903 (1961).
[100] DRAWERT, F., O. BACHMANN und K. H. REUTHER: J. Chromatogr. **9**, 376 (1962)
[101] DUNCAN, G. R.: J. Chromatogr. **8**, 37 (1962).
[102] EDMAN, P.: Acta Chem. Scand. **4**, 277, 283 (1950).
[103] EDMAN, P.: Acta Chem. Scand. **10**, 761 (1956).
[104] EDMAN, P.: Ann. New York Acad. Sci. **85**, 602 (1960).
[105] EDWARDS, C. H., E. L. GADSDEN, L. B. CARTER und G. EDWARDS: J. Chromatogr. **2**, 188 (1959).
[106] EHRHARDT, E., und F. CRAMER: J. Chromatogr. **7**, 405 (1962).
[107] ERIKSSON, S., und J. SJÖQUIST: Biochim. biophys. Acta **45**, 290 (1960).
[108] EULER, H. VON, H. HASSELQUIST und I. LIMNELL: Arkiv Kemi **21**, 259 (1963).
[109] FAHMY, A. R., A. NIEDERWIESER, G. PATAKI und M. BRENNER: Helv. Chim. Acta **44**, 2022 (1961).
[110] FASELLE, P., C. TURANO, A. GIARTOSIO: in G. B. Marini-Bettolo, Thin Layer Chromatography, Elsevier, Amsterdam (1964).
[111] FAUCENOTT, L., und M. WALDESBÜHL: Pharm. Acta Helv. **38**, 423 (1963).
[112] FELTKAMP, H.: Dtsch. Apotheker Ztg. **102**, 1269 (1962).

[113] FILIPPOVICH, YU. B.: Zhur. Anal. Khim. **15**, 374 (1960); vgl. Chem. Abstr. **55**, 9531h (1961).
[114] FITTKAU, S., H. HANSEN, I. MARQUARD, H. DIESSNER und U. KETTMANN: Hoppe-Seyler's Z. physiol. Chem. **338**, 180 (1964).
[115] FLODIN, P.: Dissertation Universität Uppsala (erhältlich bei A. B. Pharmacia Uppsala, Schweden) (1962).
[116] FLOSS, H. G., und D. GRÖGER: Z. Naturforsch. **18B**, 519 (1963).
[117] FLOYD, N. F., M. S. CAMMAROTI und T. F. LAVINE: Arch. Biochem. Biophys. **102**, 343 (1963).
[118] FRAENKEL-CONRAT, H., und J. I. HARRIS: J. Amer. Chem. Soc. **76**, 6058 (1954).
[119] FRAENKEL-CONRAT, H., J. I. HARRIS und A. L. LEVY: Methods Biochem. Analysis **2**, 393 (1955).
[120] FRANC, J.: Coll. Chech. Chem. Comm. **24**, 2102 (1959).
[121] FRANC, J., und J. JOKL: Coll. Chech. Chem. Comm. **21**, 1161 (1956).
[122] FRANC, J., und J. JOKL: J. Chromatogr. **2**, 423 (1959).
[123] FRANC, J., und J. LATINAK: Chem. Listy **49**, 317 (1955).
[124] FRANC, J., und J. LATINAK: Chem. Listy **49**, 325 (1955).
[125] FRANC, J., und J. LATINAK: Chem. Listy **49**, 328 (1955).
[126] FRAY, G., und J. FREY: Bull. Soc. Chim. Biol. **45**, 1201 (1963).
[127] FRODYMA, M., R. W. FREY und D. J. WILLIAMS: J. Chromatogr. **13**, 61 (1964).
[128] FRODYMA, M., und R. W. FREY: J. Chromatogr. **15**, 501 (1964).
[128a] FRODYMA, M. und R. W. FREY: J. Chromatogr. **17**, 131 (1965).
[129] GALANOS, D. S., und V. M. KAPOULAS: J. Chromatogr. **13**, 128 (1964).
[130] GAMP, A., P. STUDER, H. LINDE und KUNO MEYER: Experientia (Basel) **18**, 292 (1962).
[131] GASIOR, E., M. PIETRUSIEWICZ, H. KOWALSKA und J. OPIENSKA-BLAUTH: Acta Biochim. Polon. **5**, 333 (1958).
[132] GASPARIC, J., und M. VECERA: Coll. Chech. Chem. Comm. **22**, 1426 (1957).
[133] GEISS, F., und H. SCHLITT: Naturwissenschaften **50**, 350 (1963).
[134] GEISS, F., H. SCHLITT, F. J. RITTER und M. WEIMAR: J. Chromatogr. **12**, 469 (1963).
[135] GELOTTE, B.: in A. T. James und L. J. Morris New Biochemical Separations, Van Nostrand Co., London (1964).
[136] GERLACH, H., J. A. OWTSCHINNIKOW und V. PRELOG: Helv. Chim. Acta **47**, 2294 (1964).
[137] GIDDINGS, J. C., G. H. STEWARD und A. L. RUOFF: J. Chromatogr. **3**, 239 (1960).
[138] GLASZ, J.: Dissertation Universität Würzburg (1964).
[139] GORCHEIN, A.: Biochim. biophys. Acta **81**, 356 (1964).
[140] GRAY, W. R., und B. S. HARTLEY: Biochem. J. **89**, 59P (1963).
[141] GREBENOVSKY, E.: Z. analyt. Chem. **185**, 290 (1962).
[142] GREEN, J., S. MARCINKIEWICZ: J. Chromatogr. **10**, 35 (1963).
[143] GREEN, J., S. MARCINKIEWICZ und D. McHALE: J. Chromatogr. **10**, 158 (1963).

[144] Gros, C., M. Private de Garilhe, A. Costopanagiotis und R. Schwyzer: Helv. Chim. Acta **44**, 2042 (1961).
[145] Gut, V., und J. Rudinger: Coll. Chech. Chem. Comm. **28**, 2593 (1963).
[146] Guttmann, St., und R. A. Boissonas: Helv. Chim. Acta **46**, 1626 (1963).
[147] Guttmann, St., J. Pless und R. A. Boissonas: Helv. Chim. Acta **45**, 170 (1962).
[148] Hagermann, D. D., und J. M. Spencer: Steroids **4**, 547 (1964).
[149] Halmekoski, J., und H. Hannikainen: Suomen Kemist. **36B**, 24 (1963).
[150] Halpaap, H.: Chem.-Ing.-Techn. **35**, 488 (1963).
[151] Hannig, K.: Unveröffentlicht (Mitteilung der Firma Desaga GmbH, Heidelberg).
[152] Hara, S. H., Tanaka, und M. Takeuchi: Chem. & Pharm. Bull. (Tokyo) **12**, 626 (1964).
[153] Harris, C. K., E. Tigane und C. S. Hanes: Canad. J. Biochem. Physiol. **39**, 439 (1961).
[154] Harris, J. I., und P. Roos: Biochem. J. **71**, 434 (1959).
[155] Hartley, B. S., und V. Massay: Biochm. biophys. Acta **21**, 58 (1956).
[156] Havinga, E., C. Schattenkerk, G. Heymens-Visser, und K. E. T. Kerling: Rec. Trav. Chim. Pays. Bas. **83**, 672 (1964).
[157] Heesing, A.: Chem. Ber. **96**, 2170 (1963).
[158] Hesse, G., und M. Alexander: Separation immediate et chromatographie (1961), zitiert nach Wohlleben [445].
[159] Hill, R. L., und W. R. Schmidt: J. Biol. Chem. **237**, 389 (1962).
[160] Hirs, C. H. W.: J. Biol. Chem. **219**, 611 (1956).
[161] Hofmann, A. F.: Biochem. biophys. Acta **60**, 458 (1962).
[162] Hollingsworth, D. R., M. Dillard, und P. K. Bondy: J. Labor. Clin. Med. **62**, 346 (1963).
[163] Honegger, C. G.: Helv. Chim. Acta **44**, 173 (1961).
[164] Honegger, C. G.: Helv. Chim. Acta **45**, 1409 (1962).
[165] Honegger, C. G.: Helv. Chim. Acta **46**, 1730 (1963).
[166] Honegger, C. G.: Helv. Chim. Acta **46**, 1772 (1963).
[167] Honegger, C. G.: Helv. Chim. Acta **47**, 2384 (1964).
[168] Honegger, C. G.: The Stationare Phase in Chromatography, Elsevier Amstedam (1965) S. 318
[169] Hörhammer, L., H. Wagner, und G. Bittner: Der Deutsche Apotheker **14**, 148 (1962).
[170] Hörhammer, L., H. Wagner, und F. Kilger: Der Deutsche Apotheker **15**, 164 (1963).
[171] Hromatka, O., und W. A. Aue: Monatshefte Chemie **95**, 503 (1962).
[172] Hromatka, O.: (Institut für Organische Chemie der TH Wien), Privatmitteilung (1963).
[173] Huber, J., W. Schaknies und J. Rückbeil: Pharmazie **18**, 37 (1963).
[174] Huguenin, R. L., und R. A. Boissonas: Helv. Chim. Acta **44**, 213 (1961).
[175] Ilse, D., und P. Edman: Australien J. Chemistry **16**, 411 (1963)

[176] INGRAM, V. M.: J. Chem. Soc. 193 (1953).
[177] INGRAM, V. M.: Biochim. biophys. Acta **28**, 539 (1958).
[178] ISHII, S. J., und B. WITKOP: J. Amer. Chem. Soc. **85**, 1832 (1963).
[179] ISHII, S. J., und B. WITKOP: J. Amer. Chem. Soc. **86**, 1848 (1964).
[180] ISMAILOW, N. A., und M. S. SHRAIBER: Farmatsija 1 (1938).
[181] JAQUENOD, P. A., und R. A. BOISSONAS: Helv. Chim. Acta **45**, 1462 (1962).
[182] JATZKEWITZ, H., und E. MEHL: Hoppe Seylers Z. physiol. Chem. **32**, 251 (1960).
[183] JÄNCHEN, D.: J. Chromatogr. **14**, 261 (1964).
[184] JEANES, A., C. S. WISE und R. J. DIMLER: Analyt. Chemistry **23**, 415 (1951).
[185] JOHANSSON, B. G., und L. RYMO: Acta Chem. Scand. **16**, 2067 (1962).
[186] JOST, K., J. RUDINGER, und F. SORM: Coll. Chech. Chem. Comm. **26**, 2496 (1961).
[187] JUTISZ, M., und P. DE LA LLOSA: Bull. Soc. Chim. France, 2913 (1963).
[188] KAPLAN, J. M., und SCHNEIDER, F. L.: Mikrochem. J. **6**, 557 (1962).
[189] KAPPELER, H., und R. SCHWYZER: Helv. Chim. Acta **44**, 1136 (1961).
[190] KARPITSCHKA, N.: Mikrochim. Acta 157 (1963).
[191] KATZ, A. M., W. J. DREYER und C. B. ANFINSEN: J. Biol. Chem. **234**, 2897 (1957).
[192] KAUFMANN, H. P., H. WESSELS und C. BONDOPADHYAYA: Fette, Seifen **65**, 543 (1963).
[193] KEIL, B.: Coll. Chech. Chem. Comm. **23**, 740 (1958).
[194] KEIL, B., V. TOMASEK und J. SEDLACHOVA: Chem. Listy **46**, 457 (1952).
[195] KELEMEN, J., und G. PATAKI: Z. analyt. Chem. **195**, 81 (1963).
[196] KELLER, M., und G. PATAKI: Helv. Chim. Acta **46**, 1687 (1963).
[197] KELLER-SCHIERLEIN, W., und A. DEER: Helv. Chim. Acta **46**, 1907 (1963).
[198] KEULEMANS, A. J. M.: Gas Chromatography, Reinhold Publ. Co., New York (1957).
[199] KIRCHNER, J. G., J. M. MILLER und G. J. KELLER: Analyt. Chemistry **23**, 420 (1953).
[200] KLAUS, R.: J. Chromatogr. **16**,311 (1964).
[201] KLEE, W., und M. BRENNER: Helv. Chim. Acta **44**, 2151 (1961).
[202] KLIMEK, R., M. KELLER und G. PATAKI: Unveröffentlicht.
[203] KOBOR, J., G. BERNATH, und K. KOCZKA: Acta physica chimica Szegedin, Ungarn) **7**, 121 (1961).
[204] KOBOR, J., G. BERNATH, und K. KOCZKA: Pedagogiai Föiskola Evkönyve (Jahrbuch der Pädagogischen Hochschule, Szegedin, Ungarn), Szeged 167 (1961).
[205] KOFRANYI, E.: Hoppe Seylers Z. physiol. Chem. **299**, 129 (1955).
[206] KONIGSBERG, W., und R. J. HILL: J. Biol. Chem. **237**, 2547 (1962).
[207] KORFF, R. W. VON, B. POLLARA, R. COYNE, J. RUNQUIST, und R. KAPOOR: Biochim. biophys. Acta **74**, 698 (1963).

[208] KORZUN, B. P., L. DORFMANN, und S. M. BRODY: Analyt. Chemistry **35**, 950 (1963).
[209] KOWKABANY, G. M., und H. G. CASSIDY: Analyt. Chemistry **22**, 817 (1950).
[210] KRAMPITZ, G., und R. DOEPFMER: Klin. Wochenschrift **39**, 1300 (1961).
[211] KRATZL, K., und G. PUSCHMANN: Holzforschung **14**, 1 (1960).
[212] KRAUT, H., und H. ZIMMERMANN-TELSCHOW: Nutr. Dieta (Basel) **4**, 22 (1962).
[213] KÜNDIG, W., und N. NEUKOM: Helv. Chim. Acta **46**, 1423 (1963).
[214] LAGONI, H., und A. WORTMANN: Milchwissenschaft **10**, 360 (1955).
[215] LAGONI, H., und A. WORTMANN: Milchwissenschaft **11**, 206 (1956).
[216] LARSSON, H.: J. Chromatogr. **11**, 331 (1963).
[217] LAVER, W. G.: Biochem. biophys. Acta **53**, 469 (1961).
[218] LAWRENCE, L., und W. J. MOORE: J. Amer. Chem. Soc. **73**. 3973 (1951).
[219] LEDERER, M.: Procedings Second. Internat. Congr. Surface Activity, Butterworths, London (1957).
[220] LEES, T. M., und P. J. DE MURIA: J. Chromatogr. **8**, 108 (1962).
[221] LEIBNITZ, E., U. BEHRENS, und M. RINGPFEIL: Wasserwirtschaft-Wassertechnik **6**. 299 (1956); **7**, 3 (1957).
[222] LENK, H. P.: Z. analyt. Chem. **184**, 107 (1961).
[223] LEVY, A. L., und D. CHUNG: J. Amer. Chem. Soc. **77**, 2899 (1955).
[224] LEVY, A. L., und D. CHUNG: Biochim. biophys. Acta **17**, 454 (1955).
[225] LEVY A. L., und C. H. LI:J. Biol. Chemistry **213**, 487 (1955).
[226] LISBOA, B. P.: J. Chromatogr. **13**, 391 (1964).
[227] LISBOA, B. P., und E. DICZFALUSY: Acta endocrinol. **40**, 60 (1962).
[228] LLOSA, P. DE LA, C. TERTRIN, und M. JUTISZ:Biochim. biophys. Acta **93**, 40 (1964).
[229] LLOSA, P. DE LA, C. TERTRIN, und M. JUTISZ: Experientia (Basel) **20**, 204 (1964).
[230] LLOSA, P. DE LA, C. TERTRIN, und M. JUTISZ: J. Chromatogr. **14**, 136 (1964).
[231] LOCKHART, I. M., und E. P. ABRAHAM: Biochem. J. **58**, 633 (1954).
[232] LUCAS, F. J., T. B. SHAW, und S. G. SMITH: Analyt Biochemistry **6**, 335 (1963).
[233] LÜDY-TENGER, F.: Pharm. Acta Helv. **37**, 770 (1962).
[234] MACEK, K.: Chem. Listy **48**, 1181 (1954).
[235] MACEK, K.: Experientia (Basel) **17**, 162 (1961).
[236] MACEK, K.: Magyar Kemikusok Lapja (Budapest, Ungarn) 297 (1962).
[237] MACEK, K., und Z. VEJDELEK: Nature **176**, 1173 (1955).
[238] MANGOLD, H. K.: J. Amer. Oil. Chem. Soc. **38**, 708 (1961).
]239] MANGOLD, H. K.: In E. Stahl, Dünnschichtchromatographie, Springer Verlag, Berlin (1962).
[240] MANN, T.: The biochemistry of semen, Methuen & Co., London (1954).
[241] MARCINKIEWICZ, S., und J. GREEN: J. Chromatogr. **10**, 184 (1963).
[242] MARCINKIEWICZ, S., J. GREEN, und D. MCHALL: J. Chromatogr. **10**, 42 (1963).
[243] MARCUCCI, F., und E. MUSSINI: J. Chromatogr. **11**, 270 (1963).

[244] MARQUART, P., H. SCHMIDT, und M. SPÄTH: Arzneimittelforschung 13, 1100 (1963).
[245] MARTIN, A. J. P.: Biochem. Soc. Symp. (Cambridge) 3, 4 (1950).
[246] MARTIN, E. C.: J. Chem. Soc. 3935 (1961).
[247] MASSAGLIA, A., und U. ROSA: J. Chromatogr. 14, 516 (1964).
[248] MATTHIAS, W.: Naturwissenschaften 41, 17 (1954).
[249] MAZUR, R. H., B. W. ELLIS, und P. S. CAMMARATA: J. Biol. Chemistry 237, 1619 (1962).
[250] MEINHARD, I. E., und N. F. HALL: Analyt. Chemistry 21, 158 (1949).
[251] MICHL, H., und H. BACHMEYER: Monatshefte Chemie 95, 480 (1964).
[252] MILLER, J. M., und J. G. KIRCHNER: Analyt. Chemistry 26, 2002 (1954).
[253] MILNE, M. D.: British Medical J. 327 (1964).
[254] MOFFAT, E. D., und R. L. LYTTLE: Analyt. Chemistry 31, 926 (1959).
[255] MOGHISSI, A.: Analyt. Chim. Acta 30, 91 (1964).
[256] MONDER, C.: Biochem. J. 90, 522 (1964)
[257] MONTANT, C., und I. M. TOURZE-POULET: Bull. Soc. Chim. Biol. 42, 161 (1960).
[258] MOORE, S.: J. Biol. Chemistry 238, 235 (1963).
[259] MORRIS, C. J. O. R.: J. Chromatogr. 16, 167 (1964).
[260] MOSES, V.: J. Chromatogr. 9, 241 (1962).
[261] MOTTIER, M.: Mitt. Lebensmittelunters. Hyg. (Bern) 49, 454 (1958).
[262] MOTTIER, M., und M. POTTERAT: Analyt. Chim. Acta 13, 46 (1955).
[263] MÜLLER, R. H., und D. L. CLEGG: Analyt. Chemistry 23, 269 (1951).
[264] MUNNIER, R.: J. Chromatogr. 1, 524 (1958).
[265] MUSSINI, E., und F. MARCUCCI: J. Chromatogr. 17, 576 (1965).
[266] MUSSINI, E., und F. MARCUCCI: (Istituto di Ricerche Farmacologiche „Mario Negri“, Mailand), Privatmitteilung (1964).
[267] MUTSCHLER, E., und H. ROCHELMEYER: Arch. Pharmazie 292, 449 (1959).
[268] MÜTING, D.: Naturwissenschaften 39, 303 (1952).
[269] MÜTING, D., und E. KAISER: Hoppe Seyler's Z. physiol. Chem. 332, 276 (1963).
[270] MYHILL, D., und D. S. JACKSON: Analyt. Biochemistry 6, 193 (1963).
[271] NEU, W.: Diplomarbeit, Universität Gießen (1963).
[272] NIEDERWIESER, A.: Dissertation, Universität Basel (1962).
[273] NIEDERWIESER, A., und M. BRENNER: Experientia (Basel) 21, 50 (1965).
[274] NIEDERWIESER, A., und G. PATAKI: Chimia (Aarau, Schweiz) 14, 378 (1960).
[275] NIEDRICH, H.: Chem. Ber. 97, 2527 (1964).
[276] NIEMANN, A.,: Naturwissenschaften 17, 511 (1960).
[277] NISCHWITZ, E.: Z. analyt. Chem. 193, 190 (1963).
[278] NOMOTO, M., Y. NARAHASHI, und H. MURAKAMI: J. Biochemistry (Tokyo) 48, 906 (1960).
[279] NÜRNBERG, E.: Arch. Pharmazie 292, 610 (1959).
[280] NYBOM, N.: J. Chromatography 14, 120 (1964).
[281] NYBOM, N.: Physiologia Plantarum (Kobenhavn) 17, 434 (1964).
[282] OEPEN, H., und I. OEPEN: Klin. Wochenschrift 41, 921 (1963).
[283] OFFER, G. W.: Biochem. biophys. Acta 90, 193 (1964).

[284] Opienska-Blauth, J.: Clin. Chim. Acta **4**, 841 (1959).
[285] Opienska-Blauth: Privatmitteilung (1963); zitiert nach Pataki [305].
[286] Opienska-Blauth, J., M. Charezinski, und H. Brebec: Analyt. Biochemistry **6**, 69 (1963).
[287] Opienska-Blauth, M. Chareizinski, M. Sanecka, und H. Bruszkiewicz: J. Chromatogr. **7**, 321 (1962).
[288] Opienska-Blauth, J., und A. Gebala: Biochemical Clinics (New York) 205 (1963).
[289] Opienska-Blauth, J., H. Kraczkowski, und H. Bruszkiewicz: In G-B. Marini-Bettolo Thin Layer Chromatography, Elsevier, Amsterdam (1964).
[290] Oswald, N., und H. Flück: Pharm, Acta Helv. **39**, 293 (1964).
[291] Palmer, K, H.: Canad. Pharm. J., Sci. Sect. **96**, 250 (1963).
[292] Palmork, K. H.: Acta Chem. Scand. **17**, 1456 (1963).
[293] Pataki, G.: Chimia (Aarau, Schweiz) **18**, 23 (1964).
[294] Pataki, G.:Chimia (Aarau, Schweiz) **18**, 24 (1964).
[295] Pataki, G.: Dissertation, Universität Basel (1962).
[296] Pataki, G.: Ergebnisse. Labor. Med. **2**, 163 (1965).
[297] Pataki, G.: Helv. Chim. Acta **47**, 784 (1964).
[298] Pataki, G.: Helv. Chim. Acta **47**, 1763 (1964).
[299] Pataki, G.: J. Chromatogr. **12**, 541 (1963).
[300] Pataki, G.: J. Chromatogr. **16**, 541 (1964).
[301] Pataki, G.: J. Chromatogr. **16**, 553 (1964).
[302] Pataki, G.: J. Chromatogr. **17**, 580 (1965).
[303] Pataki, G.: J. Chromatogr. **17**, 327 (1965).
[304] Pataki, G.: Schweiz. Med. Wochenschrift **94**, 1789 (1964).
[305] Pataki, G.: Z. klin. Chem. **2**, 129 (1964).
[306] Pataki, G.: Unveröffentlicht.
[307] Pataki, G., und J. Kelemen: J. Chromatogr. **11**, 50 (1963).
[308] Pataki, G., und M. Keller: Helv. Chim. Acta **46**, 1054 (1963).
[309] Pataki, G., und M. Keller: Helv. Chim. Acta **47**, 787 (1964).
[310] Pataki, G., und M. Keller: Klin. Wochenschrift **43**, 227 (1964).
[311] Pataki, G., und M. Keller: Z. klin. Chem. **1**, 157 (1963).
[312] Patuska, G., und H. J. Petrowitz: Chemiker Ztg. **86**, 311 (1962).
[313] Patuska, G., und H. Trinks: Chemiker Ztg. **85**, 535 (1961).
[314] Patuska, G., und H. Trinks: Chemiker Ztg. **86**, 135 (1962).
[315] Patterson, S. J., und R. L. Clements: Analyst **89**, 328 (1964).
[316] Paulson, J. C., F. E. Deatherage, und E. F. Almy: J. Amer. Chem. Soc. **75**, 2039 (1953).
[317] Pawlowa, L. B.: Vopr. Vitaminol. Altaisk. Gornsarst. Med. Inst. 77 (1959), vgl. Chemical Abstr. **55**, 22464h (1961).
[318] Peraino, C., und A. E. Harper: Analyt. Chemisty **33**, 1863 (1961).
[319] Peter, H., M. Brugger, J. Schreiber, und A. Eschenmoser: Helv. Chim. Acta **46**, 577 (1963).
[320] Petschik, H., und E. Steger: J. Chromatogr. **9**, 307 (1962).
[321] Pikkarainen, J., und E. Kulonen: Ann. Med. Exper. Fennica **37**, 382 (1959).

[322] PLATTNER, PL. A., K. VOGLER, R. O. STUDER, P. QUITT, und W. KELLER-SCHIERLEIN: Helv. Chim. Acta **46**, 927 (1963).
[323] POETHKE, W., und W. KINZE: Pharm. Zentralhalle **101**, 685 (1962).
[324] PÖHM, M.: Naturwissenschaften **48**, 551 (1961).
[325] POLLARA, B., und R. VON KORFF: Biochim. biophys. Acta **39**, 364 (1960).
[326] PRAVDA, Z., K. PODUSKA, und K. BLAHA: Coll. Chech. Chem. Comm. **29**, 2626 (1964).
[327] PURDY, S. J., und E. V. TRUTER: Analyst **87**, 802 (1962).
[328] PURDY, S. J., und E. V. TRUTER: Chem. & Ind. 506 (1962).
[329] PURDY, S. J., und E. V. TRUTER: Labor. Practice **13**, 500 (1964).
[330] RACHINSKII, V. V.: In I. M. Hais und K. Macek Some General Problems of Paper Chromatography, Academy of Sci. Prag (1962).
[331] RAMACHANDRAN, L. K., A. EPP, und G. MCCONNELL: Analyt. Chemistry **27**, 1734 (1955).
[332] RAO, K. R., und H. R. SOBER: J. Amer. Chem. Soc. **76**, 1328 (1954).
[333] RASTEKIENE, L., und T. PRAUSKIENE: Lietuvos T.S.R. Mosklu Akad. Darbai Ser. B. 5 (1963); vgl. Chem. Abstr. **60**, 6217h (1964).
[334] RATNEY, R. S.: J. Chromatogr. **11**, 111 (1963).
[335] RATNEY, R. S.: (Hood College, Frederick/Md., USA), Privatmitteilung (1964).
[336] REICHL, E. R.: Mikrochim. Acta 955 (1956).
[337] REITSEMA, R. H.: Analyt. Chemistry **26**, 960 (1954).
[338] RELVAS, M. A.: Clinica Chim. Acta **8**, 12 (1963).
[339] RELVAS, M. A., und F. S. FERRAZ: Clinica Chim. Acta **8**, 533 (1963).
[340] RINIKER, B.: Zitiert nach E. Stahl, Dünnschichtchromatographie, Springer Verlag, Berlin (1962), Seite 424.
[341] RINIKER, B., und R. SCHWYZER: Helv. Chim. Acta **47**, 2357 (1964).
[342] RINIKER, B., und R. SCHWYZER: Helv. Chim. Acta **47**, 2375 (1964).
[343] RITSCHARD, W. J.: J. Chromatogr. **16**, 327 (1964).
[344] RITTEL, W.: Helv. Chim. Acta **45**, 2465 (1962).
[345] RITTER, F. J., und G. M. MEYER: Nature **193**, 941 (1962).
[346] ROKKONES, T.: Scand. J. clin. Labor. Invest. **16**, 149 (1964).
[347] ROKKONES, T.: (Central Laboratory, Ulleval Hospital, Oslo), Privatmitteilung (1965).
[348] RONKAINNEN, P.: J. Chromatogr. **11**, 228 (1963).
[349] RUDINGER, J., H. FARKASOVA: Coll. Chech. Chem. Comm. **28**, 2941 (1963).
[350] RUOFF, A. L., und J. C. GIDDINGS: J. Chromatogr. **3**, 438 (1960).
[351] RUSSEL, D. W.: Biochem. J. **87**, 1 (1963).
[352] RUSSEL, D. W.: Biochem. J. **83**, 8P (1962).
[353] RUSSEL, D. W.: J. Chem. Soc. 894 (1963).
[354] RYBICKA, S. M.: Chem. & Ind. 308 (1962).
[355] SANGER, F.: Biochem. J. **39**, 507 (1945).
[356] SANGER, F.: J. Polymer. Sci. **49**, 3 (1961).
[357] SANGER, F., und E. O. P. THOMPSON: Biochim. biophys. Acta **71**, 468 (1963).
[358] SANGER, F., und E. O. P. THOMPSON: Biochem. J. **53**, 353 (1953).

[359] SARGES, R., und B. WITKOP: J. Amer. Chem. Soc. **86**, 1682 (1964).
[360] SATAKE, K., T. OKUYAMA, M. OHASHI und T. SHINODA: J. Biochemistry (Tokyo) **47**, 654 (1960).
[361] SCHAUER, H. K., und R. BULIRSCH: Z. Naturforsch. **13B**, 327 (1958).
[362] SCHELLENBERG, P.: Angew. Chemie **74**, 118 (1962).
[363] SCHILDKNECHT, H., und O. VOLKERT: Naturwissenschaften **50**, 442 (1963).
[364] SCHILLING, E. D., P. J. BURCHILL und R. A. CLAYTON: Analyt. Biochemistry **5**, 1 (1963).
[365] SCHLICHER, H.: Z. analyt. Chem. **199**, 335 (1963).
[366] SCHNEIDER, G., und C. SCHNEIDER: Hoppe-Seyler's Z. physiol. Chem. **332**, 316 (1963).
[367] SCHREIER, K.: Die angeborenen Stoffwechselanomalien. Thieme Verlag, Stuttgart (1963).
[368] SCHREIER, K.: Z. analyt. Chem. **201**, 103 (1964).
[369] SCHROEDER, W. A., J. R. SHELTON, J. BALOG-SHELTON und J. CORMICK: Biochemistry **2**, 992 (1963).
[370] SCHRÖDER, E.: Liebig's Ann. **673**, 186 (1964).
[371] SCHRÖDER, E.: Liebig's Ann. **673**, 220 (1964).
[372] SCHRÖDER, E. (Schering AG, Berlin): Privatmitteilung (1964).
[373] SCHRÖDER, E., und H. GIBIAN: Liebigs Ann. **673**, 176 (1964).
[374] SCHULZE, P. E., und M. WENZEL: Angew. Chemie **74**, 777 (1962).
[375] SCHWYZER, R., A. COSTOPANAGGIOTIS und P. SIEBER: Helv. Chim. Acta **46**, 870 (1963).
[376] SCHWYZER, R., und H. DIETRICH: Helv. Chim. Acta **44**, 2003 (1961).
[377] SCHWYZER, R., B. ISELI, H. KAPPELER, B. RINIKER, W. RITTEL und H. ZUBER: Helv. Chim. Acta **46**, 1975 (1963).
[378] SCHWYZER, R., und H. KAPPELER: Helv. Chim. Acta **46**, 1550 (1963).
[379] SCHWYZER, R., B. RINIKER und H. KAPPELER: Helv. Chim. Acta **46**, 1541 (1963).
[380] SCHWYZER, R., W. RITTEL und A. COSTOPANAGIOTIS: Helv. Chim. Acta **45**, 2473 (1962).
[381] SCHWYZER, R., und P. SIEBER: Nature **199**, 172 (1963).
[382] SEHER, A.: Fette, Seifen **61**, 345 (1959).
[383] SEILER, N., G. WERNER und H. WIECHMANN: Naturwissenschaften **50**, 643 (1963).
[384] SEILER, N., und H. WIECHMANN: Experientia (Basel) **20**, 559 (1964).
[385] SEILER, N., und H. WIECHMANN: Hoppe-Seyler's Z. physiol. Chem. **337**, 229 (1964).
[386] SHASHA, B., und R. L. WHISTLER: J. Chromatogr. **14**, 532 (1964).
[387] SHELLARD, E. J.: Labor Practice **13**, 290 (1964).
[388] SHEPPARD, H., und W. H. TSIEN: Analyt. Chemistry **35**, 1992 (1963).
[389] SIEPMANN, E., und H. ZAHN: Biochim. biophys. Acta **82**, 412 (1964).
[390] SJÖHOLM, I.: Acta Chem. Scand. **18**, 889 (1964).
[391] SJÖQUIST, J.: Arkiv Kemi **11**, 129 (1957).
[392] SJÖQUIST, J.: Arkiv Kemi **14**, 291 (1959).
[393] SJÖQUIST, J.: Biochim. biophys. Acta **41**, 20 (1960).

[394] SJÖQUIST, J., B. BLOMBÄCK und P. WALLEN: Arkiv Kemi **16**, 425 (1961).
[395] SKARZYNSKI, B., und M. SARNECKA-KELLER: Advanc. clinical Chemistry **5**, 107 (1962).
[396] SMITH, I.: Chromatographic and Elektrophoretic Techniques, Interscience Publ. Inc., New York (1962).
[397] SMYTH, D. G., und D. F. ELLIOTT: Analyst **89**, 81 (1964).
[398] SMYTH, D. G., W. H. STEIN und S. MOORE: J. Biol. Chemistry **238**, 227 (1963).
[399] SNYDER, F., und N. STEPHENS: Analyt. Biochemistry **4**, 128 (1962).
[400] SQUIBB, R. L.: Nature **198**, 317 (1963).
[401] SQUIBB, R. L.: Nature **199**, 1216 (1963).
[402] STAHL, E.: Arch. Pharmazie **292**, 411 (1959).
[403] STAHL, E.: Arch. Pharmazie **293**, 531 (1960).
[404] STAHL, E.: Chemie-Ing.-Techn. **36**, 941 (1964).
[405] STAHL, E.: Chemiker Ztg. **82**, 323 (1958).
[406] STAHL, E.: Labor Practice **13**, 496 (1964).
[407] STAHL, E.: Parfümerie und Kosmetik **39**, 564 (1958).
[408] STAHL, E.: Pharm. Rundschau 1 (1959).
[409] STAHL, E.: Pharmazie **11**, 633 (1956).
[410] STAHL: in E. Stahl, Dünnschichtchromatographie, Springer-Verlag, Berlin (1962).
[411] STAHL, E., und U. KALTENBACH: J. Chromatogr. **5**, 531 (1961).
[412] STAHL, E., und J. PFEIFLE: Z. analyt. Chem. **200**, 377 (1964).
[413] STEGEMANN, H., und B. LERCH (Institut für Biochemie der Biologischen Bundesanstalt, Hann. Münden, Deutschland): Privatmitteilung (1965).
[413a] STEGEMANN, H., R. HILLEBRECHT und W. RIEN: Hoppe-Seyler's Z. physiol. Chem. **340**, 11 (1965).
[414] STEGEMANN, H., und B. LERCH: Analyt. Biochemistry **9**, 417 (1964).
[415] STEIN, W. H., und S. MOORE: J. Biol. Chemistry **190**, 103 (1951).
[416] STEVEN, F. S.: Analyt. Biochemistry **4**, 316 (1962).
[417] STEVEN, F. S.: J. Chromatogr. **8**, 417 (1962).
[418] STEWARD, J. M., und D. W. WOOLEY: Biochemistry **3**, 700 (1964).
[419] STUDER, R. O.: Helv. Chim. Acta **46**, 421 (1963).
[420] STUDER, R. O., W. LERGIER und K. VOGLER: Helv. Chim. Acta **46**, 612 (1963).
[421] STUDER, R. O., K. VOGLER und W. LERGIER: Helv. Chim. Acta **44**, 131 (1961).
[422] TANCREDI, F., und H. C. CURTIUS (Universitäts-Kinderklinik, Zürich): Privatmitteilung (1964).
[423] THOMA, J. A.: Analyt. Chemistry **35**, 214 (1963).
[424] TONGE, B. L.: Nature **195**, 491 (1962).
[425] TOWER, D. B., E. L. PETERS und J. R. WHERETT: J. biol. Chemistry **237**, 1861 (1962).
[426] TRUTER, E. V.: J. Chromatogr. **14**, 57 (1964).
[427] TURBA, F., und G. GRUNDLACH: Biochem. Z. **326**, 322 (1955).

[428] Türler, M., und O. Högl: Mitt. Lebensmittelunters. Hyg. (Bern) **52**, 123 (1961).
[429] Underwood, C. E., und F. E. Deatherage: Science **115**, 95 (1952).
[430] Vogler, K., R. O. Studer, P. Lanz, W. Lergier, E. Böhni und B. Fust: Helv. Chim. Acta **46**, 2823 (1963).
[431] Vogler, K., R. O. Studer und W. Lergier: Helv. Chim. Acta **44**, 1495 (1961).
[432] Vogler, K., R. O. Studer, W. Lergier und P. Lanz: Helv. Chim. Acta **43**, 1751 (1960).
[433] Wallenfels, K., und A. Arens: Biochem. Z. **332**, 217 (1960).
[434] Walz, D., A. R. Fahmy, G. Pataki, A. Niederwieser und M. Brenner: Experientia (Basel) **19**, 213 (1963).
[435] Wasicky, R.: Naturwissenschaften **50**, 569 (1963).
[436] Weitzel, G., S. Hörnle und F. Schneider: Liebigs Ann. **677**, 190 (1964).
[436a] Wenzel, M.: Naturwissenschaften **52**, 129 (1965).
[437] Wenzel, M., und P. E. Schulze: Z. analyt. Chem. **201**, 349 (1964).
[438] Wieland, Th., und H. Bende: Chem. Ber. **98**, 504 (1965).
[439] Wieland, Th., und U. Gebert: Analyt. Biochemistry **6**, 201 (1963).
[440] Wieland, Th., und D. Georgopoulos: Biochem. Z. **340**, 476 (1964).
[441] Wieland, Th., D. Georgopoulos und H. Kampe: Biochem. Z. **340**, 483 (1964).
[442] Wieland, Th., G. Lüben und H. Determann: Experientia (Basel) **18**, 430 (1962).
[443] Williams, T. J.: Introduction to Chromatography, Blackie & Sons, Glasgow (1947).
[444] Witkop, B. (National Institute of Health, Bethesda/Maryland, USA: Privatmitteilung (1964).
[445] Wohlleben, G.: G. I. T. Fachzeitschrift für Laboratorium **7**, 1, 43, 221 (1963).
[446] Wohlleben, G. (Woelm AG, Eschwege/Deutschland): Privatmitteilung (1964).
[447] Wollenweber, P.: J. Chromatogr. **9**, 369 (1962).
[448] Wollish, E. G., M. Schmall und M. Hawrylyshyn: Analytic. Chemistry **33**, 1138 (1961).
[449] Wood, S. E., und H. H. Strain: Analytic. Chemistry **26**, 260 (1954).
[450] Wünsch, E., H. G. Heidrich und W. Grassmann: Chem. Ber. **97**, 1818 (1964).
[451] Zacharius, R. M., und E. A. Tailley: Analytic. Chemistry **34**, 1551 (1962).
[452] Zacharius, R. M., und E. A. Talley: J. Chromatogr. **7**, 51 (1962).
[453] Zahn, H., und H. Pfannmüller: Biochem. Z. **330**, 97 (1958).
[454] Zahn, H., und E. Siepmann: Biochem. Z. **335**, 303 (1961).
[455] Zbiral, E.: Monatshefte Chemie **94**, 639 (1963).
[456] Zöllner, N., G. Wolfram und G. Arnim: Klin. Wschriften **40**, 273 (1962).
[457] Zuber, H.: Chimia (Aarau, Schweiz) **14**, 405 (1960).

Autorenregister

Sachregister

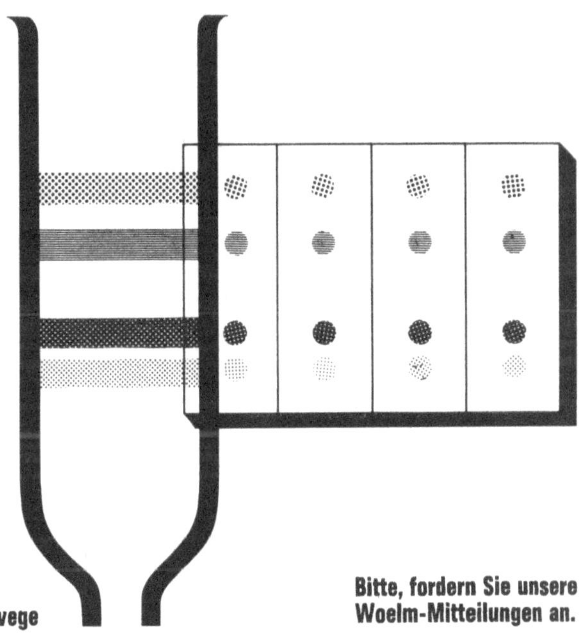

OTTO NEUNHOEFFER

Analytische Trennung und Identifizierung organischer Substanzen

Für den Gebrauch in Unterrichts- und Forschungslaboratorien

Unter Mitwirkung von H. WOGGON und G. LEHMANN.

2., überarbeitete Auflage. Groß-Oktav. Mit 4 Abbildungen. XII, 154 Seiten. 1965. Plastikeinband DM 18,—.

Der Untertitel der zweiten Auflage trägt bereits dem Umstand Rechnung, daß schon die erste Auflage des Buches auch in Forschungslaboratorien der Industrie Eingang gefunden hat und viel benützt worden ist. Die neue Auflage ist in vielfacher Weise dieser Verwendung angepaßt worden, insbesondere wurden jene methodischen Gesichtspunkte berücksichtigt, die für die Aufklärung der Zusammensetzung von Reaktionsgemischen, wie sie in der Forschung anfallen, von Bedeutung sind. So wurde nunmehr auch eine Besprechung der Dünnschichtchromatographie sowie der spektrographischen Methoden aufgenommen. Auch die Tatsache, daß Gruppenreagentien für organische Verbindungen, die einen Nachweis auf Grund einer charakteristischen Färbung ermöglichen, auch für chromatographische Verfahren Bedeutung gewonnen haben, wurde in der neuen Auflage berücksichtigt.

Das preiswerte Buch stellt eine wertvolle Hilfe bei der Bewältigung organisch-analytischer Probleme dar und kann für jedwede analytische Tätigkeit auf dem Gebiet der organischen Chemie erfolgversprechend herangezogen werden. *Scientia Pharmaceutica*

Walter de Gruyter & Co. · Berlin 30

Zeitschrift für Klinische Chemie

Herausgegeben von JOACHIM BRUGSCH, Berlin, und ERNST SCHÜTTE, Berlin

unter Mitwirkung von K. BERNHARD, Basel, H. BREUER, Bonn, H.-J. DULCE, Berlin, Hj. STAUDINGER, Gießen, und O. WIELAND, München.

Wissenschaftlicher Beirat Prof. Dr. med. et phil. J. THANNHAUSER † M. D., Ph. D., Boston

K. AURAND, H.-W. BANSI, F. K. BELLER, G. BIRKE, H.-E. BOCK, J. BRÜGGEMANN, H. BRUGSCH, F. H. DOST, R. DUESBERG, H. FAILLARD, F. FANCONI, H. FISCHER, J. FREI, T. GORDONOFF, L. HEILMEYER, E. HEINZ, N. HENNING, H. HERKEN, B. HESS, A. HOLASEK, H. HOLZER, H. KÄMMERER, E. KAWERAU, A. KEYS, F. KOLLER, H. Frhr. VON KRESS, J. KÜHNAU, H. MATTENHEIMER, W. PSCHYREMBEL, H. SARRE, G. SCHETTLER, M. SCHWAB, W. SEITZ, C. J. WATSON, E. WERLE, N. ZÖLLNER.

Schriftleitung G. E. HALDER

Die Zeitschrift erscheint zweimonatlich.
Jahresbezugspreis DM 86,—.

Die „Zeitschrift für Klinische Chemie" bringt Originalbeiträge, Übersichtsreferate und Kurzmitteilungen international anerkannter Fachleute über die Fortschritte und Neuentwicklungen aus allen Zweigen der klinischen Chemie.

Im Fluidum internationalen Erfahrungsaustausches erzieht sie zu naturwissenschaftlichem Denken, zu kritischer Überprüfung eigener Befunde und Behandlungsmethoden, zu sauberer und exakter Anwendung klinisch-chemischer Arbeitsmethoden.

Die Zeitschrift ist eine der wichtigsten Unterlagen zur Entwicklung der Medizin im klinischen Laboratorium.

Walter de Gruyter & Co. · Berlin 30

SCHEMA I

Position der Aminosäuren im Fließmittel No. 42 (1. Dimension) in der Reih
darunter die *Rf*-Werte der Aminosäuren in den Fließmitteln Nr. 43, 44 u
Abbildung 64 und Text. Die Abkürzungen sind *Tabelle 14* zu entnehmen. iso
buttersäure; β-isoAbu = β-Aib; pAhip = p-Aminohippursäure; Can = Canav
buttersäure; Dapim = α-α-Diaminopimelinsäure; Dopa = Dihydroxyphenyl
Dimecys = Dimethylcystein; Gcy = Glycocyamin; Hyglu = Hydroxygluta
valin; Kn = Kreatin; Knin = Kreatinin; Kyn = Kynurenin; Lan = Lanthio
MetO; Phegly = α-Phenylglycin; Thyron = Thyronin; Thyroy = Thyroxin.

Fließmittel No. 42

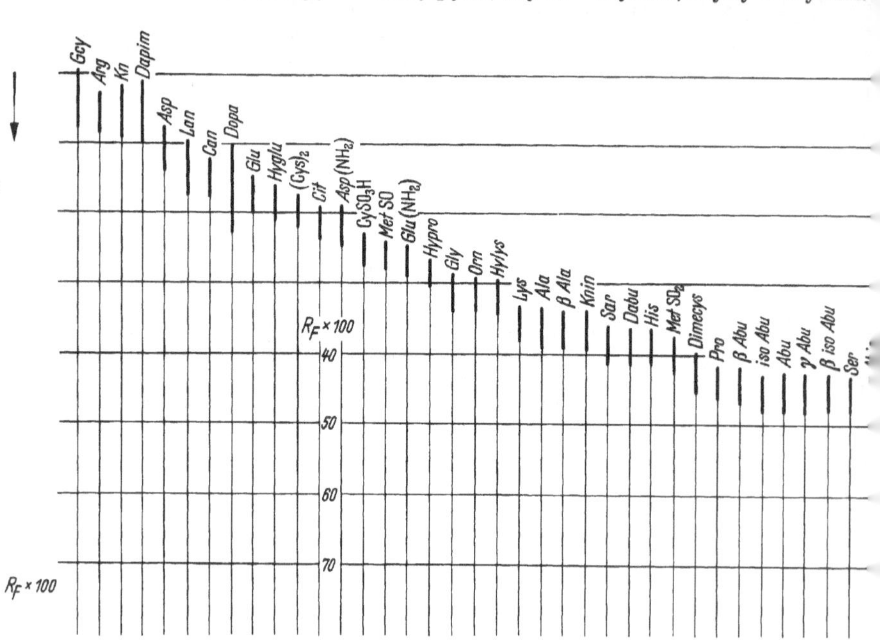

Fließmittel No.																																					
43	34	13	34	5	21	8	7	16	30	30	4	16	12	6	19	14	22	22	8	8	10	34	37	36	29	8	11	20	10	35	43	50	42	46	47	21	6
44	8	2	8	6	20	22	11	10	21	15	26	15	21	41	26	18	19	19	5	11	6	22	14	25	17	20	34	36	53	19	21	25	31	13	22	38	7
55	71	90	86	36	20	35	66	13	25	25	35	68	47	9	82	59	66	46	82	71	82	61	68	97	80	73	87	73	73	87	87	78	78	78	78	41	8

hmender Rf-Werte;
mension). Vgl. dazu
; β-Abu = β-Amino-
abu = α-γ-Diamino-
Tyr = Dijodtyrosin;
Hyval = β-Hydroxy-
= $MetO_2$; MetSO =
ARX und NEHER (5)

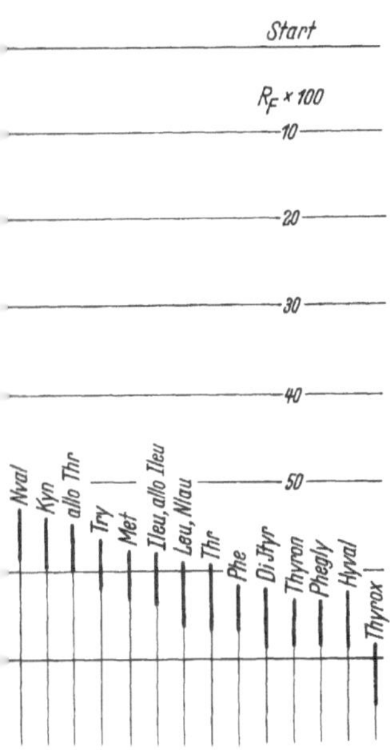

55 39 31 41 50 65 65 31 54 50 62 76 41 73

45 47 55 60 54 62 60 67 73 73 82 81 81 84

87 80 59 88 88 88 83 56 88 71 88 77 65 86

SCHEMA II

Schema der Endgruppenbestimmung nach SANGER:

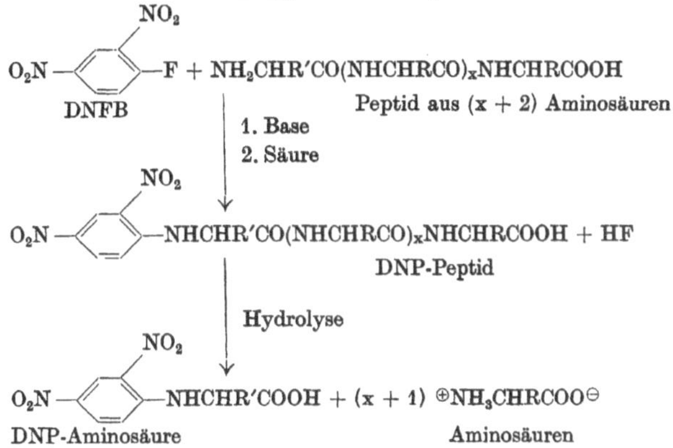

SCHEMA III

Schema des EDMAN-Abbaus;

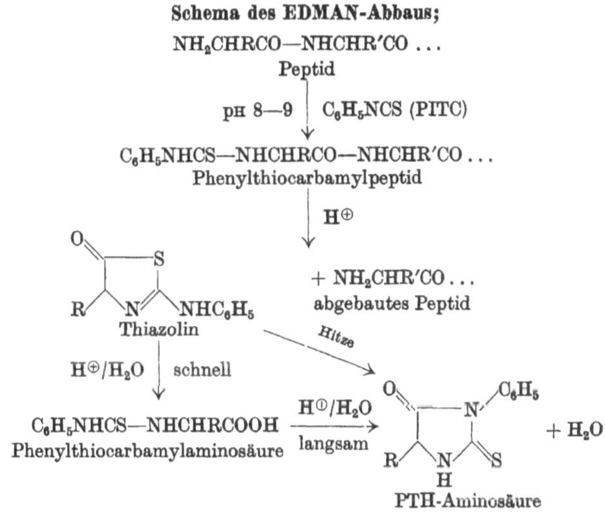

FSC
www.fsc.org
MIX
Papier | Fördert
gute Waldnutzung
FSC® C083411

Zeitfracht Medien GmbH
Ferdinand-Jühlke-Straße 7
99095 Erfurt, Deutschland
produktsicherheit@kolibri360.de